工程物资管理
系/列/丛/书

中铁四局集团物资工贸有限公司　组编

工程物资管理实务

The Practice of Engineering Materials Management

赵瑜　徐晓林　刘克保◎主编

北京师范大学出版集团
BEIJING NORMAL UNIVERSITY PUBLISHING GROUP
安徽大学出版社

图书在版编目(CIP)数据

工程物资管理实务/赵瑜,徐晓林,刘克保主编. —合肥:安徽大学出版社,2019.11(2024.1重印)

(工程物资管理系列丛书)

ISBN 978-7-5664-1914-9

Ⅰ.①工… Ⅱ.①赵… ②徐… ③刘… Ⅲ.建筑企业—物资管理 Ⅳ.①F407.906.5

中国版本图书馆 CIP 数据核字(2019)第166279号

工程物资管理实务　　　　赵　瑜 徐晓林 刘克保 主编

出版发行:北京师范大学出版集团
安 徽 大 学 出 版 社
(安徽省合肥市肥西路3号 邮编 230039)
www.bnupg.com
www.ahupress.com.cn

印　　刷:江苏凤凰数码印务有限公司
经　　销:全国新华书店
开　　本:787mm×1092mm　1/16
印　　张:21
字　　数:395千字
版　　次:2019年11月第1版
印　　次:2024年1月第4次印刷
定　　价:68.00元
ISBN 978-7-5664-1914-9

策划编辑:陈　来　刘中飞　　装帧设计:李伯骥
责任编辑:陈玉婷　武溪溪　　美术编辑:李　军
责任印制:赵明炎

工程物资管理系列丛书

编委会

本书编委会

主　审　杨高传

主　编　赵　瑜　徐晓林　刘克保

副主编　单学良　周　黔　茆芙蓉

编　者（以姓氏拼音为序）

陈春林　陈根宝　陈金玲　陈　武
陈小林　高勤松　何兰生　李国威
李浩源　李小明　李妍蓓　刘克保
刘礼光　鹿才柱　茆芙蓉　裴圆圆
单学良　宋亚飞　田军刚　王　进
王跃喜　吴　峰　武为鹏　辛红艳
徐晓林　郁道华　张超维　赵　瑜
周　黔　周　勇

总　序

工程物资管理是一个专业性强、实用性突出的重要专业，它和工程类其他专业一起，为高速列车疾驰在祖国大地上、为高楼大厦耸立在城市天际线、为水电天然气走进千家万户作了理论支撑和技术支持。但是，2008年以来，为了迎接来势凶猛、发展迅速的电商物流产业，原开设工程物资管理的院校纷纷将原有的工程物资管理专业调整为物流管理专业，“物资”与“物流”一字之差，专业方向南辕北辙、专业内容天壤之别，工程物资管理的课程和教学课程已经被边缘化到了近似于无的不堪境地。2008年以后，建筑施工企业招聘的物流管理专业毕业生基本上专业不对口，全国近百万工程物资从业人员处于专业知识匮乏、技能培训不足、工作缺乏指导的状态；与此同时，工程建设领域新理念日新月异，新技术层出不穷，新材料竞相登场；工程物资管理也出现了很多新挑战、新问题和新机遇，专业方向的偏差使得广大物资人很难在自己的工作中掌握实用的专业知识和积淀深厚的理论素养，活跃在天涯海角、大江南北的物资人亟须得到系统性的专业教育，更新知识。加强工程物资管理的专业培训，不仅是一个企业的刚性需求，更是一个企业对整个建筑行业的担当。

为了助推建筑施工企业持续健康发展，提高工程物资管理人员的综合素质，培养工程物资管理复合型人才，由中铁四局集团物资工贸有限公司牵头，在集团公司领导和相关部门大力支持下，在全局100多位资深物资人和其他专业人员精心编纂与苦心锤炼下，在安徽职业技术学院鼎力支持下，终于将这套鲜活、精湛、全面的“工程物资管理系列丛书”呈现在读者面前。系列丛书共六册，包括《建设工程概论》《建设工程物资》《工程物资管理实务》《工程经济管理》《国际贸易与海外项目物资管理》和《电子商务与现代物流》，共计260万字；丛书详细诠释了与工程物资管理相关的专业理论知识，并结合当前行业标准、技术规范、质量要求和前沿工程实践，为不同方向、不同层次、不同岗位的物资人员提供既有全面性又有差异性的知识供给，力求满足每位物资人个性化学习和发展的需要；概括地说，丛书内容涵盖了一位复合型物资人才需要掌握的全部知识。

《建设工程概论》主要针对建设施工涉及的专业领域，从专业分类、技术流程、施工组织、项目管理、法律法规等方面进行阐述，以便物资管理人员及时且准确地明晰建筑工程的特点、流程和规律，围绕工程施工的主线，确立自身工作职能和定位，找到具体工作的切入点和着力点。

《建设工程物资》对主要物资的性能、参数、检验与保管等进行全面系统的描述，是工程物资管理中最基础的具有工具书性质的专业书籍，可方便物资管理人员随时学习和查阅。

《工程物资管理实务》主要梳理建筑施工企业物资采购管理、供应管理、现场管理等内容，并介绍了现代采购管理新理念以及信息化建设的发展前沿。在网络技术和信息化高度发达的今天，供应链管理成为重点研究方向，本书对上游（产品制造商或服务提供商）、中游（供应商或租赁商）、下游（终端用户）分别进行了详细阐述，并系统阐述相互关联与合作的路径，引导物资管理人员树立全新的采购和供应商管理理念。

《工程经济管理》主要介绍建设工程的投资估价、调概索赔、成本管控、财税管理等内容，使物资管理人员深入了解工程施工中相关费用的构成与管控，明晰物资管理在工程管理中的作用与价值，拓展了理论视野与知识边界，便于广大物资人跳出专业之外看问题与做事情。

《国际贸易与海外项目物资管理》重点介绍了国际贸易的理论、法规、术语、合同等内容，针对海外工程项目物资管理的特殊性，详细阐述了海外物资采购、商检报关、集港运输、出口退税等一系列业务流程，方便物资管理人员学习掌握与灵活应用。

《电子商务与现代物流》主要介绍电子商务和现代物流的发展趋势、主要特征和运作模式，让物资管理人员了解电商背景下的企业物流管理。高校物流管理专业也开设了这门课程，毕业生对电子商务和物流方面的知识相对熟悉，但本书难能可贵之处就是将其思想和理念有效地运用到建筑施工企业的物资管理中，深度聚焦工程实际，对物资人的工作实践大有裨益。

我们怀揣着“春风化雨”的美好夙愿，向广大物资人推广和普及本套系列丛书，希望书中的基础理论和相关知识滋养有志于工程物资管理工作的同仁们，并在具体的工作实践中开花结果。然而，由于本套系列丛书专业性强，内容庞杂，理论跨度较大，加上编写时间仓促，难免存在不足之处；因此，当这套系列丛书与大家见面时，希望广大专家和同仁们多提宝贵意见和建议，我们将进一步修订和完善。

已欲立而立人，已欲达而达人。时代的浪潮滚滚向前，唯有不断地鞭策自己才能使我们在这个日新月异的世界里保持从容和淡定。愿这套系列丛书成为我们丰富知识的法宝、增进友谊的桥梁、共同进步的见证。

余守存

2019 年 8 月

前　言

物资构成工程项目的实体，物资质量决定着工程项目实体的质量。随着经济的不断发展，社会的不断进步，大型建筑企业对工程物资管理的价值贡献、物资供应的响应速度和保障能力提出了更高的要求，物资管理已成为企业提升核心竞争力、打造品质工程的主抓手和着力点。

为适应形势发展，进一步提高建筑工程物资管理水平，加强物资管理人才队伍建设，实现物资管理规范化、程序化、制度化，根据现行的国家标准、行业标准及相关企业标准，结合建筑企业工程物资管理的实际需要，我们组织内部物资管理专家和长期从事物资管理教学科研工作的一线教师编写了这本《工程物资管理实务》。

本书主要以建筑企业为对象，结合建筑企业的物资管理特点，介绍了物资管理体制、物资采购与供应管理和物资现场管理。

第一篇为物资管理体制，其内容主要包括：物资管理概述、建筑企业物资管理、物资管理的相关法律法规和制度。

第二篇为物资采购与供应管理，其内容主要包括：采购与供应管理概述、建筑企业物资采购与供应基础管理、物资贸易管理、现代采购管理。

第三篇为物资现场管理，其内容主要包括：工程项目物资现场策划、物资验收和质量管理、物资储存与发放管理、周转材料和小型机具管理、物资核算管理、物资管理信息化建设。

书后附录部分收录了物资调查报告范文、物资计划相关表单、物资买卖合同范本、进场/入库物资验收登记簿、不合格物资验收记录、检验/试验委托单、物资送检台账等物资管理中的常用文件及部分物资国标与铁标对比表。

本书是编者结合自身多年物资管理实践经验和教学经验编写而成，主要面向建筑企业物资管理人员，可作为现场物资管理人员的培训教材，也可供其他物资管理人员参考学习。

在本书的编写过程中，编者参考了许多专家、学者的著作，借鉴了中国中铁股份有限公司和中国中铁四局集团有限公司的相关企业标准，走访了中铁四局集团物资工贸有限公司物资管理工作现场，在此对各位著作者和相关企业表示衷心的感谢！

当今世界，新知识层出不穷，知识更新周期不断缩短，物资管理也在实践中不断发展。由于编者水平有限，编写时间仓促，书中内容难免有错漏或不妥之处，敬请广大读者与专家批评指正。

编 者

2019 年 8 月

目　录

第一篇　物资管理体制

第二篇　物资采购与供应管理

第三篇 物资现场管理

第一篇

物资管理体制

第一章　物资管理概述

“兵马未动，粮草先行”，任何组织只有在物资齐备的前提下，才能正常进行生产活动。物资的质量直接影响产品质量，单位产品消耗物资的量和物资的价格决定产品成本。因此，加强物资管理对提高组织产品质量、降低产品消耗、节约产品成本、提高效益有着重要的作用。

第一节　物资与物资管理

一、企业

企业一般是指以盈利为目的，运用各种生产要素（土地、劳动力、资本和技术等），向市场提供商品或服务，满足社会需要，实行自主经营、自负盈亏、独立核算、独立享有民事权利和承担民事责任的法人或其他社会经济组织。

1. 企业的特征

(1)企业是国家和社会统一管理下具有相对独立地位的、以盈利为目的的经济实体。

(2)企业是按照国家法律成立并依法从事生产或经营活动的法人组织。

(3)企业在其运行过程中享有一定的经济权利，履行一定的经济义务。

(4)企业拥有相对独立的地位，实行独立的会计核算。

2. 现代企业

现代企业主要是指公司制企业。2018 年 10 月 26 日第十三届全国人民代表大会常务委员会第六次会议修订的《中华人民共和国公司法》第二条规定，公司是指在中国境内设立的有限责任公司和股份有限公司；第三条规定，公司是企业法人，有独立的法人财产，享有法人财产权。也就是说，公司属于企业范畴，是企业的最高组织形式。

本书中的企业特指经营主业为建筑安装的公司制企业。

二、物资

物资是物质资料的简称，既包括自然界直接提供的物质财富，也包括人类劳动创造出的劳动产品；既包括可以直接满足人们需要的生活资料，也包括间接满足人们需要的生产资料。

在企业生产中，物资是指商品生产过程所消耗的各种生产资料。本书中的物资特指建筑安装企业施工生产所需的工程物资。工程物资按用途分为主要物资、辅助材料和周转材料。

1. 主要物资

主要物资是指构成工程产品实体的物资、设备和工程产品形成过程中重要的消耗性材料，主要包括钢材、水泥、外加剂、矿粉、粉煤灰、砂石料、商砼、声屏障、防护栅栏、木材、防水材料、给排水材料、线路结构材料、桥梁专用材料、四电施工专用电线电缆与设备器材、安装于工程产品上的机电设备、石化产品和民用爆炸物品等。

2. 辅助材料

辅助材料是指用于辅助施工生产的材料，主要包括五金电料、消防器材、标准紧固件、焊接材料、橡塑制品、小型机具、化工原料、竹木制品、装修装饰材料、玻璃制品、安全劳动防护用品和低值易耗品等。

3. 周转材料

周转材料是指能多次使用并基本保持原有形态，其价值逐渐转移至工程成本中但不构成工程实体的材料，主要包括钢模板、万能杆件、大型型钢、贝雷片、脚手架、挂篮、衬砌台车、军用梁、钢板桩和钢支撑等。

三、管理

管理是指在特定的环境下，各级管理者发挥计划、组织、领导和控制等各项职能，通过优化配置和协调使用组织内的各种资源（人力、物力、财力和信息等），有效地达到组织目标的过程。

管理职能是指管理者实施管理时应该做的工作，包括计划、组织、领导和控制。

1. 计划

计划是指制定未来行动的方案，包括未来行动所要达到的目标和应采取的措施，是管理的首要职能。

2. 组织

组织是指设计和维持一整套职位系统，使人们在集体活动中合理分工、高效合作，以完成共同目标。

3. 领导

领导是指指挥、带领和感召部下去实现目标，包括激励下属，指导他们的活动，选择最有效的沟通渠道，以及营造良好的组织气氛等。

4. 控制

控制是指对活动进行监控，以确保按计划执行。

四、物资管理

物资管理是指企业在生产过程中，对本企业所需物资的采购、储备、使用等行为进行计划、组织、领导和控制等工作的总称。

物资管理的目的是，通过对所需物资进行有效管理，保证物资的供应，保障企业的生产，加速资金的周转，降低企业的生产成本，进而促进企业盈利，提升企业的市场竞争能力。

物资管理工作的五个重要环节为：物资计划，物资采购供应，物资验收、储存和发放，物资核算核销，以及回收和处理。其中，物资计划是龙头，物资采购是保障，验收环节保质量，发放、回收和处理保成本，消耗核算保成果。这些环节环环相扣、相互影响，任何一个环节出现问题，都将对企业的物资供应造成不良影响。因此，在市场异常活跃的今天，物资管理已经成为现代企业管理的重要组成部分，成为企业成本控制的利器和生产经营正常运作的重要保证，是企业发展与壮大的重要基础。

第二节　物资管理的性质和职能

一、物资管理的性质

物资管理既具有生产性，又具有服务性。

1. 物资管理的生产性

物资管理工作是社会再生产过程中不可缺少的环节，具有生产性。

(1)物资管理是生产的前提条件。现代生产是社会化大生产，任何生产企业的生产资料都要从其他企业采购获得。如果没有物资管理工作，企业就无法获得生产资料，无法进行生产。所以说，物资管理工作是生产的前提条件。

(2)物资管理工作是生产要素结合的过程。生产劳动是劳动者借助劳动资料对劳动对象进行作用的过程。物资运输是运输工作人员借助运输工具将货物转移空间位置的过程。物资仓储是仓库工作人员借助保管保养设施对物资使用价值进行保护的过程。

(3)物资管理会使物资的价值增加。物资管理过程是劳动消耗的过程(包括物化劳动和活劳动的消耗)，消耗的社会必要劳动使物资的价值增加。

2. 物资管理的服务性

物资管理过程虽然具有生产性质，但与一般的生产加工过程不同：物资管理只是为生产加工过程提供改变物资存在的空间和延续物资使用价值保存时间的劳务，物资管理过程本身不对物资进行加工。人们往往将采掘、加工、建筑、制造、维修等称为生产第一线，将物资的采购供应、储存、运输等物资管理工作称为服务第二线。物资管理是为生产第一线服务的，具有服务性。

在企业内部，生产是第一位的，服务是第二位的，物资管理要始终服务于生产一线，为施工生产提供保障和支持。

二、物资管理的职能

物资管理职能体现在物资计划、采购、使用和储备等方面。

1. 物资计划管理职能

物资计划管理职能是企业物资管理的首要职能。

物资计划是企业进行订货采购工作和组织企业内部物资供应工作的依据。综合企业内部各部门的信息进行物资计划编制，可以使计划更精准、更科学、更具可操作性。在计划制定之初，物资部门组织人员对物资市场进行调研，深入了解物资行情，掌握第一手的价格资讯；生产部门根据生产能力、预期产量、用户需求、发展储备等因素，估算所需物资的数量、种类，提报物资需求清单；财务部门负责提供流动资金的详细信息，以资金净流量约束物资计划的规模。企业在综合处理各部门所提供信息的基础上，统筹安排物资采购、使用、储备等行为，编制科学、合理的物资计划。

2. 物资采购管理职能

物资采购是企业资金支出的关口，把好这个关口是企业成本控制的关键。为此，实行以公开招标、邀请招标、竞争性谈判、询价和单一来源等采购方式为核心的物资采购管理便成为当前企业物资采购的主流模式。

(1)公开招标采购是指招标人通过在依法指定的媒介发布招标公告的方式邀请不特定的潜在投标人参加投标，并按照法律规定程序及招标文件规定的评标标准和方法确定中标人的一种采购方式。

(2)邀请招标采购是指招标人以投标邀请书的方式直接邀请特定的潜在投标人参加投标，并按照法律规定程序及招标文件规定的评标标准和方法确定中标人的一种采购方式。

(3)竞争性谈判采购是指采购单位向潜在供应商发出竞争性谈判文件，邀请三家及以上有合作意向的供应商进行谈判并由供应商在规定时间内进行最后报价，按谈判文件规定的方法确定成交供应商的一种采购方式。

(4)询价采购是指采购单位编制询价书，对需求产品名称、规格型号、技术要求、质量标准、交货期、报价截止时间等进行完整、规范的描述，选择三家及以上供应商进行询价和比价，按照采购需求、质量和服务相等且报价最低的原则确定成交供应商的一种采购方式。

(5)单一来源采购是指采购单位向特定供应商发出洽谈邀请，提供采购文件，按照采购文件要求和洽谈方案与供应商洽谈，遵循物有所值和价格合理的原则确定成交结果的一种采购方式。

除上述5种采购方式外，随着互联网技术的不断发展，网络采购也日益普及。

采购时，物资的供应质量和价格、采购的中间费用、售后服务、供货商的信誉及货款的承付方式等是采购考虑的要素。简单而言，就是“同种物资比质量，同等质量比价格，同样价格比服务，同等服务比信誉，先比后买”，其实质就是通过对各要素进行综合比对，获得物美价廉的产品和服务。企业实行多种方式的采购，不但可以使物资市场的竞争更加活跃，使物资的性价比不断提升，还可以在无形之中拓展企业的物资来源渠道。

3. 物资使用管理职能

物资使用主要是指物资消耗。生产过程中的物资消耗量是决定企业生产成本的重要因素，企业应该将物资消耗控制作为管理的重点。一般来说，在物资计划中企业都会制定比较科学、合理的物资消耗定额，通过对生产过程中的物资消耗量进行详细记录、比对和分析，将超额情况及时反馈到管理层，尽早查明超额原因，采取有力的措施，可以最大限度地减少物资超耗现象。

4. 物资储备管理职能

物资储备管理以调整企业库存结构、盘活超储(积压)物资、加快资金周转和减少储备资金占用为主线，主要包括以下几个方面。

(1)对长线物资、产销平衡物资、紧俏物资实行物资分类管理：对供应充足、可即时购买的长线物资原则上不储存，对产销平衡物资通过合理安排进货时间实现不储存，而对于进货相对困难的紧俏物资则要备有一定的储存量。

(2)对物资储备量实施实时监控，及时将储备情况向管理层上报，预防超储(积压)现象的发生。

(3)若出现物资超储(积压)现象，企业内部能够代用的物资可实行代用，无法代用的物资可与供货商协商退货，或与其他企业交换物资实现双赢。

总之，物资管理作为企业管理的重要组成部分，其管理模式的不断创新是社会主义市场经济发展的必然要求，也是历史发展的潮流。

第三节 互联网+物资管理

一、“互联网+”的概念和特征

1.“互联网+”的概念

“互联网+”代表着一种新的经济形态，依托互联网信息技术实现互联网与传统产业的联合，以优化生产要素、更新业务体系、重构商业模式等途径完成经济转型和升级，实现互联网与传统产业的深度融合，以产业升级提升经济生产力，实现社会财富的增加。通俗地说，“互联网+”就是“互联网+传统产业”，是利用信息通信技术以及互联网平台，促进互联网与传统产业的融合，创造出新的发展生态。

“互联网+”概念的中心词是互联网，它是“互联网+”计划的出发点。“互联网+”计划具体可分为两个层次的内容来表述。一方面，可以将“互联网+”概念中的文字“互联网”与符号“+”分开理解。符号“+”为加号，代表添加与联合。这表明“互联网+”计划是针对不同产业间发展的一项新计划，其应用范围为互联网与其他传统产业，应用手段是通过互联网与传统产业进行联合和深度融合。另一方面，“互联网+”作为一个整体概念，其深层意义是传统产业依托互联网完成产业升级。互联网可将开放、平等、共享等网络特性引入传统产业，通过对大数据的分析与整合，理清供求关系，改造传统产业的生产方式、产业结构，增强经济发展动力，提升效益，从而促进国民经济健康有序发展。

2.“互联网+”的主要特征

(1)跨界融合。“+”就是跨界，就是变革，就是开放，就是重塑融合。

(2)创新驱动。用互联网思维来求变、自我革命，更能发挥创新的力量。

(3)重塑结构。信息革命、全球化、互联网业已打破了原有的社会结构、经济结构、地缘结构、文化结构，权力、议事规则、话语权在不断发生变化。

(4)尊重人性。互联网力量之强大来源于对人性的最大限度的尊重、对人体验的敬畏、对人的创造性发挥的重视。

(5)开放生态。“互联网+”的一个重要方向就是要把过去制约创新的环节化解掉，把孤岛式创新连接起来。

(6)连接一切。连接是有层次的，可连接性是有差异的，连接的价值是相差很大的，但是连接一切是“互联网+”的目标。

二、“互联网+”物资管理

“互联网+”充分发挥了互联网在社会资源配置中的优化和集成作用，将互联网的创新成果深度融入经济社会各领域，提升了全社会的创造力和生产力，因而形成了更广泛的以互联网为基础设施和实现工具的经济发展新形态。

要想对企业物资进行有效的管理，就一定要加强互联网技术的应用，充分结合“互联网+”思维，建设完善的物资管理信息系统，使其能够与整个社会的发展目标相符合。企业物资管理中引入“互联网+”将会提升企业物资管理水平，为企业经济提供有力的保障。

1.“互联网+物资管理”在招标采购中的应用

招标采购是生产经营的前提，是成本控制的关键。随着互联网飞速发展，传统企业正在借助互联网信息技术实现创新转型，招标采购环节也逐渐实现电子化。对国有企业而言，成熟的电子招投标平台能够有效地实现反腐，防止国有资产流失，降低成本，提质增效，促进信息公开。

2013 年 5 月 1 日，国家发展改革委、工业和信息化部、监察部、住房城乡建设部、交通运输部、铁道部、水利部、商务部联合发布了《中华人民共和国电子招标投标办法》(以下简称《电子招标投标办法》)及其技术规范，开启了招标采购电子化的新篇章。

2015 年 6 月，国资委下发《关于开展采购管理提升对标工作有关事项的通知》(国资厅发改革〔2015〕27 号，以下简称《通知》)，推行集中采购与电子化采购，尤其突出电子化，推动了央企电子化采购的蓬勃发展。这也被业内认为是目前国资委关于国企采购管理与考核的规范性、纲领性文件。

《通知》指出，评价采购管理是否达到先进水平有四个关键指标：公开采购率达 80%，网上采购率达 80%，集中采购率达 80%，电子招标率达 80%，其核心就是电子采购。

2016 年 2 月，国家发展改革委、工业和信息化部、住房城乡建设部、交通运输部、水利部、商务部联合发布了《“互联网+”招标采购行动方案(2017—2019 年)》。该方案明确，到 2019 年，覆盖全国、分类清晰、透明规范、互联互通的电子招标采购系统有序运行，以协同共享、动态监督和大数据监管为基础的公共服务体系和综合监督体系全面发挥作用，实现招标投标行业向信息化、智能化转型。

目前，央企电子化招标首批试点工作正在有序推进。根据国家发展改革委有关文件要求以及《电子招标投标交易平台试点工作方案》的程序和标准，2015 年 8 月，中国招标投标协会将中航、鞍钢等央企纳入首批电子招标投标交易平台试点名单，并多次召开阶段性业务交流会，积极推进央企电子化采购。

2.“互联网+物资管理”在合同管理中的应用

传统的合同管理工作采用的是手工的操作方式。但是，随着科学技术的不断发展与应用，出现了与合同管理相对应的信息技术。将这种信息技术运用到合同管理中，可以使工作开展起来更为科学与规范。除此之外，利用互联网技术管理，可以实现合同文本的网上共享和会签审批，有利于提升工作效率，保障企业管理工作的稳定有序。

3.“互联网+物资管理”在物资计划管理中的应用

企业的日常的生产和加工管理要求按照相应的计划对所需的物资进行管理。物资计划管理越科学、规范，越能够有效节约企业的资金，提升物资供应的效率。

将“互联网+”合理地融入物资计划管理，采用信息化技术更好地保证物资计划的有效性，可让物资供应更加合理有序；同时，还可以将采购的数量不断扩大，减少采购的批次，更好地保证物资供应的稳定性和持续性。

4.“互联网+物资管理”在物资仓储管理中的应用

通过采用“互联网+”物资管理模式，推动企业物资仓储管理的科学化和信息化发展，能够彻底改变仓储管理烦琐低效的手工操作方式。如此，便可有效提升仓储管理工作水平，还能够对仓储情况进行实时查询，更准确地掌握仓储动态。

综上所述，对于企业而言，应用“互联网+物资管理”之后，可规范物资管理工作的流程，提高工作效率，实现经济效益的最大化。

第二章　建筑企业物资管理

第一节　建筑企业物资管理的概念和特点

一、建筑企业物资管理的概念

建筑企业的物资管理，就是对施工过程中所需的各种物资，围绕采购、储备和消费所进行的一系列组织和管理工作：借助计划、组织、领导和控制等管理职能，依据一定的原则、程序和方法，做好物资平衡供应，高效、合理地组织物资的储存、消费和使用，以保证建筑安装生产的顺利进行。

建筑安装施工生产总是不间断地进行。建筑物资在施工中逐渐被消耗掉，转化成工程实体。生产过程是原材料不断消耗的过程，也是原材料不间断地补充的过程。没有生产资料的供应，生产就无法进行。在建筑工程施工中，应努力降低单耗，控制物资库存，加速流转。建筑物资是建筑企业组织生产的物质基础，建筑物资的供应与管理是建筑企业经营管理的重要组成部分。加强物资供应和管理工作是企业现代化生产的客观需要，也是企业完成和超额完成各项技术指标，取得良好经济效果的重要环节。

二、建筑企业物资管理的特点

与一般企业相比，建筑企业的物资管理工作具有一定的特殊性、艰巨性和复杂性，主要表现在以下几个方面。

(1)建筑物资品种、规格繁多。由于建筑产品(工程对象)各不相同，技术要求各异，因此需用物资的品种、规格、数量及构成比例也不同。一般工程经常使用的建筑物资就有 600 多个品种、2000 多种规格。

(2)建筑物资耗用量多，重量大。建筑物资不同于其他一般物资，体积庞大(一个地区大宗物资的耗用，常以吨为计量单位)，松散，不易管理，需要强大的运输力量和良好的仓储场地。

(3)建筑工程施工生产周期较长，占用的生产储备资金较多。一个建筑产品从施工生产投入到交付使用，往往要以月或年计算工期，且施工期间不提供任何使用价值，每天还要消耗大量的人力和物力。除此之外，因受自然条件的限制，一部分建筑物资的生产和供应易受季节影响，需要做季节性储备。因此，建筑企业物资储备数量较大，占用储备资金较多。

(4)建筑物资供应很不均衡。建筑施工生产一般分部、分项按工艺流程展开，施工各阶段使用物资的品种、数量都不相同，物资消耗数量时高时低，这就决定了物资供应的不均衡性。

(5)建筑物资供应工作涉及面广。常用的建筑物资中，既有大宗物资，又有零星或特殊物资，物资货源和供应渠道复杂。其中有很大一部分物资运距较长，建筑企业自身运输能力不能解决，需要借助大量的社会运输力量，如此便易受到运输方式和运输环节的牵制和影响，稍一疏忽，就会在某一环节上产生问题，影响施工生产。因此，必须周密规划，认真考虑物资的供应问题。

(6)建筑物资供应工作具有复杂性。建筑产品位置的广泛性决定了建筑施工生产的流动性。因此，建筑物资的供应没有固定的来源和渠道，也没有相对固定的运输方式。

(7)建筑物资的质量要求高。建筑产品的质量，在很大程度上取决于物资的质量。建筑物资供应工作本身也要求高质量，要求在一定的生产进度内，把不同品种、规格、数量、质量的各种建筑物资按质、按量、及时、配套地供应到施工现场。

(8)建筑物资市场国际化。目前，钢材、有色金属、石油产品等均已进入期货市场，价格与国际接轨。因此，在大宗物资采购过程中，必须充分考虑资金成本，做好成本核算。

(9)建筑物资经营行业从业人员整体素质不高(特别是砂石料等低端产品的经营人员)，运作管理整体粗放，屡有违规操作。建筑企业对低端建筑物资的管控能力不够，导致物资成本偏高，增加工程建设成本。

物资管理人员只有充分认识到物资管理工作的特殊性、艰巨性、复杂性，才能掌握工作的主动权，做好物资管理工作。

第二节 建筑企业物资管理的任务和工作内容

一、建筑企业物资管理的任务

建筑企业物资管理工作的基本任务是：本着“管物资必须全面管供、管用、管节约、管回收和修旧利废”的原则，把好供、管、用三个主要环节，以最低的物资成本，按质、按量、及时、配套供应施工生产所需的物资，并监督和促进物资的合理使用。建筑企业物资管理的具体任务包括以下几个方面。

1. 提高计划管理质量，保证物资供应

提高计划管理质量，首先要提高核算工程用料的正确性。计划是组织和指导物资管理活动的重要环节,是组织货源和供应工程用料的依据。无论是需用计划,还是物资平衡分配计划,都要按单位工程(大的工程可按分部工程)进行编制。但是,在实际工作中往往可因设计变更、施工条件的变化,打破原定的物资供应计划。为此,开展物资计划工作需要与设计单位、建设单位和施工部门保持密切联系。对重大设计变更、大量物资代用、物资的价差和量差等重要问题,应及时与有关单位协商解决。

2. 提高供应管理水平,保证工程进度

物资供应管理包括采购、运输及仓库管理业务,这是配套供应的先决条件。由于建筑产品的规格、品种多,每项工程都是按照建筑物的特定功能设计,对物资各有不同的需求,因此物资在数量和质量上受工程设计的制约。另外,物资在流通过程中受生产和运输条件的制约,在价格上受市场供求关系的制约。因此,物资部门一方面要主动与各个施工部门保持密切联系,交流情况,互相配合,提高供应管理水平,适应施工要求(对特殊物资要采取专料专用管控,以确保工程进度);另一方面应对主要原材料进行市场分析,特别是建筑原材料中的大宗物资(具有一定的金融附加性),其市场价格和供需关系经常出现变化。为确保工程进度,必须正常使用物资,因此,物资部门应对市场做出合理的预判。

3. 加强施工现场物资管理,坚持定额用料

建筑产品体积庞大,生产周期长,用料数量多,运量大,而且施工场地一般空间有限,储存物资困难,在施工高峰期间土建、安装交叉作业,物资储存地点与供、需、运、管之间矛盾突出,容易造成物资浪费。因此,施工现场物资管理首先要建立健全物资管理责任制度,物资人员要参加现场施工总平面图关于物资布置的规划工作。在组织管理方面,要认真发动一线施工人员,建立健全施工队(组)的管理制度。这是物资使用管理的基础。在施工生产方面,要坚持定额供料,严格领、退料手续,厉行节约,反对浪费,做到“工完、料尽、场地清”。

4. 严格经济核算,降低成本,提高效益

经济核算是借助价值形态对生产经营活动中的消耗和生产成果进行记录、计算、比较和分析,促使企业以最低的成本取得最大经济效益的一种方法。物资管理同企业的其他各项业务活动一样,都应实行经济核算,制定物资消耗的奖罚制度,积极参与劳务分包的合同条款制定,寻找降低成本的途径。

二、建筑企业物资管理内容

物资管理的主要内容包括两个领域、四个方面和八项业务。

1. 两个领域

(1)流通领域的物资管理。流通领域的物资管理即在企业物资计划指导下,组织货源,进行订货、采购、运输及仓储保管等活动的管理。

(2)生产领域的物资管理。生产领域的物资管理即在生产消费领域中,实行定额供料,采取节约措施与奖励办法,鼓励降低物资单耗,实行退料回收和修旧利废等活动的管理。

2. 四个方面

物资管理的业务工作主要包括采、供、管、用四个方面。这四个方面应该是紧密结合的。

(1)"采"在市场经济中是十分重要的一个管理环节,其管理的内容包括采购信息的获取、市场调查、采购方案的制定、供应商选择洽谈、供应商管理等。

(2)"供"是建筑企业中的重要环节。由于企业生产特点,其管理对生产的预判性要求随着当前的施工要求不断提高,供应应更加注重外部客观条件,做好供应预判及应急方案。

(3)"管"是指应特别注意分包队伍引入时在物资管理上的责任明确。

(4)"用"是指在项目上要有追溯的方向,知道用在哪里、用了多少,对可替代使用的物资应有所了解,在保证质量的前提下,降低生产成本。

应把"管"和"用"与分包管理联系起来进行,定时核算物资使用情况,追溯物资使用情况,清晰划分责权利,从数量上控制项目成本。

3. 八项业务

(1)物资计划。

(2)物资招标及物资资金分析。

(3)物资合同及采购结算管理。

(4)供应商管理。

(5)现场物资验收、保管、分发。

(6)现场物资管理方案及调配运输供应。

(7)物资核算。

(8)物资统计分析及总结。

物资管理的各项业务活动相互依存、相互联系。

第三节 建筑企业物资管理体制

建筑企业物资管理体制是建筑企业组织、领导物资管理工作的根本制度。它明确了企业内部各级、各部门在物资采购、运输、储备、消耗等方面的管理权限及管理形式,是企业管理体制的重要组成部分。正确确定企业物资管理体制,对于完成企业管理的基本任务、改善企业的经营管理、提高企业的施工能力和竞争能力都具有重要意义。

目前,大型建筑企业的物资管理体制均实行层级管理,本节将结合一些实际情况,阐述公司层与项目层之间物资管理的分工协作。大型建筑企业的公司层级有多种,项目层基本指项目部单独进行独立成本核算的非法人组织机构。

施工企业的公司层一般按照上级管理各司其职,所涉及的主要管理内容和权限按管理层级各有不同,一般是按照上一级的物资管理要求制定本公司的物资管理责任分工,包括:指导本公司的物资管理工作,制定本公司物资管理制度,审批物资采购方案,审核物资采购合同,提供本公司所属项目投标物资的市场价格,统计分析各类物资数据,管控供应商资源,管理公司物资人员结构,调剂公司内周转物资,以及检查项目层单位物资工作的情况等。

项目层物资工作一般是按照上级物资管理要求开展所有物资工作,包括:主要项目所需物资的市场调查,项目物资计划的提报,物资采购合同的签订和执行,物资进场时间的统筹安排,现场物资的保管、分发、核算、统计,项目物资成本的管理,各类分工号台账的建立,成本系统数据录入,本项目的供应商资源管理,以及物资资金付款的申报使用等。

无论是公司层,还是项目层,物资管理工作的内容还可进一步细分,比如公司层统计本公司物资使用数据的分类就有很多,具体需要按照不同时期管理需要进行统计分析。项目层同样也存在这类问题,例如要根据项目实际情况进行物资收发管理和核算管理。公司层的物资工作是相对整体的管理,公司层级越高,内容越宽泛;项目层物资工作的主要核心是物资使用的成本管控,重点是提出适合本项目的物资成本管控手段和措施。

一、决定建筑企业物资管理体制的条件和因素

决定和影响建筑企业物资管理体制的条件和因素,主要有以下三点。

1. 物资管理体制要反映建筑施工生产需求特点

在确定企业物资管理体制的过程中,应考虑以下几个问题。

(1)要适应建筑生产的流动性。物资、机具的储备不宜分散,应尽可能提高成品、半成品供应程度,及时组织剩余物资的转移和回收,减轻基层的负担,使基层能轻装转移。

(2)要适应建筑生产的多变性。要有准确的预测,对常用物资要有适当储备,要建立灵敏的信息传递、处理、反馈体系和有力的指挥系统,以便及时应对突发情况,保证施工生产的顺利进行。

(3)要适应建筑生产多工种的连续混合作业。按不同施工阶段实行综合配套,按物资使用方向分工协作,在方法上、组织上保证生产的顺利进行。

(4)要充分考虑建筑生产用料多、工期长的特点。为实现物资合理使用,降低

消耗，要健全计量、定额、凭证和统计等基础工作，通过核算加强监督，保证企业的最终经济效益。

(5)要充分考虑互联网和现代物流业的发展，以及大宗物资的国际化特征和金融属性。宏观经济、政策等引起的物资价格波动会给企业成本带来巨大影响。企业应对物资新概念和新方法进行探索，特别是智慧供应链、智慧仓储管理等新理念，借鉴和引入与施工建筑企业物资管理相适应的一些管理手段，使物资集采和现场管理工作更加适应企业发展的需要。

2. 物资管理体制要适应企业的施工任务特点和项目施工组织形式

建筑企业的施工任务状况主要包括规模、工期和分布三个方面。一般情况下，任务规模较大、工期较长的施工任务便于实行集中采购供应管理；而对规模较小、工期较短的施工任务，通常实行分散采购供应管理。

(1)现场型企业一般采取集中管理的体制。对这类企业，应把供应权集中于企业，实行统一计划、统一订购、统一储备、统一供应、统一管理。这种形式有利于统一指挥、减少层次、减少储备、节约设施和人力，物资供应工作对生产的保障程度高。

(2)城市型企业的施工任务一般集中在一个城市内。对这类企业，常采用“集中领导，分级管理”的体制，对施工用主要物资和机具，供应权和管理权实行集中管理；对施工用一般物资和机具，供应权和管理权放给基层。这样，既能保证企业的统一指挥，又能调动各级的积极性，还可以减少中转环节，减少资金占用，加速物资周转和保证供应。

(3)区域型企业的施工任务比较分散，甚至跨市、跨省。对这类企业，应因地制宜，或在“集中领导，分级管理”的体制下，扩大基层单位的供应和管理权限，或在企业的统一计划指导下，把物资供应和管理权完全下放给基层。这样既可以保证企业在总体上的指挥和调节，又能发挥各基层单位的积极性和主动性，避免因权限过于集中而带来不必要的层次、环节，造成人力、物力和财力的浪费。

(4)国际型企业的施工任务分布更加广阔，甚至跨国。对这类企业，应针对不同国家的人文、社会和政治环境，制定不同的物资管理体制，设置事业部等机构，在企业的宏观政策指导下，把物资采购供应和管理权完全下放给各事业部，以保证各基层单位的灵活性和应变性，适应海外施工的需求。

3. 物资管理体制要适应物资供应方式

建筑物资依靠市场提供。企业的物资管理体制受国家和地方物资采购政策、市场的类型以及企业自身的规模和素质所制约。只有适应国家和地方建筑物资分配方式和供销方式，企业才能顺利地获得自己所需的物资。一般情况下，企业物资管理体制的确立须考虑以下几个方面。

(1)物资管理体制要适应地方市场资源供货情况。凡是有供货渠道和生产厂家的地区，企业除应具有采购能力外，还应根据市场供货周期提高储备能力，创造条件直接与生产厂家对接，建立稳定的供货关系。对于没有供货渠道的地区，企业要考虑采取外地采购、协作，以及扶植生产、组织加工、建立基地的办法，通过扩大供销关系和发展生产的途径，满足企业生产的需要。不同的物资供应方式和不同地区的资源情况对企业的物资管理体制提出了不同的要求，只有适应并反映这些要求，才能更好地完成企业物资供应与管理的基本任务，为生产提供良好的物质基础，促进企业的发展。

(2)社会资源形势也是物资管理体制应考虑的一个重要因素。一般情况下，当社会资源比较丰富，甚至是供大于求时，企业物资的采购权和管理权不宜过于集中；否则，会增加不必要的管理层次，造成人力、物力和财力的浪费，甚至影响施工生产。当社会资源比较短缺，甚至供不应求时，企业物资的采购权和管理权不宜过于分散；否则，会出现互相抢购、层层储备，造成人力、物力和财力的浪费，甚至影响施工生产。目前，建筑物资供需关系变化总体是比较复杂的，大宗物资已经不再由简单的表面供需关系来确定。虽然目前市场信息的透明度较高，但是物资的管理与市场动态的把握仍是一项较为复杂的工作，应更加考虑社会信用合作的重要性。

企业物资管理体制还取决于企业物资人员队伍的素质状况。在其他条件不变的情况下，队伍素质高可以适当减少层次和环节；反之，队伍素质低则依赖性强，必然增加层次和环节。

综上所述，建筑企业的物资管理体制既是实现企业经营活动的重要条件，又是企业联系社会的桥梁和纽带，受企业内外各种条件和因素的制约。企业物资管理体制的确定必须从实际出发，在调查研究的基础上，综合考虑各种因素，力求科学、合理；要保证企业经营活动的正常开展，有利于企业取得最终的整体效益；要保证企业生产管理的完整性，有利于企业生产的指挥和调节；要体现公司层为项目层服务的原则，兼顾各级的利益；要有利于信息的收集、传递、反馈和处理，使物资管理机制有机地运行。

二、建筑企业物资管理体制的制定和物资管理机构的职责

1. 建筑企业物资管理体制的制定

建筑企业物资管理体制的制定一般应包括三个方面的内容：企业各层级在物资采购、加工、储备等方面的分工；企业所用物资的计划、采购、加工、储备、调拨及使用的主要管理要求；按照上述分工和管理要求建立的各层次的物资管理机构。

2. 物资管理机构的职责

建筑企业的物资管理机构是企业物资管理的职能部门，负有对企业物资管理工作进行全面规划、领导和组织的责任，其一般职责主要包括以下几个方面。

(1)贯彻执行国家各项有关物资管理的方针和政策，监督检查执行情况。

(2)制定并执行企业物资采购及物资管理的各项制度和办法。

(3)筹划施工所需物资和机具的采购、加工、储备、供应和平衡调度。

(4)准确及时编报各种物资计划及统计报表。

(5)做好仓库及现场物资和机具的收、发、保管和核算工作。

(6)推行定额用料，开展用料承包，促进降低物资消耗。

(7)负责周转物资及工具的管理(有条件的要实行租赁制)。

(8)负责物资采购资金管理及采购成本核算，加强采购合同的管理。

(9)负责企业物资供应管理的检查、指导和总结，交流和推广先进经验。

(10)组织物资管理人员的业务学习和培训。

三、项目物资管理人员岗位职责和工作程序

1. 物资管理人员岗位职责

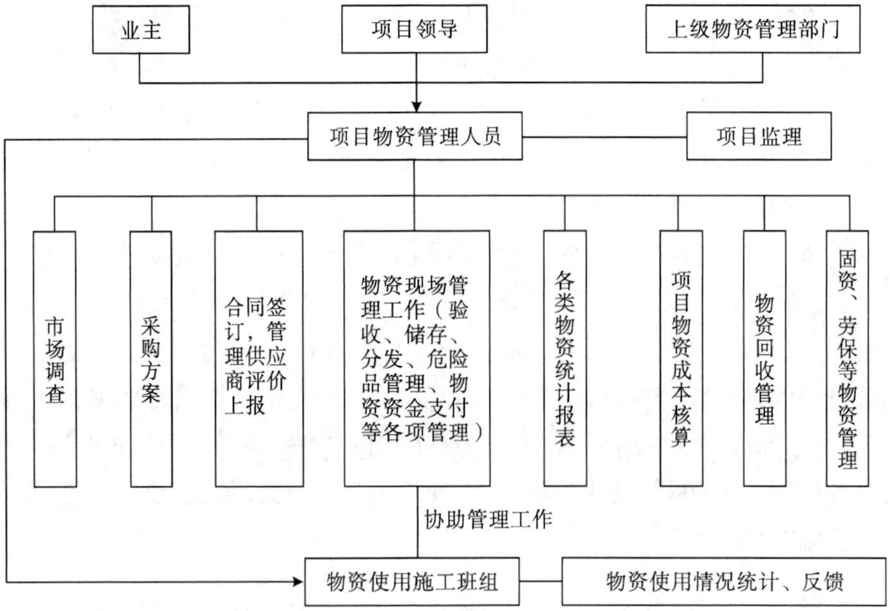

图 2-1 物资管理人员岗位职责

物资管理人员应廉洁自律，秉公办事，遵纪守法，努力钻研业务，熟悉各种物资，及时、准确、保质保量完成任务，具体岗位职责包括以下几个方面。

(1)在项目经理领导下，按照政府、项目业主、上级管理部门等单位的物资管理要求负责项目部物资管理工作。

(2)负责项目部物资计划、供应商评价、合同管理、物资供应和物资现场管理工作。

(3)按照上级主管部门要求的物资采购方案，进行市场价格调查，掌握物资的市场价格信息。

(4)负责项目部物资的验收、搬运、储存、标识、发放及固定资产的管理。

(5)负责项目部季(月)度验工的物资成本管理,建立物资消耗台账,做好季(月)度验工的物资成本分析工作。

(6)负责项目部能源、资源管理和可回收废弃物的回收、处置登记,做好易燃、易爆、危险化学品的收、发、保管工作和仓库的消防安全管理工作。

(7)负责劳动保护用品的计划、申请、登记、发放和回收工作。

(8)负责检查施工现场物资的码放情况,检查仓库封闭、粉料使用是否符合大气和水污染防治的要求。

(9)负责每月对两个以上供应商的供货质量进行抽查和评价,定期向上级及项目业主等单位物资管理部门进行反馈。

(10)负责项目部物资消耗统计报表、能源和资金使用情况、质量反馈情况、价格执行情况的统计上报工作。

(11)负责项目部产生的各种记录的填写、标识、保管、整理和保存工作。

(12)完成领导交办的其他工作。

2. 项目现场物资管理人员工作程序

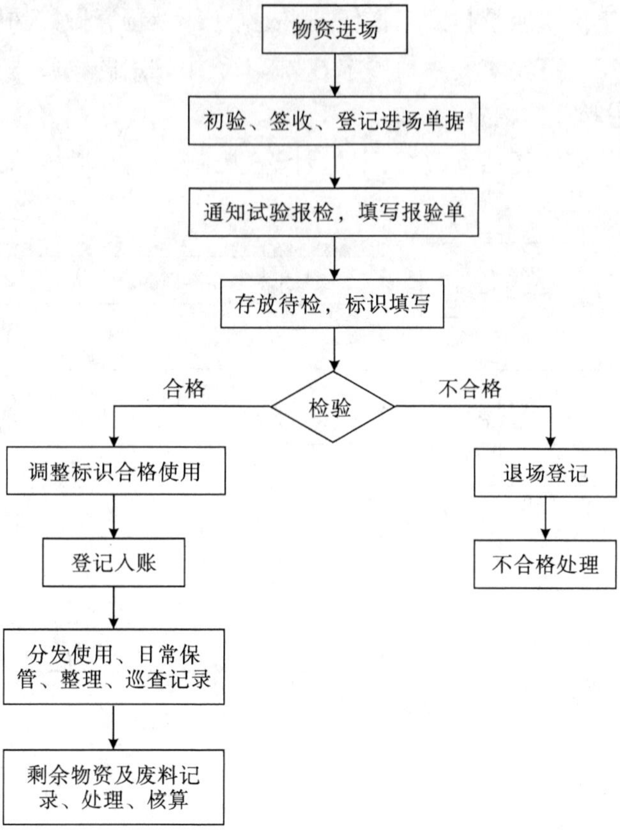

图 2-2　项目现场物资管理人员工作程序(一)

物资管理人员应熟悉各种物资的型号、规格、特性、用途及各种物资的价格信息，在物资管理各阶段做好以下工作。

(1)熟悉建设工程项目的特点和施工合同的要点，参与施工组织设计的编制工作，规划物资存放场地和运输道路，做好物资预算汇总，编制物资分类需用计划，制定现场物资管理方案。

(2)根据物资使用计划的要求，做好物资采购招标和采购合同的签订和管理工作。

(3)按施工进度计划的要求，组织物资分期、分批、有序地进场。一方面要保证施工生产需要，另一方面要防止形成大批剩余物资。

(4)按照各类物资的品种、规格、质量和数量要求，与现场试验部门保持密切联系，对进场物资进行严格检查，办理入库验收手续。

(5)按照现场平面布置要求，合理存放物资，在方便施工、保证道路畅通和安全可靠的原则下，尽量减少物资的二次搬运。

(6)按照各类物资的自然属性，依据物资保管技术要求和现场客观条件，采取各种有效措施进行维护、保养，避免降低各类物资的使用价值。

(7)按照施工班组所承担的工作任务，依据定额及预算做好物资的发放工作。

(8)按照施工规范要求和用料要求，对施工班组领用的物资进行跟踪管理，督促班组合理使用和节约物资。

(9)通过对物资消耗活动进行记录、计算、控制、分析、考核和比较，做好物资核算工作。

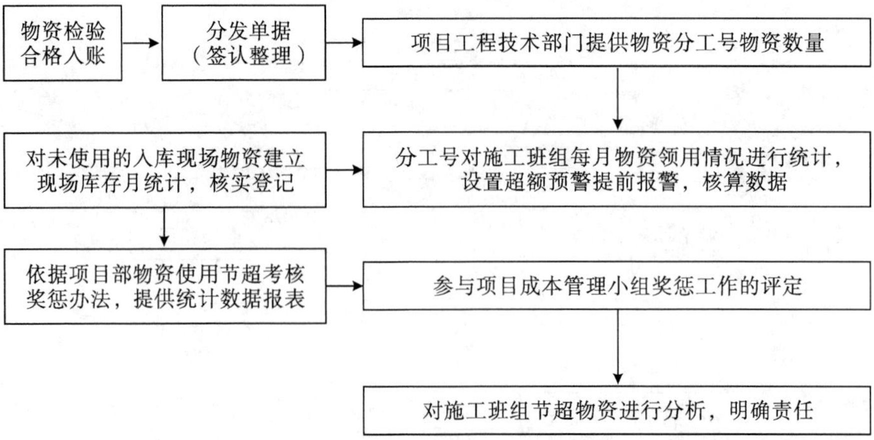

图 2-3 项目现场物资管理人员工作程序(二)

第三章　物资管理的相关法律法规和制度

第一节　国家相关法律法规

自改革开放以来，我国法律发展日趋完善，已建立起相对完善的法律体系。目前，我国现行有效法律有271件(截至2019年3月10日)，分七大类：宪法及宪法相关法、民法商法、行政法、经济法、社会法、刑法、诉讼与非诉讼程序法。

我国的法律形式主要有以下几种。

①宪法：宪法是国家的根本大法，是最高权力的象征和标志，其法律地位最高。

②法律：全国人大或全国人大常委会制定的法律规范。法律有广义和狭义的两种理解，本书使用的狭义的法律理解。法律的效力在宪法之后。

③行政法规：行政法规是指国家最高行政机关即国务院所制定的规范性文件，其法律地位和效力仅次于宪法和法律。国务院所发布的决定和命令，凡属于规范性的，也属于法的渊源之列。

④地方性法规、自治条例和单行条例：地方性法规是一定层面的地方国家权力机关，根据本行政区域的具体情况和实际需要，依法制定的在本行政区域内具有法的效力的规范性文件。自治条例和单行条例是由民族自治地方的人民代表大会，依照当地民族的政治、经济和文化的特点制定的规范性法律文件的总称。

⑤规章：规章是行政性法律规范文件，从其制定机关而言可分为两种，一种是由国务院组成部门及直属机构在它们的职权范围内制定的规范性文件，部门规章规定的事项应当属于执行法律或者国务院的行政法规、决定、命令的事项；另一种是省、自治区、直辖市人民政府以及省、自治区人民政府所在地的市和经国务院批准的较大市的人民政府依照法定程序制定的规范性文件。其中地方政府规章可以就下列事项作出规定：为执行法律、行政法规、地方性法规的规定，需要制定的事项，属于本行政区域的具体行政管理事项。

⑥特别行政区法律：特别行政区依法享有高度的自治权，除外交、国防事务属中央人民政府管理外，特别行政区享有行政管理权、立法权、独立的司法权和终审权，现行的法律基本不变，现行的社会、经济制度和生活方式不变。

⑦国际条约及国际惯例：国际条约是指我国作为国际法主体同外国缔结的双边、多边协议和其他具有条约、协定性质的文件。

上述不同的法律形式具有不同的效力等级。法的效力是指法作为一种国家意志所具有的约束力和强制性，表现为凡是由国家制定或认可的法律规范及其表现形式（规范性法律文件等），均对主体行为具有普遍的约束力，这种约束力不以主体自身的意愿为转移。

法的效力包括法的效力等级和效力范围。一般情况下，制定机关的地位越高，法律规范的效力等级也越高。特殊立法的效力优于一般性立法，也即"特殊优于一般"，但仅限于同一主体指定的法律规范。同一制定机关先后就同一领域的问题制定颁布了两个以上的法律时适用"后法优于前法"。同一主体制定的法律规范中，按照特定的、更为严格的程序制定的效力等级高于按照一般程序制定的。被某一国家机关授权的下级机关在授权范围内制定的该项法律、法规在效力上通常等同于授权机关自己制定的法律或法规，但仅授权制定实施细则者除外。

目前，与建筑行业相关的法律、法规和规章已形成了相对完整的工程建设法规体系，建筑市场运行有法可依的局面已基本形成。建筑企业的经济活动涉及的法律形式主要有法律、行政法规、地方性法规和规章等。随着越来越多的企业走出国门，国际法律也应得到重视，企业应有针对性地学习相关国家法律。

在市场经济中，法律的维权往往建立在公平和公正的合同条款中。知法才能维权，知法才能最大限度地保障企业的利益。企业应及时学习新法，加强对相关法律的了解。目前，与建筑企业相关的法律有《中华人民共和国民法通则》《中华人民共和国公司法》《中华人民共和国建筑法》《中华人民共和国招标投标法》《中华人民共和国物权法》《中华人民共和国反不正当竞争法》和《中华人民共和国电子商务法》等。

《中华人民共和国民法通则》（以下简称《民法通则》）是民法领域的纲领性法律，应予以了解。关于 2017 年 10 月 1 日修订的《民法通则》，需要了解的是，我国已经将限制民事行为能力人的最低年龄降低至 8 周岁，同时该法律确定了"法人"的三种情况。关于《中华人民共和国公司法》《中华人民共和国物权法》和《中华人民共和国反不正当竞争法》等法律，需要了解的是，在社会经济活动中，什么样的公司是合法的，什么样的物资采购物权在何时是转移的，以及什么样的条款是霸王条款等。2019 年 1 月 1 日实施的《中华人民共和国电子商务法》（以下简称《电子商务法》）是我国电子商务领域的第一部综合性、基础性法律，对于保障电子商务各方主体权益、规范电子商务行为、维护市场秩序、促进电子商务行业持续健康发展具有极其重大的意义。

由于篇幅有限，本节无法对建筑企业物资人员需要了解的法律法规进行一一说明。下面结合建筑企业的特点，简单介绍《中华人民共和国建筑法》《中华人民共和国招标投标法》《中华人民共和国合同法》《中华人民共和国招标投标法实施条例》和《政府采购货物和服务招标投标管理办法》。

一、中华人民共和国建筑法

1997 年 11 月 1 日，第八届全国人大常委会第二十八次会议通过《中华人民共和国建筑法》(以下简称《建筑法》)，共八章八十五条，自 1998 年 3 月 1 日起实施，目前已经过两次修正(2011 年 4 月 22 日、2019 年 4 月 23 日)。

《建筑法》是规范我国各类房屋建筑及附属设施建造和安装活动的重要法律，为我国确立了建筑活动中的基本法律制度，其基本精神是保证建筑工程质量和安全，规范和保障建筑各方主体的利益。《建筑法》以规范建筑市场行为为出发点，以建筑工程质量和安全为主线，内容包括总则、建筑许可、建筑工程发包承包、建筑工程监理、建筑工程安全管理、建筑工程质量管理、法律责任和附则。

《建筑法》中与物资管理有关的规定主要有以下几条。

(1)按照合同约定，建筑材料、建筑构配件和设备由工程承包单位采购的，发包单位不得指定承包单位购入用于工程的建筑材料、建筑构配件和设备或者指定生产厂、供应商。

(2)工程监理单位与被监理工程的承包单位以及建筑材料、建筑构配件和设备供应单位不得有隶属关系或者其他利害关系。

(3)设计文件选用的建筑材料、建筑构配件和设备，应当注明其规格、型号、性能等技术指标，其质量要求必须符合国家规定的标准。

(4)建筑设计单位对设计文件选用的建筑材料、建筑构配件和设备，不得指定生产厂、供应商。

(5)建筑施工企业必须按照工程设计要求，施工技术标准和合同的约定对建筑材料、建筑构配件和设备进行检验，不合格的不得使用。

(6)建筑施工企业在施工中偷工减料的，使用不合格的建筑材料、建筑构配件和设备的，或者有其他不按照工程设计图纸或者施工技术标准施工的行为的，责令改正，处以罚款；情节严重的，责令停业整顿，降低资质等级或者吊销资质证书；造成建筑工程质量不符合规定的质量标准的，负责返工、修理，并赔偿因此造成的损失；构成犯罪的，依法追究刑事责任。

二、中华人民共和国招标投标法

1999 年 8 月 30 日，第九届全国人大常委会第十一次会议审议通过《中华人民共和国招标投标法》(以下简称《招标投标法》)，自 2000 年 1 月 1 日起施行，2017 年 12 月 27 日起修改施行，共六章，六十八条。《招标投标法》的制定和颁布标志着我国的招标投标事业开始步入法制化轨道。《招标投标法》实施的目的是通过法律手段强化竞争机制，借助公开、公平、公正的招标投标活动，促进生产要素的合理配置。招标投标制度的确立，改变了传统的直接采购和行政分配方式，是深化投资融资、体制改革的一项重大举措，是政府在投资管理方面迈向市场经济的又一里程碑。《招标投标法》的颁布实施，对于规范建设工程领域的招标投标活动，保护国家利益、社会公共利益和招标投标活动当事人的合法权益，提高经济效益和保证项目质量，具有重大的历史意义和现实意义。

1. 强制招标范围

《招标投标法》第三条规定：

在中华人民共和国境内进行下列工程建设项目的勘察、设计、施工、监理以及与工程建设有关的重要设备、材料等的采购，必须进行招标：①大型基础设施、公用事业等关系社会公共利益、公众安全的项目；②全部或者部分使用国有资金投资或者国家融资的项目；③使用国际组织或者外国政府贷款、援助资金的项目。

前款所列项目的具体范围和规模标准，由国务院发展计划部门会同国务院有关部门制订，报国务院批准。

2018 年 3 月 27 日，国家发展改革委发布《必须招标的工程项目规定》，自 2018 年 6 月 1 日起施行。该规定对《招标投标法》第三条进行了补充：

上述所列项目中，其勘察、设计、施工、监理以及与工程建设有关的重要设备、材料等的采购达到下列标准之一的，必须招标：①施工单项合同估算价在 400 万元人民币以上；②重要设备、材料等货物的采购，单项合同估算价在 200 万元人民币以上；③勘察、设计、监理等服务的采购，单项合同估算价在 100 万元人民币以上。同一项目中可以合并进行的勘察、设计、施工、监理以及与工程建设有关的重要设备、材料等的采购，合同估算价合计达到前款规定标准的，必须招标。

2. 招标的两种方式

《招标投标法》第十条规定：招标分为公开招标和邀请招标。

公开招标：招标人在指定的报刊、电子网络或其他媒体上发布招标公告，吸引众多的企业单位参加投标竞争，招标人从中择优选择中标单位的招标方式。

邀请招标：也称选择性招标，由招标人根据供应商承包资信和业绩，选择一定数目的法人或其他组织（一般不能少于 3 家），向其发出投标邀请书，邀请他们参加投标竞争。

这两种方式的区别主要在于：①发布信息的方式不同；②选择的范围不同；③竞争的范围不同；④公开的程度不同；⑤时间和费用不同。

3. 关于投标的主要规定

《招标投标法》中与投标有关的规定如下：

（1）投标人是响应招标、参加投标竞争的法人或者其他组织。投标人应当具备承担招标项目的能力；国家有关规定对投标人资格条件或者招标文件对投标人资格条件有规定的，投标人应当具备规定的资格条件。

(2)投标人应当按照招标文件的要求编制投标文件。投标文件应当对招标文件提出的实质性要求和条件作出响应。招标项目属于建设施工的，投标文件的内容应当包括拟派出的项目负责人与主要技术人员的简历、业绩和拟用于完成招标项目的机械设备等。

(3)投标人应当在招标文件要求提交投标文件的截止时间前，将投标文件送达投标地点。投标人在招标文件要求提交投标文件的截止时间前，可以补充、修改或者撤回已提交的投标文件，并书面通知招标人。补充、修改的内容为投标文件的组成部分。投标人根据招标文件载明的项目实际情况，拟在中标后将中标项目的部分非主体、非关键性工作进行分包的，应当在投标文件中载明。

(4)两个以上法人或者其他组织可以组成一个联合体，以一个投标人的身份共同投标。联合体各方均应当具备承担招标项目的相应能力；国家有关规定或者招标文件对投标人资格条件有规定的，联合体各方均应当具备规定的相应资格条件。由同一专业的单位组成的联合体，按照资质等级较低的单位确定资质等级。

(5)投标人不得相互串通投标报价，不得排挤其他投标人的公平竞争，损害招标人或者其他投标人的合法权益。投标人不得与招标人串通投标，损害国家利益、社会公共利益或者他人的合法权益。禁止投标人以向招标人或者评标委员会成员行贿的手段谋取中标。

(6)投标人不得以低于成本的报价竞标，也不得以他人名义投标或者以其他方式弄虚作假，骗取中标。

4. 招标投标活动的监督管理

《招标投标法》中对招标投标活动的监督管理做出了明确规定：招标投标活动应当遵循公开、公平、公正和诚实信用的原则。依法必须进行招标的项目，其招标投标活动不受地区或者部门的限制。任何单位和个人不得违法限制或者排斥本地区、本系统以外的法人或者其他组织参加投标，不得以任何方式非法干涉招标投标活动。禁止投标人以向招标人或者评标委员会成员行贿的手段谋取中标。

三、中华人民共和国合同法

为了保护合同当事人的合法权益，维护社会经济秩序，促进社会主义现代化建设，第九届全国人大第二次会议审议通过了《中华人民共和国合同法》(以下简称《合同法》)。该法于1999年10月1日起正式实施，分总则、分则和附则三个部分，共二十三章，四百二十八条，是所有民商法中条款最多的一部法律。其中，总则部分共八章，对各类合同所涉及的共性问题进行了统一规定，包括：一般规定，合同的订立，合同的效力，合同的履行，合同的变更和转让，合同的权利义务终止，违约责任以及其他规定。分则部分共十五章，分别对各类合同进行了具体规定，包括：买卖合同，供用电、水、气、热力合同，赠与合同，借款合同，租赁合同，融资租赁合同，承揽合同，建设工程合同，运输合同，技术合同，保管合同，仓储合同，委托合同，行纪合同以及居间合同。《合同法》的颁布对于规范市场秩序，建立社会主义市场经济体制具有重要意义。

（一）合同的定义和应遵循的原则

《合同法》所称合同是平等主体的自然人、法人、其他组织之间设立、变更、终止民事权利义务关系的协议。婚姻、收养、监护等有关身份关系的协议，适用其他法律的规定。

合同应遵循以下六项原则。

（1）双方平等原则。合同当事人的法律地位平等，一方不得将自己的意志强加给另一方。

（2）合同自由原则。当事人依法享有自愿订立合同的权利，任何单位和个人不得非法干预。

（3）公平原则。当事人应当遵循公平原则确定各方的权利和义务。

（4）诚实信用原则。当事人行使权利、履行义务应当遵循诚实信用原则。

（5）合法与秩序原则。当事人订立、履行合同，应当遵守法律、行政法规，尊重社会公德，不得扰乱社会经济秩序，损害社会公共利益。

（6）依合同履行义务原则。依法成立的合同，对当事人具有法律约束力。当事人应当按照约定履行自己的义务，不得擅自变更或者解除合同。依法成立的合同，受法律保护。

（二）合同的内容

合同的内容是确定当事人权利、义务和责任的具体规定，通过合同条款具体体现。《合同法》第十二条规定，合同的内容由当事人约定。合同的内容一般包括以下几个方面。

（1）当事人的名称或者姓名和住所。这一条明确了合同权利义务的享有和承担者，而当事人住所的确定，有利于当事人履行合同，也便于明确地域管辖。

（2）标的。标的是合同当事人权利义务共同指向的对象。没有标的或标的不明确，当事人的权利和义务就无所指向，合同就无法履行。不同合同的标的也有所不同，有的合同的标的是财产，有的合同标的是行为，因此当事人必须在合同中明确规定合同的标的。

（3）数量。数量是对标的的计量，是以数字和计量单位来衡量标的的尺度。

没有数量条款的规定，就无法确定双方权利义务的大小，使得双方权利义务处于不确定的状态。

(4)质量。质量是指标的内在素质和外观形态的综合，包括产品的品种、规格、执行标准等。当事人约定质量条款时，必须符合国家有关规定和要求。

(5)价款或者报酬。价款或者报酬是合同当事人一方向交付标的方支付的表现为货币的代价。

(6)履行期限、地点和方式。履行期限是合同当事人履行义务的时间界限，是确定当事人是否按时履行或迟延履行的客观标准，也是当事人主张合同权利的时间依据。履行地点是当事人交付标的或者支付价款的地点，当事人应在合同中予以明确。履行方式是指当事人完成合同义务的方式。当事人应在合同中明确约定合同的履行方式，以便于合同的履行。

(7)违约责任。违约责任是指当事人一方或双方，不履行合同或不能完全履行合同，按照法律规定或合同约定应当承担的民事责任。

(8)解决争议的方法。争议解决的方法有和解、调解、仲裁和诉讼。其中，仲裁和诉讼是最终解决争议的两种不同的方法，而且当事人只能在这两种方法中选择其一。当事人在订立合同时，在合同中约定争议的解决方法，有利于当事人在发生争议后，及时解决争议。

买卖合同的内容还可以包括包装方式、检验标准和方法、结算方式、合同使用的文字及其效力等条款。

(三)建设工程合同

1. 合同的订立

《合同法》规定：当事人订立合同，采取要约、承诺方式。承诺通知到达要约人时生效。承诺生效时合同成立。当事人采用合同书形式订立合同的，自双方当事人签字或者盖章时合同成立。建设工程合同应当采用书面形式。

从上述规定可以看出：通过招标投标的建设工程，建设工程合同自中标通知书发出时成立，发包人与承包人(总包与分包)在建设工程合同上签字或盖章后合同生效；不通过招标投标的建设工程，建设工程合同自当事人在合同上签字或盖章时成立，依法成立的合同，自合同成立时生效。

2. 合同无效的认定

建设工程合同的效力认定直接关系到签约双方的经济利益，以下几种情况可以认定合同无效。

首先，有《合同法》第五十二条规定的情形的，合同无效：①一方以欺诈、胁迫手段订立合同，损害国家利益；②恶意串通，损害国家、集体或第三人利益；③以合法形式掩盖非法目的；④损害社会公共利益；⑤违反法律、行政法规的强制性规定。

对那些具有社会危害性的侵权责任，当事人不能通过合同免除其法律责任，即使约定了，也不承认其有法律约束力。《合同法》明确规定了两种无效免责条款：①造成对方人身伤害的；②因故意或者重大过失造成对方财产损失的。

针对上述规定，建设工程合同无效的情形有：①承包人未取得建筑施工企业资质或者超越资质等级的；②没有资质的实际施工者借用有资质的建筑施工企业名义的；③建设工程必须进行招标而未招标或者中标无效的；④承包人非法转包、违法分包建设工程或者没有资质的实际施工人借用有资质的建筑施工企业名义与他人签订的；⑤其他情形。

3. 无效合同的处理

《合同法》第五十八条规定：合同无效或者被撤销后，因该合同取得的财产，应当予以返还；不能返还或者没有必要返还的，应当折价补偿。有过错的一方应当赔偿对方因此所受到的损失，双方都有过错的，应当各自承担相应的责任。

《民法通则》第六十一条规定：民事行为被确认为无效或者被撤销后，当事人因该行为取得的财产，应当返还给受损失的一方。有过错的一方应当赔偿对方因此所受的损失，双方都有过错的，应当各自承担相应的责任。双方恶意串通，实施民事行为损害国家的、集体的或者第三人的利益的，应当追缴双方取得的财产，收归国家、集体所有或者返还第三人。

《民法通则》第九十二条规定：没有合法根据，取得不当利益，造成他人损失的，应当将取得的不当利益返还受损失的人。

根据上述规定，建设工程合同无效实际上产生的是相互返还的问题，对接受工程的一方，工程是不当得利，应予返还。鉴于工程无法返还，那么只能参照当年适用的工程定额折价补偿。至于补偿的工程款数额与合同约定的工程款数额的差值如何处理，应根据公平原则由双方按过错责任分担。

（四）买卖合同

买卖合同是出卖人转移标的物的所有权于买受人，买受人支付价款的合同。出卖人应当履行向买受人交付标的物或者交付提取标的物的单证，并转移标的物所有权的义务。出卖人应当按照约定的地点交付标的物。当事人没有约定交付地点或者约定不明确的，可以协议补充；不能达成补充协议的，按照合同有关条款或者交易习惯确定；仍不能确定的，适用下列规定：

（1）标的物需要运输的，出卖人应当将标的物交付第一承运人以运交给买受人。

（2）标的物不需要运输，出卖人和买受人订立合同时知道标的物在某一地点的，出卖人应当在该地点交付标的物；不知道标的物在某一地点的，应当在出卖人订立合同时的营业地交付标的物。

四、中华人民共和国招标投标法实施条例

2011 年 11 月 30 日，国务院第 183 次会议通过《中华人民共和国招标投标法实施条例》（以下简称《条例》）。《条例》共七章八十四条，内容包括：总则，招标，投标，开标、评标和中标，投诉与处理，法律责任和附则。自 2012 年实施以来，《条例》前后经过了 3 次修订，删除了第十一条第一款、第十三条第三款和第七十八条，修改了第四条第三款、第十二条和第十三条第一款等内容。由此可见，随着经济建设的不断发展，法律法规也在不断地进行调整、补充和完善。在学习过程中，我们要结合最新的修订情况去认识和理解相关法律法规。

1. 制定《条例》的意义

《条例》的实施，对于推进招标采购制度的实施、促进公平竞争、加强反腐败制度建设、节约公共采购资金、保证采购质量，有重要作用。随着招标采购方式的广泛应用，招标投标活动也出现了一些亟待解决的突出问题：一些依法必须招标的项目规避招标或者明招暗定；有的领导干部利用权力插手干预招标投标活动，搞权钱交易，使工程建设和其他公共采购领域成为腐败现象易发、多发的重灾区；一些招标投标活动当事人相互串通，围标、串标，严重扰乱招标投标活动正常秩序，破坏公平竞争。除此之外，招标投标的相关制度也需进一步完善。因此，认真总结《招标投标法》实施以来的实践经验，制定出台配套行政法规，将法律规定进一步具体化，增强可操作性，并针对新情况、新问题充实完善有关规定，进一步筑牢工程建设和其他公共采购领域预防和惩治腐败的制度屏障，维护招标投标活动的正常秩序，是非常必要的。制定出台《条例》，是落实中央部署、推动工程建设领域反腐败长效机制建设的一项重要任务，是解决招标投标领域突出问题、促进公平竞争、预防和惩治腐败的一项重要举措。

2. 对维护招标投标正常秩序的规定

《条例》针对当前突出问题，主要细化、完善了保障公开公平公正、预防和惩治腐败、维护招标投标正常秩序的规定。

（1）进一步明确应当公开招标的项目范围。针对一些应当公开招标的项目以法律规定不明确为借口规避公开招标的问题，《条例》规定：凡属国有资金占控股或者主导地位的依法必须招标的项目，除因技术复杂、有特殊要求或者受自然环境限制，只有少数潜在投标人可供选择，采用公开招标方式的费用占项目合同金额的比例过大等特殊情形不适宜公开招标的以外，都应当公开招标。负责建设项目审批、核准的部门应当审核确定项目的招标范围、招标方式和招标组织形式，并

通报招标投标行政监督部门。

(2)充实、细化防止虚假招标的规定。虚假招标、明招暗定的主要手段之一，是招标人以不公正、不合理的投标人资格条件和中标条件以及不规范的投标人资格审查办法限制、排斥其他投标人，以使其事先内定的投标人中标。针对这一问题，《条例》充实、细化了禁止以不合理条件和不规范的资格审查办法限制、排斥投标人的规定：不得对不同的投标人采取不同的资格审查或者评标标准，不得设定与招标项目具体特点和实际需要不相适应或者与合同履行无关的资格、技术、商务条件，不得以特定行业的业绩、奖项作为加分条件或者中标条件，不得限定或指定特定的专利、商标、品牌、原产地或者供应商等。

虚假招标、明招暗定的另一主要手段，是招标人以各种方式与其内定的投标人串通，帮助其中标。针对这一问题，《条例》在重申"禁止招标人与投标人串通投标"的同时，对属于招标人与投标人串通投标的具体情形作了细化，为依法认定和严厉惩治这类违法行为提供了更明确的执法依据。

(3)禁止在招标结束后违反招标文件的规定和中标人的投标承诺订立合同，防止招标人与中标人串通搞权钱交易。《条例》规定：招标人和中标人应当依照《招标投标法》和《条例》的规定签订书面合同，合同的标的、价款、质量、履行期限等主要条款应当与招标文件和中标人的投标文件的内容一致。招标人和中标人不得再行订立背离合同实质性内容的其他协议。

(4)完善防止和严惩串通投标、弄虚作假骗取中标行为的规定。投标人串通投标，以行贿谋取中标，以及弄虚作假骗取中标的行为，对正常的招标投标竞争秩序危害甚大，应当依法严惩，坚决遏制。《条例》在对串通投标行为和弄虚作假骗取中标行为的认定作出明确具体规定的同时，依据《招标投标法》，进一步充实、细化了相关的法律责任：有此类行为的，中标无效，没收违法所得，处以罚款；对违法情节严重的投标人，取消其一定期限内参加依法必须进行招标的项目的投标资格；构成犯罪的，依法追究刑事责任。

3. 对评标委员会成员及其评标行为的规定

为确保公正评标，一要规范地选取评标委员会成员，二要规范评标行为，《条例》进一步完善了这两个方面的规定。

针对有的领导干部、招标单位负责人滥用权力干预评标委员会成员的选取，指定或变相指定评标委员会专家成员，严重妨碍公正评标的问题，《条例》规定：省级人民政府和国务院有关部门应当组建综合评标专家库。除《招标投标法》规定的特殊招标项目外，评标委员会的专家成员应当从评标专家库内相关专业的专家名单中以随机抽取的方式确定。任何单位和个人不得以明示、暗示等任何方式指定或者变相指定参加评标委员会的专家成员。招标人非因《招标投标法》和《条例》规定的事由，不得更换依法确定的评标委员会成员。有关行政监督部门应当按照规定的职责分工，对评标委员会成员的确定方式、评标专家的抽取和评标活动进行监督。同时，《条例》还对违法确定、更换评标委员会成员的法律责任作了明确规定。

针对有的评标委员会成员不依法、客观、公正地履行职务，甚至徇私舞弊的问题，为严格规范评标委员会成员的评标行为，保障评标公平公正，《条例》规定：评标委员会成员应当按照《招标投标法》和《条例》的规定，按照招标文件规定的评标标准和方法，客观、公正地对投标文件提出评审意见。评标委员会成员不得私下接触投标人，不得收受投标人给予的财物或者其他好处，不得向招标人征询确定中标人的意向，不得接受任何单位或者个人明示或者暗示提出的倾向或者排斥特定投标人的要求，不得有其他不客观、不公正履行职务的行为。同时，《条例》还对评标委员会成员不依法、客观、公正地履行职务的法律责任作了明确规定。

4. 对领导干部插手干预招标投标活动的规定

招标投标领域是违法违纪问题的易发、高发领域。领导干部违规插手干预招标投标活动、进行权钱交易等问题比较突出，社会对此反应强烈。有关法律法规和党纪政纪对禁止领导干部等国家工作人员插手干预招标投标活动已有明确规定。为切实落实要将严格禁止利用权力干预、操纵招标投标活动“作为一条‘高压线’，谁碰就依法处理谁”的要求，《条例》明确规定：禁止国家工作人员以任何方式非法干涉招标投标活动。国家工作人员利用职务便利，以直接或者间接、明示或者暗示等任何方式要求对依法必须进行招标的项目不招标的，或者要求对依法应当公开招标的项目不公开招标的，要求评标委员会成员或者招标人以其指定的投标人作为中标候选人或者中标人的，或者以其他方式非法干涉评标活动的，依法给予记过或者记大过处分；情节严重的，依法给予降级或者撤职处分；情节特别严重的，依法给予开除处分；构成犯罪的，依法追究刑事责任。这里所说的“国家工作人员”，依照法律规定，包括国家机关工作人员和国有企业、事业单位中依法从事公务的人员。另外，《条例》还明确规定，监察机关依法对与招标投标活动有关的监察对象实施监察。《条例》与《行政监察法》《行政机关公务员处分条例》及国家有关政策规定相衔接，有利于加强对有关政府部门及其工作人员的行政监察，严肃查处国家工作人员插手干预招标投标活动的行为。

为保障严格执法，落实行政问责制度，《条例》规定：有关行政监督部门不依法履行职责，对违反《招标投标法》和《条例》规定的行为不依法查处，或者不按照规定处理投诉、不依法公告对招标投标当事人违法行为的行政处理决定的，对直接负责的主管人员和其他直接责任人员依法给予处分；构成犯罪的，依法追究刑事责任。

5. 对招标投标交易场所的规定

一些地方设立了开展招标投标活动的场所，如工程交易中心、公共资源交易中心等,《条例》将其称为"招标投标交易场所"。在功能定位上,《条例》规定招标投标交易场所应立足于为招投标活动提供服务。在与行政监督部门的关系上,《条例》规定招标投标交易场所不得与行政监督部门存在隶属关系。在设立的层级上,《条例》规定设区的市级以上地方人民政府可以根据实际需要建立统一规范的招标投标交易场所。此外,《条例》规定招标投标交易场所不得以营利为目的。

为使"诚信者受益,失信者受惩"的原则在招标投标活动中得以体现,《条例》规定:国家建立招标投标信用制度。有关行政监督部门应当依法公告对招标人、招标代理机构、投标人、评标委员会成员等当事人违法行为的行政处理决定。

五、工程建设项目货物招标投标办法

2005年1月18日,国家发展改革委、建设部、铁道部、交通部、信息产业部、水利部、民航总局等联合发布《工程建设项目货物招标投标办法》,自2005年3月1日起施行。2013年3月11日,《关于废止和修改部分招标投标规章和规范性文件的决定》对《工程建设项目货物招标投标办法》做出修改。《工程建设项目货物招标投标办法》共六章六十四条,下面是其中一些条款的内容。

第五条 工程建设项目货物招标投标活动,依法由招标人负责。

工程建设项目招标人对项目实行总承包招标时,未包括在总承包范围内的货物属于依法必须进行招标的项目范围且达到国家规定规模标准的,应当由工程建设项目招标人依法组织招标。

工程建设项目实行总承包招标时,以暂估价形式包括在总承包范围内的货物属于依法必须进行招标的项目范围且达到国家规定规模标准的,应当依法组织招标。

第十条 货物招标分为公开招标和邀请招标。

第十一条 依法应当公开招标的项目,有下列情形之一的,可以邀请招标:

(一)技术复杂、有特殊要求或者受自然环境限制,只有少量潜在投标人可供选择;

(二)采用公开招标方式的费用占项目合同金额的比例过大;

(三)涉及国家安全、国家秘密或者抢险救灾,适宜招标但不宜公开招标。

有前款第二项所列情形,属于按照国家有关规定需要履行项目审批、核准手续的依法必须进行招标的项目,由项目审批、核准部门认定;其他项目由招标人申请有关行政监督部门作出认定。

第十三条 招标公告或者投标邀请书应当载明下列内容:

(一)招标人的名称和地址;

(二)招标货物的名称、数量、技术规格、资金来源;

(三)交货的地点和时间;

(四)获取招标文件或者资格预审文件的地点和时间;

(五)对招标文件或者资格预审文件收取的费用;

(六)提交资格预审申请书或者投标文件的地点和截止日期;

(七)对投标人的资格要求。

第十六条　资格审查分为资格预审和资格后审。

资格预审,是指招标人出售招标文件或者发出投标邀请书前对潜在投标人进行的资格审查。资格预审一般适用于潜在投标人较多或者大型、技术复杂货物的招标。

资格后审,是指在开标后对投标人进行的资格审查。资格后审一般在评标过程中的初步评审开始时进行。

第二十一条　招标文件一般包括下列内容:

(一)招标公告或者投标邀请书;

(二)投标人须知;

(三)投标文件格式;

(四)技术规格、参数及其他要求;

(五)评标标准和方法;

(六)合同主要条款。

招标人应当在招标文件中规定实质性要求和条件,说明不满足其中任何一项实质性要求和条件的投标将被拒绝,并用醒目的方式标明;没有标明的要求和条件在评标时不得作为实质性要求和条件。对于非实质性要求和条件,应规定允许偏差的最大范围、最高项数,以及对这些偏差进行调整的方法。

国家对招标货物的技术、标准、质量等有规定的,招标人应当按照其规定在招标文件中提出相应要求。

第二十七条　招标人可以在招标文件中要求投标人以自己的名义提交投标保证金。投标保证金除现金外,可以是银行出具的银行保函、保兑支票、银行汇票或现金支票,也可以是招标人认可的其他合法担保形式。依法必须进行招标的项目的境内投标单位,以现金或者支票形式提交的投标保证金应当从其基本账户转出。

投标保证金不得超过项目估算价的百分之二,但最高不得超过八十万元人民币。投标保证金有效期应当与投标有效期一致。

投标人应当按照招标文件要求的方式和金额,在提交投标文件截止时间前将投标保证金提交给招标人或其委托的招标代理机构。

第三十三条　投标人应当按照招标文件的要求编制投标文件。投标文件应当对招标文件提出的实质性要求和条件作出响应。

投标文件一般包括下列内容:

(一)投标函;

(二)投标一览表;

(三)技术性能参数的详细描述;

(四)商务和技术偏差表;

(五)投标保证金;

(六)有关资格证明文件;

(七)招标文件要求的其他内容。

投标人根据招标文件载明的货物实际情况,拟在中标后将供货合同中的非主要部分进行分包的,应当在投标文件中载明。

第三十八条 两个以上法人或者其他组织可以组成一个联合体,以一个投标人的身份共同投标。

联合体各方签订共同投标协议后,不得再以自己名义单独投标,也不得组成或参加其他联合体在同一项目中投标;否则相关投标均无效。

联合体中标的,应当指定牵头人或代表,授权其代表所有联合体成员与招标人签订合同,负责整个合同实施阶段的协调工作。但是,需要向招标人提交由所有联合体成员法定代表人签署的授权委托书。

第四十三条 投标文件不响应招标文件的实质性要求和条件的,评标委员会不得允许投标人通过修正或撤销其不符合要求的差异或保留,使之成为具有响应性的投标。

第四十四条 技术简单或技术规格、性能、制作工艺要求统一的货物,一般采用经评审的最低投标价法进行评标。技术复杂或技术规格、性能、制作工艺要求难以统一的货物,一般采用综合评估法进行评标。

第四十五条 符合招标文件要求且评标价最低或综合评分最高而被推荐为中标候选人的投标人,其所提交的备选投标方案方可予以考虑。

第四十六条 评标委员会完成评标后,应向招标人提出书面评标报告。评标报告由评标委员会全体成员签字。

第四十七条 评标委员会在书面评标报告中推荐的中标候选人应当限定在一至三人,并标明排列顺序。招标人应当接受评标委员会推荐的中标候选人,不得在评标委员会推荐的中标候选人之外确定中标人。

依法必须进行招标的项目,招标人应当自收到评标报告之日起三日内公示中标候选人,公示期不得少于三日。

第四十九条 招标人不得向中标人提出压低报价、增加配件或者售后服务量以及其他超出招标文件规定的违背中标人意愿的要求,以此作为发出中标通知书和签订合同的条件。

第五十条　中标通知书对招标人和中标人具有法律效力。中标通知书发出后，招标人改变中标结果的，或者中标人放弃中标项目的，应当依法承担法律责任。

中标通知书由招标人发出，也可以委托其招标代理机构发出。

第五十一条　招标人和中标人应当在投标有效期内并在自中标通知书发出之日起三十日内，按照招标文件和中标人的投标文件订立书面合同。招标人和中标人不得再行订立背离合同实质性内容的其他协议。

招标文件要求中标人提交履约保证金或者其他形式履约担保的，中标人应当提交；拒绝提交的，视为放弃中标项目。招标人要求中标人提供履约保证金或其他形式履约担保的，招标人应当同时向中标人提供货物款支付担保。

履约保证金不得超过中标合同金额的10%。

六、政府采购货物和服务招标投标管理办法

2017年财政部对《政府采购货物和服务招标投标管理办法》(财政部令第87号，以下简称“87号令”)进行了修订，自2017年10月1日起施行。财政部2004年8月11日发布的《政府采购货物和服务招标投标管理办法》(财政部令第18号，以下简称“18号令”)于2017年10月1日废止。

87号令共7章88条，较18号令删除36条，新增34条，修订54条，修订要点包括以下几个方面。

1. 采购人自行招标有两个条件

第九条明确规定：未纳入集中采购目录的政府采购项目，采购人可以自行招标，也可以委托采购代理机构在委托的范围内代理招标。不过，必须符合两个条件，一是有编制招标文件、组织招标的能力和条件；二是有与采购项目专业性相适应的专业人员。只有符合这两个条件，采购人才可以自行组织开展招标活动。

2. 公开招标公告内容更丰富，从五项增至八项

第十三条明确规定，公开招标公告应当包括八项主要内容。其中，(二)采购项目的预算金额、最高限价，(三)采购人的采购需求，(六)公告期限，(八)采购项目联系人姓名和电话，均为新增的内容；(一)采购人及其委托的采购代理机构的名称、地址和联系方法，(四)投标人的资格要求，(五)获取招标文件的时间期限、地点、方式及招标文件售价，(七)投标截止时间、开标时间及地点等，延续了以往的要求。

3. 分包后不得再次分包

第三十五条对分包作进一步规定：投标人根据招标文件的规定和采购项目的实际情况，拟在中标后将中标项目的非主体、非关键性工作分包的，应当在投标文件中载明分包承担主体，分包承担主体应当具备相应资质条件且不得再次分包。

4. 六种情形认定为“串通投标”

第三十七条为新增的内容，明确有下列情形之一的，视为投标人串通投标，其投标无效：①不同投标人的投标文件由同一单位或者个人编制；②不同投标人委托同一单位或者个人办理投标事宜；③不同投标人的投标文件载明的项目管理成员或者联系人员为同一人；④不同投标人的投标文件异常一致或者投标报价呈规律性差异；⑤不同投标人的投标文件相互混装；⑥不同投标人的投标保证金从同一单位或者个人的账户转出。

5. 重大采购项目评标委员会成员人数为 7 人以上单数

第四十七条对评标委员会成员人数作了细化：评标委员会由采购人代表和评审专家组成，成员人数应当为 5 人以上单数，其中评审专家不得少于成员总数的 2/3。不过，在以下三种情形下，评标委员会成员人数应当为 7 人以上单数：①采购预算金额在 1000 万元以上；②技术复杂；③社会影响较大。

第四十七条还规定：除特定情形外，评审专家对本单位的采购项目只能作为采购人代表参与评标。采购代理机构工作人员不得参加由本机构代理的政府采购项目的评标。

6. 删除性价比法

第五十三条删除了“性价比法”，明确规定评标方法分为最低评标价法和综合评分法。

7. 最低评标价法禁止政策扣除等价格调整

第五十四条规定：技术、服务等标准统一的货物服务项目，应当采用最低评标价法。采用最低评标价法评标时，除了算术修正和落实政府采购政策需进行的价格扣除外，不能对投标人的投标价格进行任何调整。

8. 综合评分法中，价格采用低价优先计算法，不得去掉最高价和最低价

第五十五条规定：价格分应当采用低价优先法计算，即满足招标文件要求且投标价格最低的投标报价为评标基准价，其价格分为满分。其他投标人的价格分统一按照下列公式计算：

投标报价得分＝(评标基准价/投标报价)×100

评标总得分＝F1×A1＋F2×A2＋……＋Fn×An

F1、F2……Fn 分别为各项评审因素的得分；

A1、A2……An 分别为各项评审因素所占的权重(A1＋A2＋……＋An＝1)。

评标过程中，不得去掉报价中的最高报价和最低报价。

因落实政府采购政策进行价格调整的，以调整后的价格计算评标基准价和投标报价。

9. 规定何为“相同品牌产品”

第三十一条规定:采用最低评标价法的采购项目,提供相同品牌产品的不同投标人参加同一合同项下投标的,以其中通过资格审查、符合性审查且报价最低的参加评标;报价相同的,由采购人或者采购人委托评标委员会按照招标文件规定的方式确定一个参加评标的投标人,招标文件未规定的采取随机抽取方式确定,其他投标无效。

使用综合评分法的采购项目,提供相同品牌产品且通过资格审查、符合性审查的不同投标人参加同一合同项下投标的,按一家投标人计算,评审后得分最高的同品牌投标人获得中标人推荐资格;评审得分相同的,由采购人或者采购人委托评标委员会按照招标文件规定的方式确定一个投标人获得中标人推荐资格,招标文件未规定的采取随机抽取方式确定,其他同品牌投标人不作为中标候选人。

非单一产品采购项目,采购人应当根据采购项目技术构成、产品价格比重等合理确定核心产品,并在招标文件中载明。多家投标人提供的核心产品品牌相同的,按前两款规定处理。

10. 综合评分法的评审因素应细化和量化

第五十五条规定:评审因素的设定应当与投标人所提供货物服务的质量相关,包括投标报价、技术或者服务水平、履约能力、售后服务等。资格条件不得作为评审因素。同时,评审因素应当在招标文件中规定,且应当细化和量化,与相应的商务条件和采购需求对应。商务条件和采购需求指标有区间规定的,评审因素也应当量化到相应区间,并设置各区间对应的不同分值。

11. 明确货物、服务采购项目采用综合评分法时的价格分值比重

第五十五条规定:货物项目的价格分值占总分值的比重不得低于30%;服务项目的价格分值占总分值的比重不得低于10%。执行国家统一定价标准和采用固定价格采购的项目,其价格不列为评审因素。

12. 最低评标价法、综合评分法“定标”原则确定

第五十六条、第五十七条是采用最低评标价法和综合评分法确定中标候选人的方法。

第五十六条规定:采用最低评标价法的,评标结果按投标报价由低到高顺序排列。投标报价相同的并列。投标文件满足招标文件全部实质性要求且投标报价最低的投标人为排名第一的中标候选人。

第五十七条规定:采用综合评分法的,评标结果按评审后得分由高到低顺利排列。得分相同的,按投标报价由低到高顺序排列。得分且投标报价相同的并列。投标文件满足中标文件全部实质性要求,且按照评审因素的量化指标评审得分最高的投标人为排名第一的中标候选人。

13. 投标人报价低于成本应提供书面说明证明其合理性

第六十条规定：评标委员会认为投标人的报价明显低于其他通过符合性审查投标人的报价，有可能影响产品质量或者不能诚信履约的，应当要求其在评标现场合理的时间内提供书面说明，必要时提交相关证明材料；投标人不能证明其报价合理性的，评标委员会应当将其作为无效投标处理。

14. 招标文件随中标结果同时公告

第六十九条规定：采购人或者采购代理机构应当自中标人确定之日起2个工作日内，在省级以上财政部门指定的媒体上公告中标结果，招标文件应当随中标结果同时公告。

中标结果公告内容应当包括采购人及其委托的采购代理机构的名称、地址、联系方式，项目名称和项目编号，中标人名称、地址和中标金额，主要中标标的的名称、规格型号、数量、单价、服务要求，中标公告期限以及评审专家名单。

中标公告期限为1个工作日。

邀请招标采购人采用书面推荐方式产生符合资格条件的潜在投标人的，还应当将所有被推荐供应商名单和推荐理由随中标结果同时公告。

在公告中标结果的同时，采购人或者采购代理机构应当向中标人发出中标通知书；对未通过资格审查的投标人，应当告知其未通过的原因；采用综合评分法评审的，还应当告知未中标人本人的评审得分与排序。

15. 规范政府采购合同包含的内容

第七十二条规定：政府采购合同应当包括采购人与中标人的名称和住所、标的、数量、质量、价款或者报酬、履行期限及地点和方式、验收要求、违约责任、解决争议的方法等内容。

第二节 建筑企业物资管理制度

目前，我国建筑企业的物资管理制度均有不同层级划分，因此有不同的管理制度。结合本书中对物资管理体制的阐述内容，本节将从公司层与项目层两个层级对物资管理制度进行说明。

一、公司层物资管理制度

(一)公司层基本性质

本书所指的公司层，我们一般定义为具备独立法人资格或实行独立核算的经济主体，具有不同等级施工资质的公司。

目前，国内大型建筑企业基本上都有国有资本，虽公司层级不同但总体上都会有住房与城乡建设部批准的相关施工总承包资质、公路工程施工总承包资质、市政公用工程施工总承包资质、城市轨道交通工程专业承包资质，以及桥梁工程、隧道工程、公路路基、路面工程专业承包资质，拥有中华人民共和国对外经济合作经营资格证书和进出口企业资格证书等各种资质。大多数公司各个层级的业务范围覆盖了几乎所有的基本建设领域，包括铁路、公路、市政、房建、城市轨道交通、水利水电、机场、港口、码头等等，能够提供建筑业“纵向一体化”的一揽子交钥匙服务。此外，大型建筑企业都在实施有限相关多元化战略，在勘察设计与咨询、工业设备和零部件制造、房地产开发、矿产资源开发、高速公路运营、金融等业务方面均有涉猎。

公司层一般会根据本企业的公司层级在全球各国家和地区设置机构，承揽项目。以公司法建立的公司，有完整的企业管理体系，实行独立核算，但在企业整体管理框架中。

（二）公司层物资管理文件

1. 采购管理办法

《采购管理办法》是企业针对采购业务流程的一个具体规范和要求，是依据自身公司层级特点，结合国家法律法规制定的一个主要物资管理性文件。公司制定后，其下属单位应根据该办法进行具体分解和执行。其总体思路应为：深化采购管理体系改革，推动多层级智能协同采购管理，深挖采购管理降本增效潜力；在集中采购的广度、深度上下工夫，推动供应链体系建设，提升精益化管理质量；完善采购业务监督体系，全面实现依法合规采购；加快信息系统改造融合，构建大数据应用平台，提高采购信息化应用水平。

2. 物资管理办法

公司层的《物资管理办法》是针对企业自身的一个内部管理文件，一般是指物资采购后物权转移到本企业后的一个管理制度性文件。公司层的物资管理文件是本企业的物资管理纲领性文件，下级单位均要按照该文件制定本单位的物资管理文件，并针对不同的项目特点和本企业要求制定《物资管理办法》。《物资管理办法》是通过有效控制物资的计划、验收、检测、保管、使用、分发、核算、考核、奖惩等，来控制企业成本管理的企业内部管理手段，是本企业内全员参与的一个管理办法。其总体思路应为：加强各级物资管理人员适岗培训，加快物资管理系统建设和应用推广，以基准采购、关键物资质量管控、优化施工组织、控制消耗为重点，持续提升物资管理专业化、集约化、精细化、信息化水平。

3. 供应商管理办法

公司层均会制定与本单位相适应的《供应商管理办法》，该办法是企业对供应商的诚信履约、质量标准、生产能力、资信能力、服务水平等进行长期累计评定的指导性文件。供应商管理是企业在市场中能更好地选择优质的合作伙伴的一个有效手段。各级公司的《供应商管理办法》一般针对的是大宗物资的供应商管理问题，以及一些上级公司的主要业主和政府部门的供应商管理问题。由于下属公司的地域和采购市场情况比较复杂，层级越高的公司其供应商管理应越宽泛和粗放；过于细致会导致采购困难，因为市场供需情况在不同时期和地域环境下会经常发生变化。公司层的《供应商管理办法》应是一个根据企业自身需要制定较为广泛的评定方法，其总体思路应为：扩大供应商资源，加强供应考核评价，加强供应商预警管理。

4. 采购专家管理规定

大型建筑企业的总公司一般需要建立专家库，或者在本企业外部寻找与招投标企业没有直接利益关系的专家库，从中选择采购专家，担任企业物资招标采购活动的评委。为确保招标采购公正、公平，专家库的专家选择应遵循广泛性原则。一般下属公司不再设定专家评委库，总公司的专家评委库是下属企业物资招标采购的随机选择的一个主要来源。因此，总公司的专家评定管理应该是标准相对稳定的动态管理。

5. 战略采购管理规定

战略采购是公司根据战略发展需要，通过与行业领先或对市场有重要影响力的供应商建立长期稳定的合作伙伴关系，实现供需双方互惠共赢，提高核心竞争力的一种高层次采购方式，因此战略采购一般都在较高层级公司进行。针对政府投资项目，能否执行本企业的战略采购需要与业主进行沟通。例如，中国中铁股份有限公司《战略采购管理规定》目前主要适用于股份公司物资设备、办公用品、外包服务、周转材料等的战略采购，下属二级公司可根据本单位实际情况开展战略采购，但仅限于股份公司战略采购未覆盖的地区或未覆盖的产品和服务。战略采购的实施仍然需要按照合同管理要求，遵循先评审后采购的程序。战略采购供应商的确定一般也需要履行招标程序，对其产品也需执行项目质量标准要求，严格按照物资质量验收规范进行验收。

6. 具体采购管理办法

公司层的一些具体采购管理办法，如《框架协议采购》《招标采购》《竞争性谈判采购》和《区域集中采购》等，是指导下属公司采购过程、规范采购形式的细化文件，是纲领性要求和具体执行要求相结合的文件。下属单位应对这些采购文件有清晰的认识，实际采购中应根据本企业项目实际情况选择适合本单位的采购方式，依法合规组织采购活动，严格执行相应的采购管理办法。

7. 专项物资采购管理办法

企业的专项物资采购管理办法，如《机械设备采购管理规定》《办公用品采购管理规定》《计算机设备采购管理规定》《石化产品采购管理规定》和《钢轨道岔等专项物资采购管理规定》等，一般由总公司根据自身企业特点制定而成。制定这些办法的主要目的是规范采购流程和采购方式，并对采购金额的要求分层级管理。对金额较大的物资需要有明确的采购主渠道，其下属公司应按照物资类别分层级管理，制定相应的管理规定，明确采购的责、权对应关系。对于大型建筑企业所需的专项物资，下属企业原则上不另行自主采购。

8. 采购结算支付辅助文件

物资采购的管理必然涉及资金支付、采购组织和方式的管理。因此，各层公司的所有采购管理均要有相对应的采购结算支付辅助文件的支持(这是对大型企业采购具体执行办法的补充规定)，如《专项物资资金支付管理办法》《采购组织、采购方式对应采购资金融通及支付管理办法》《招标采购监督管理办法》《采购资金支付指引清单》《营改增企业内部结算支付管理规定》《企业内部生产产品的采购目录清单》等。大型建筑企业的下属机构有众多的法人组织，其成本核算和考核要求都是相对独立的，每个独立的法人企业的项目特点也是不一样的，企业本身独立核算中的效益情况也不完全一致。因此，制定这些辅助文件来细化企业整体的资金支付管理，通过采取相对统一的资金成本的核算比较方式，可提高资金使用的合理性和采购过程的依法合规性，明确企业在供应服务和供应时效上的约定，提高企业整体效率。大型建筑企业产品的内部推广是企业综合发展的需要，因此推广企业内部产品是任何一个企业均需要明确的一点。物资管理人员对此应有充分的认识，积极推广企业内部生产的产品。

(三)公司层物资管理文件内容简介

大型建筑企业的企业性质不同，主营内容不同，其物资管理规定肯定也是不同的，但无论何种建筑企业，其物资管理文件制定的初衷均为降本增效、依法合规、优质适宜、可控便利。随着新技术和新业态的不断涌现，各企业的物资管理制度也在不断改变，从过去单一的项目施工建设管理逐渐向建筑产品的运营管理转变，且开始涉足其他产业。随着大型建筑企业自身的业务转变，物资管理文件的时效性会越来越短。物资管理最终是为企业整体发展服务的，其中的一系列管理办法也是围绕企业发展目标的实现。

下面，我们以目前国内大型综合性建筑企业中国中铁股份有限公司为例，简要介绍其《采购管理办法》和《物资管理办法》。文件中就采购管理体制和采购具体方式做了如下规定。

1. 四级采购管理体制

股份公司采购管理实行“一个采购平台、两级集中采购、三级法人采购管控、四级职能管理”的管理体制。其中,“一个采购平台”是指一级采购电子商务平台;“两级集中采购”是指股份公司、集团公司组织实施集中采购;“三级法人采购管控”是指股份公司、集团公司、子分公司对所属单位的采购活动实施全过程管控;“四级职能管理”是指股份公司、集团公司、子分公司、项目部(子分公司所属其他需求单位,下同)四级相关职能管理部门按职责分工履行相应的管理职责和协同采购管理职责。

2. 采购的具体方式

股份公司各类产品和服务的主要采购方式分为战略采购、框架协议采购、招标采购、动态竞价采购、竞争性谈判采购、单一来源采购、询价采购和电子商城采购。

(1)战略采购:适用于对企业生产经营有重大影响的大宗、通用、重要或市场稀缺的少数产品或服务。

(2)框架协议采购:适用于技术要求相对统一、采购频次高、能形成一定采购批量且供求市场相对稳定的产品或服务。

(3)招标采购:适用于除战略采购、框架协议采购及特许专卖店采购外,单项合同估算金额在200万元以上的产品和单项合同估算金额在100万元以上的服务。

(4)动态竞价采购:适用于标准化程度高、有一定采购批量且市场竞争充分的产品或服务。

(5)竞争性谈判采购:适用于招标后没有供应商投标、没有合格标的或者重新招标未能成立的,技术复杂或性质特殊、不能规定详细规格或者具体要求的,采用招标所需时间不能满足用户紧急需要的或不能事先计算出价格总额的产品或服务。

(6)单一来源采购:适用于只能从唯一供应商处采购、应急采购、为了保证一致或配套服务从原供应商添购原合同金额10%以内的产品或服务。

(7)询价采购:适用于需求差异性大且单项合同估算金额较小(一般在50万元及50万元以下)的产品或服务。

(8)电子商城采购:供应商在商城展示其产品、服务和价格,采购单位进行比价采购或直接采购。电子商城采购可分为比价采购和特许专卖店采购等类型。

(四)公司层物资管理机构和职责

考虑到项目的实际操作情况,下面我们以中国中铁股份有限公司为例,简要介绍其二级集团公司物资管理的基础和纲领性文件《集团公司物资招标采购管理实施细则》和《集团公司物资管理办法》。文件中就集团公司物资管理机构和职责做了如下的规定。

1. 管理机构

集团公司(以下简称为“局”)构建其下属各子分公司及项目经理部三级物资管理体系:①局物资管理部门履行局物资管理职能;②子分公司物资管理部门归口负责子分公司物资管理职能;③项目经理部的物资管理部门负责项目部物资管理职能。各司其职,各负其责。

2. 职责

局物资管理部门履行局物资管理职能,主要职责包括:①贯彻执行国家与行业物资管理相关法规、政策及标准,贯彻落实股份公司各项物资管理制度;②构建完善局物资采购供应管理体制与运行机制,建立健全局物资采购与物资管理规章制度;③组织集约化采购与集中采购,负责采购管理与供应商管理;④推广应用物资管理信息化与电子商务系统;⑤指导、检查与监督下属单位物资工作;⑥组织开展物资人员培训。

子分公司物资管理部门归口负责子分公司物资管理职能,主要职责包括:①贯彻执行局物资管理制度,制定公司物资管理制度;②组织物资市场调查,策划落实采购供应方案;③组织权限内集约化采购与集中采购,负责采购管理与供应商管理,组织开展盘点与消耗管理工作;④组织周转材料集中管理与废旧物资调剂处置,发布主要周转材料租赁限价;⑤推广应用物资管理信息化与电子商务系统;⑥指导、检查与监督下属单位物资工作;⑦规划建设物资人才队伍,组织开展物资人员培训。

二、项目层物资管理制度

(一)项目层基本性质

项目层一般是上级企业直接管理的非法人独立成本核算、企业内部独立考核的基层组织,目前多指项目施工作业团队、加工类企业等,也有车间管理等性质,本书主要指施工项目部。项目层涉及的施工项目与其所在上级公司的资质有直接关系,所有项目均是利用上级公司的资质进行对外施工作业,以上级公司名称进行对外经济活动和开展业务。以中国中铁股份有限公司为例,其下属项目层一般在铁路工程、建筑工程、市政公用、公路工程、城市轨道、环境保护、城市管廊、机场码头、电气化工程、钢结构工程、建筑装饰、输变电、消防工程等领域开展项目,有时也涉及工程勘察、建筑工程测绘等项目。随着“一带一路”建设的深入推进,我国企业“走出去”的步伐逐渐加快。目前,很多大型建筑企业加大了国外施工任务承揽的力度,在国外成立了与国内相匹配的施工项目部。

项目层由上级公司设立,根据上级公司的专业特点成立,有相应的规模和一定的管理水平。根据项目的要求组建的与项目所在地相匹配的项目部，按照上级公司的物资管理要求开展各项物资管理工作。项目部虽不是法人，但其是公司下属的独立成本核算单位，因此对内考核采取独立考核模式。项目部物资管理的主要任务是调查本项目的物资需求市场，上报采购方案，提供物资需求计划，反馈项目业主物资管理要求，组织物资进场、验收、发放、核算和资金支付等各项工作。项目物资管理部门要依据上级公司的物资管理办法制定与项目相适应的物资现场管理办法，解决现场物资采购、供应、核算和统计等工作。

（二）项目层物资管理文件

一般情况下，项目部的物资管理文件的制定应与该项目的上级公司保持一致。简单来说，就是以哪家上级公司的资质中标，就执行哪家公司的物资管理文件，但必须要兼顾业主和本单位的上级行政管理的要求。物资管理是业务管理，业务管理一般要服从行政管理，同时要服从业主管理。因此，项目物资管理文件需要多方面兼顾，不能简单地按纵向管理思维操作。

项目层物资管理文件主要有三个。

1. 项目物资管理办法

《项目物资管理办法》是项目物资管理制度的主要文件，也是项目管理文件的一个重要组成部分，其主要内容是项目的物资组织结构、责任部门以及物资的业务流程管理体系，同时涵盖核算考核体系、作业队伍的物资管理、计划统计核算制度要求和资金支付流程要求等内容。

2. 项目采购管理办法

《项目采购管理办法》的主要内容是如何按照上级和业主要求执行项目的物资采购流程。文件内要有明确的采购领导小组和采购管理流程要求，要对项目的不同采购物资进行分类，规范采购工作，形成适应本项目的采购手段，为施工生产管控提供便利，起到降本增效的作用。

3. 废旧回收物资管理办法

项目层应结合项目特点制定《废旧回收物资管理办法》，以规范废旧物资的回收处理，杜绝浪费。由于废旧回收物资管理往往要与作业队伍合作，因此要以作业队伍的合同作为管理附件或者交底资料。

除此之外，针对项目实际情况，还可以制定《作业队伍物资节超奖惩办法》《物资岗位人员奖惩办法》等各种适合项目和本企业特点的制度性文件，以满足项目施工生产需要，提高项目效益。

（三）项目层物资管理文件内容简介

项目物资管理文件的制定总体上以上级公司的要求为依据，同时结合各部门的要求，依据本项目的物资需求特点进行制定。管理办法应有针对性，切忌照抄照搬，以免出现文件内容与项目实际情况不符的现象。在制定项目层物资管理文件时，要注意物资品种、数量、项目所在地的市场情况、项目管理的特殊要求、项目工期及进度安排、作业队伍的管理等各方面的情况。项目层的物资管理文件是务实性和管理性相匹配的文件，应做到简单明了、易于操作。项目层是执行单位，因此违反上级物资管理规定的内容不能出现在项目层的物资管理文件中。项目层的物资管理文件是针对整体项目所有人员的一个文件，项目经理和项目书记是该文件内容的第一责任人。

(四)项目层物资管理机构和职责

项目经理部应成立物资管理工作小组，设置物资管理部门与基本业务岗位，明确岗位职责，建立责任矩阵。

项目经理部物资管理工作小组组长应由项目经理或项目书记担任，组员由分管物资管理工作的领导和工程技术、工经、财务、试验、物资部门负责人组成。小组的主要职责为组织评审物资合同、组织权限内物资采购管理、组织开展物资成本核算分析、组织处置废旧物资等。

项目经理部物资管理部门应设置计划、采购、管库、核算等基本业务岗位。其中，采购与管库为不相容岗位，不得由同一人兼任。

项目经理部物资管理部门的主要职责包括：①执行上级单位物资管理制度，制定项目物资管理细则；②开展物资市场调查，编纂并上报调查报告，掌握市场行情；③负责权限内物资采购管理工作；④编报物资计划，健全管理台账，按计划组织供应；⑤负责验收、保管、发放、结算、盘点、消耗管理等工作，配合物资调差与清算工作；⑥负责周转材料、小型机具与废旧物资现场管理；⑦应用物资管理信息化与电子商务系统；⑧上报报表资料，总结项目物资管理工作，移交物资资料。

第二篇

物资采购与供应管理

第四章　采购与供应管理概述

第一节　采购与供应管理的概念及重要性

一、采购的含义

采购是指单位或个人基于生产、销售、消费等目的，购买商品或劳务的交易行为。采购的含义非常广泛，既包括生产资料的采购，又包括生活资料的采购；既包括企业的采购，又包括事业单位、政府和个人的采购。根据人们取得商品的方式和途径不同，采购也可以从狭义和广义两方面来理解。

1. 狭义的采购

狭义的采购是指买东西，即企业根据需求制订采购计划，审核计划，选好供应商，通过商务谈判确定价格、交货及相关条件，最终签订合同并按照要求收货付款的全过程。

2. 广义的采购

广义的采购是指除了以购买的方式获取物品之外，还可以通过下列途径取得物品的使用权，以达到满足需求的目的。

(1)租赁。即一方以支付租金的方式取得他人物品的使用权，使用完毕或租赁期满后将物品归还物主的一种非永久性行为。

(2)借贷。即借贷方凭借自己的良好信用以及与被借贷方建立的友好关系，以无须支付任何代价的方式取得他人物品的使用权，并在使用完毕返还原借用物品的行为。

(3)交换。即人们相互交换生产活动或劳动产品的过程。这里所说的交换，是指人们在等价基础上的商品交换，即以物换物。当双方交换价值相等时，不需要以金钱补偿对方；当双方交换价值不等时，仅由一方补贴差额给对方。

综上所述，广义的采购是指单位或个人为了满足某种特定的需求，以购买、租赁、借贷、交换等各种不同的途径，取得商品及劳务的所有权或使用权的活动过程。

采购不是单纯的购买行为，而是指从市场预测开始，经过有选择的商品交易，直到采购的商品进入需求企业的仓库的全部过程，包括：了解需求，市场调查，市场预测，参与设计规划，制定采购计划，确定采购方式，选择供应商，确定质量、价格、交货期、交货方式、包装运输方式，协商洽谈，签订协议，催交订货，质量检验，控制成本，清算货款，加强协作，广集货源等一系列工作环节。

二、采购与供应管理的概念

1. 采购管理的定义

采购管理是从计划下达、采购单生成、采购单执行、到货接收、检验入库、采购发票的收集到采购结算的采购活动的全过程，对采购过程中物流运动的各个环节状态进行严密地跟踪、监督，实现对企业采购活动执行过程的科学管理。

2. 供应管理的定义

供应管理是为了保质、保量、经济、及时地供应生产经营所需的各种物品，对采购、储存、供料等一系列供应过程进行计划、组织、协调和控制，以保证企业生产经营目标的实现。

3. 采购管理与供应管理的区别

采购管理是以交易为导向的"战术职能"，是为了保障整个企业生产所需的物资供应而对企业采购进货进行的管理活动，其目标是以最低的总成本为企业提供满足生产需求的物料和服务。

供应管理是以流程为导向的"战略职能"，是为了保障企业生产而对企业采购、运输、仓储、供料等一系列活动进行的管理，其职能是供应、管理、服务、经营，其目标是通过有效组织及管理以最低投入成本获取最多资源，满足企业当前和未来需求，实现企业整体战略目标。

综上所述，采购是一项业务活动，包含在供应管理流程中。采购部门采购物品的过程也可以被认为是为了满足企业生产供应所需的过程。近年来，随着企业对采购活动的重视，采购在企业的生产运营中开始发挥着越来越重要的作用。随着战略采购、采购早期参与(early procurement involvement，EPI)管理、采购供应链管理理论的发展，采购组织的职能得到扩大，采购管理的内涵得以延伸，采购和供应的概念在现代企业中已经没有太大的差别。

三、采购与供应管理的重要性

1. 保障供应，保障企业正常生产和经营，降低缺货风险

物资供应是施工生产的前提条件，生产所需要的原材料、设备和工具都要通过物资采购来提供。没有采购就没有生产条件，没有物资供应就不可能进行生产。

2. 采购供应的物资质量直接决定了本企业生产产品的质量

能不能生产出合格的产品，取决于物资采购所提供的原材料、设备和工具的质量高低。

3. 采购成本构成了企业生产成本的主体部分

采购的成本包括采购费用、运输费用、装卸费用、仓储费用、流动资金占用费用以及管理费用等。若采购的成本过高，将会大大降低生产企业的经济效益，甚至造成亏损，致使企业生产和经营陷入困境。

4. 采购是企业和资源市场的关系接口

物资采购部门人员与供应商的接触和业务交流可将企业与供应商们联结起来，形成一种相互支持、相互配合的关系。条件成熟以后，这种关系可以发展成一种供应链关系，使企业在管理和效益方面都登上一个崭新的台阶。采购也是企业与市场的信息接口。物资采购人员长期与市场打交道，可以为企业及时提供市场信息，供企业管理决策者参考。

第二节　采购与供应管理的目标、内容和作用

一、采购与供应管理的目标

1. 总体目标

采购与供应管理的总体目标是在准确的时间和地点，以合适的价格和服务，获取满足质量要求的商品。

2. 具体目标

(1)提供连续的物资、供应和服务，保证企业的正常运转。缺货对企业的影响很大，供应中断可能会造成停工损失，还可能使企业信誉受损；严重的，甚至会失去某些客户，给企业带来更大的损失。

(2)保持并提高质量。为了生产所需的产品和服务，每一项物资都要达到一定的质量要求，否则最终产品或服务将无法达到期望，或者可以达到期望但是生产成本远远超出预算。若采购物资质量低劣，为提高产品质量所投入的成本将是巨大的，不仅会造成停工损失，产生紧急费用，而且还会影响企业的信誉。所以，要通过不断改进采购流程以及加强对供应商的管理，提高采购产品的质量。

(3)用最低的总成本获得所需物资和服务。在企业中，采购活动消耗的资金比例比较大，采购活动的利润杠杆效应表现得非常明显。因此，在确保质量的前提下，应该严格控制采购成本。采购成本的控制可以通过提高采购工作效率、优化供应商、降低库存成本、降低管理费用等途径实现。

(4)缩减企业的经营周期和备货周期。通过改进采购物资的质量水平，确保供应商和企业早期参与新产品的设计和改进过程，减少供应商的数量，加强合作关系，保证更频繁的交货等方式，可以缩短交货周期和经营周期，加速资金周转，

有利于企业的发展。

(5)与供应商建立合作伙伴关系。一个采购部门必须有能力发现和发展供应商,分析供应商的能力,从中选择合适的供应商,利用供应商的专业优势,让其积极参与产品开发或过程开发,对流程进行持续的改进。目前,市场竞争异常激烈,如果能够找到合适的供应商并建立合作伙伴关系,就能为企业带来持续的成本改进,提升产品的市场竞争优势。

(6)条件允许时,将采购作业标准化。从公司角度出发,采购作业标准化可以使采购人员在执行采购作业时有规则可以遵循,包括采购政策、采购制度、采购程序等内容。通过规范采购作业,可以提高采购人员的作业效率,积极改善企业管理绩效。

(7)在企业内部与其他部门(生产、销售、仓储、财务等)建立和谐高效的工作关系。随着社会的发展,社会分工越来越细,专业化程度越来越高,如果没有企业其他部门的配合,采购经理要完成采购工作是非常困难的。采购部门只有和其他部门建立密切的工作关系,才能获得有用的信息。与此同时,企业中的其他部门对物料和信息的需求也能及时得到满足,进行有效工作。事实上,随着管理理念的更新和信息技术的发展,采购部门与企业其他部门的关系正越来越紧密地联系在一起。

(8)提高企业的竞争力。只有当企业能够有效地控制供应链上所有环节的成本和时间时,这个企业才能表现得富有竞争力。当然,竞争力也可体现在其他的方面,比如获得新技术、提高产品质量与服务等。从长远来看,任何企业的成功都依赖于它与客户之间建立和维护良好关系的能力,而对供应的有效管理则会直接或间接的影响客户。因此,采购与供应管理对企业的全局战略有重要作用。

二、采购与供应管理的内容和模式

为了实现上述目标,采购管理需要有一系列的业务内容和业务模式。如图4-1所示,一个完整的采购管理流程基本包含8个方面的内容。

1.采购管理组织

采购管理组织是采购管理最基本的组成部分。为了做好采购管理,企业需要有合理的管理机制和精干的管理组织机构,以及优秀的管理人员和操作人员。

2.需求分析

需求分析就是要弄清楚企业需要采购什么品种、需要采购多少、什么时候需要等问题。作为全企业的物资采购与供应部门,应当掌握全企业的物资需求情况,制定物料需求计划,为制定科学合理的采购计划做准备。

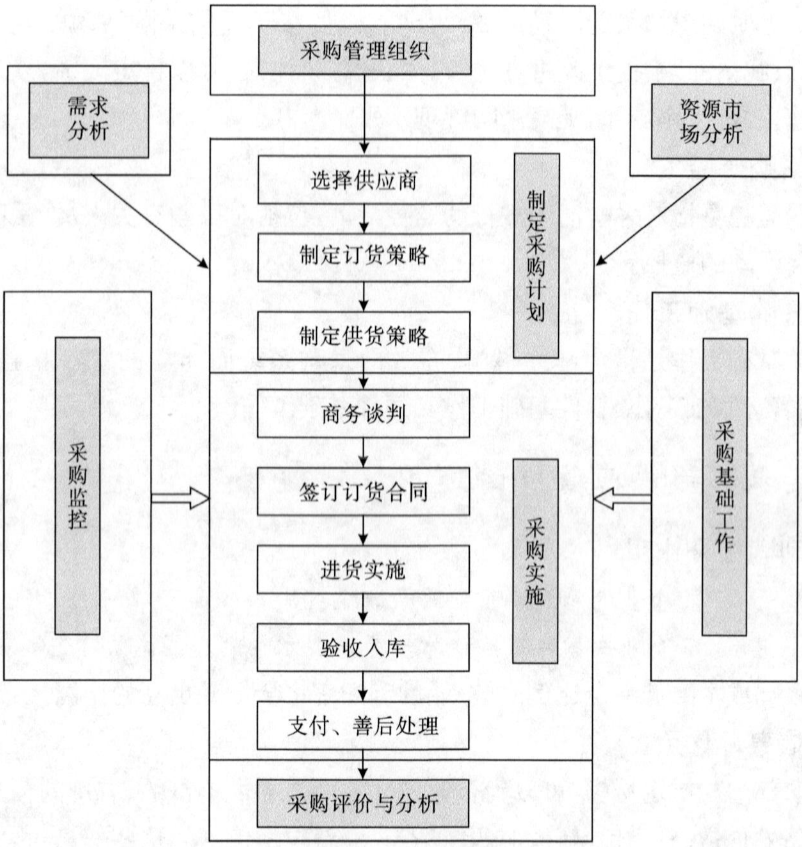

图 4-1　采购管理流程

3. 资源市场分析

资源市场分析就是根据企业所需的物资，分析资源市场的情况，包括：资源分布情况，供应商情况，品种、质量和价格情况以及交通运输情况等。资源市场分析的重点是供应商分析和品种分析。分析的目的也是为制定采购计划做准备。

4. 制定采购计划

制定采购计划是根据需求品种情况和供应商的情况，制定出切实可行的采购订货计划，包括选定供应商、供应品种、具体的订货策略、运输进货策略以及具体的实施进度计划等，具体解决什么时候订货、订购什么、订多少、向谁订、如何订、如何进货、如何支付等一些具体的问题。

5. 采购实施

采购实施就是把上面制定的采购计划分配落实到个人，根据既定的进度实施。具体实施过程包括：选择合适的供应商、进行贸易谈判、签订订货合同、运输进货、到货验收入库、支付货款以及善后处理等。

6. 采购评价与分析

采购评价与分析就是在一次采购完成以后对这次采购的评估，或月末、季末、年末对一定时期内的采购活动的总结评估，主要在于评估采购活动的效果、总结经验教训、找出问题、提出改进方法等。通过总结评估，可以肯定成绩，发现问题，制定措施，改进工作，不断提高采购管理水平。

7. 采购监控

采购监控是指对采购活动进行的监控活动，包括对采购有关人员、采购资金、采购事务活动的监控。

8. 采购基础工作

采购基础工作是指为建立科学、有效的采购系统而建立的一些基础建设工作，包括管理基础工作、软件基础工作和硬件基础工作。

三、采购与供应管理的作用

1. 利润杠杆作用

企业的利润＝企业收入－企业成本

企业成本＝采购成本＋生产成本＋管理成本

当采购成本降低一定比例时，企业的利润率将会上升更高的比例。

2. 信息源作用

采购部门与市场接触，可以为企业内部各部门提供丰富的、有用的信息，主要包括产品的价格、可用性、新供应源及新产品、新技术信息。这些信息对企业中其他许多部门都有重要的作用，可以提高其他部门的经营绩效，间接为企业做出重要贡献。

3. 营运效率作用

采购与供应部门运作的有效性将直接反映在其他部门的运作上，而且会直接或间接地造成生产成本的增加或降低。

4. 对企业竞争优势作用

采购部门能够保证企业在恰当的时间和地点获得需要的产品和服务，从而保证企业可以及时提供满足客户需要的产品，维系客户，提升满意度。采购部门的行为还会直接影响企业形象。如果采购部门的行为为企业塑造了良好的形象，企业便可与供应商建立良好的关系，从而更好地控制成本。

5. 资产收益率作用

采购成本的降低，一方面可使净利润上升，另一方面可降低总成本，使得资产收益率大大提高。

第三节　采购与供应管理组织

一、采购与供应管理组织的含义

1. 采购组织

采购组织是指完成采购任务的机构和部门。采购组织的设计、规划与企业对采购职能的定位有关。若企业将采购看作业务活动，采购组织在企业中将会处于较低的地位。若企业将采购视为一个重要的竞争因素，认为采购对企业具有重要的战略意义，那么采购组织就会处于较高的地位。

2. 供应管理组织

供应管理组织是指为了完成企业的采购任务，保证生产经营活动顺利进行，由采购人员按照一定的规则建立的一种采购团队。

二、采购与供应管理组织的建立

1. 建立采购管理组织的原则

(1)统一指挥原则。企业采购组织中的每一个采购员只对一个领导负责，在指挥与命令上严格实行"一元化"原则，避免多头领导。

(2)有效管理幅度原则。管理幅度或控制跨度是指一个采购部门主管能直接领导的下属人数。基于采购工作的性质，管理幅度一般以 3～6 人为宜。不同的企业可以根据采购工作的不同性质确定管理幅度。

(3)专业化原则。采购工作是一项艰苦而又繁杂的工作，有较强的专业性。

(4)权、责、利对等原则。采购组织要明确规定每一个采购员的职责，同时相应地赋予一定的权力，做到有职有权，还应建立配套的奖惩制度。

(5)精简高效原则。

(6)集权分权相结合原则。

2. 采购与供应管理组织机构

采购与供应管理组织机构是采购管理的幅度和管理层次的总体组织结构框架，是采购管理系统的职能部门构成。其设置情况及设置规模取决于采购与供应管理组织的任务量。采购管理组织的任务量越大，采购与供应管理组织机构的规模相应就越大；反之，规模越小。

任何一个企业均有相应的采购与供应管理组织。企业的性质不同，采购与供应管理组织的形式也有所不同。以中国中铁股份有限公司为例，其采用的是三级法人采购管控、四级职能管控，其管理组织结构如下。

（1）股份公司管理机构。股份公司物资管理部门履行采购管理和物资管理职能，是集中采购和物资管理的归口管理部门。股份公司采购管理主要针对具有使用普遍性、市场垄断性、品种专业性等特点的物资进行集中采购工作，可执行全公司内的战略采购和专项物资采购，在企业内部推广下属公司的工业产品，建立统一的网络平台，发布网络采购信息等。

（2）二级公司管理机构。二级公司物资管理部门履行本级公司物资管理职能，主要负责构建并完善本级物资采购供应管理体制与运行机制，根据本单位的施工生产特点进行集中采购管理工作，建立本单位内的工业产品的专项采购办法，推广本单位新材料的使用，建立本单位的招标中心。该层级的采购工作是企业采购管理工作中管理和具体执行相结合的一级，是本单位内采购方案主要的审批部门，也可执行本单位内的战略采购和专项物资采购。

（3）三级公司管理机构。三级公司物资管理部门归口负责本公司物资管理职能，主要负责组织权限内集约化采购与集中采购，指导、检查与监督下属单位物资工作，对本单位内的周转材料采购、回收、再利用有直接管理权限，对本单位内规模较小项目的物资采购工作进行直接采购管理，执行上级采购工作要求，在企业内部对本单位内的工业产品进行推广，是本企业效益成本核算的一个独立体系。

（4）项目经理部管理机构。项目部物资管理部门负责项目物资的市场调查，根据项目所在区域及项目业主对物资的管控要求，向上级申报采购方案，执行上级单位的采购管理制度，根据项目需求上报采购信息，评价供应商，维护供应管理工作，评价并记录采购物资的质量。项目部物资管理部门应有采购预案，以确保在市场供需发生变化或有其他客观因素影响原采购方案时，可采取其他采购手段，保证项目按期推进，同时做好采购与资金付款的协调工作。

不同企业的采购组织层级可以进行调整，但总体可确定 2 个主要层级：法人管理层和项目执行层。法人管理层主要负责采购方案的制定和审核以及采购权限的划分，项目执行层主要负责对项目所需物资的市场调查和物资使用过程中的检验、核算、汇总、上报等工作。因此，上、下层级在采购管理体制不同的建筑企业中的分工或多或少有些不同。

3. 采购与供应管理部门设置

（1）采购部门由生产副总经理分管。其工作重点是提供足够数量的物料以满足生产上的需求，至于议价的功能则退居次要地位。采购功能比较单纯，而且物料价格比较稳定。

（2）采购部门由财务副总经理分管。其主要职责是获得优惠的价格和便捷的付款方式，以达到财务上的目标；适合规模庞大、所需物料种类繁多且价格经常变动的企业。

(3)采购部门直接由总经理分管，提升了采购的地位与执行能力。其主要功能在于发挥降低成本的作用，使采购部门成本企业创造利润的另一种来源；适合生产规模不大，但物料或商品在制造成本或销货成本中所占的比例比较高的企业。

(4)采购部门隶属于资财部。其主要功能在于配合生产制造与仓储部门，执行物资补给作业；适合物资需求管制不易，需要采购部门经常与其他部门沟通、协调的企业。

三、采购人员应具备的素质和能力

1. 思想品德素质

由于采购工作没有固定规则可循，且采购行为稽查困难，因此，觉悟高、品行端正是采购人员应有的基本素质，具体包括以下几方面。

(1)为人正派、待人真诚、谦虚礼貌、宽容大度。

(2)有很强的工作责任心和敬业精神。

(3)有良好的职业道德，把企业的利益放在首位，严格把好进货关。

(4)能经受考验。采购工作是一项重要且艰巨的工作，要与企业内、外不同人群打交道，经常会受到各种“责难”。因此，采购人员应具有应对复杂情况和处理各种纠纷的能力，能承受得住各种各样的压力。

2. 知识素质

在采购工作中，一方面采购人员要与不同类型的供应商打交道；另一方面，采购的商品品种繁多，规格不一，且市场上商品的供求变化快。为此，采购人员应该具备承担采购任务所需要的相关知识，具体包括以下几方面。

(1)市场知识。只有了解消费者需求，掌握市场细分策略以及产品、价格、渠道、营销等方面的知识，才能合理地选择采购商品的品种，从而保证采购的商品适销对路。

(2)业务基础知识。业务基础知识包括谈判技巧、商品知识(商品功能、用途、成本、品质等)、签约的基本知识等，是做好本职工作的关键。掌握业务基础知识有助于与供应商的沟通，主动进行价值分析，开发新来源或替代品，从而降低采购成本。

(3)心理学知识。了解客户的心理活动，把握市场消费者的心理需求，可提高采购工作的针对性。

(4)自然科学知识。自然科学知识包括自然条件(地理、气候、环境变化)以及数理知识和计算机知识。将自然科学知识运用于采购过程，有利于把握市场变化规律，提高采购工作的效率与准确性。

(5)文化基础知识。文化基础知识是其他知识的基础。

3. 能力素质

知识不等于能力。心理学家研究表明，要办好一件事，知识起的作用只有

1/4，而能力起的作用占3/4，可见能力很重要。要做好采购工作，采购人员同样应具有相应的能力。采购人员应具备的能力可归纳为以下几个方面。

(1)市场调研分析能力。采购人员需要对采购市场进行充分调查，结合国家经济政策，分析未来发展方向，结合当地市场波动和产品周期变化，分析市场状况及发展趋势，分析消费者购买心理和供应商的销售心理，从而在采购工作中实现提前预判、超前应对，做到心中有数、知己知彼、百战百胜。

(2)协作能力。采购过程是一个人与人之间协作的过程。一方面，采购人员要与企业内部各部门沟通，如与财务部门沟通，解决采购资金、报销等问题；与仓储部门沟通，了解库存现状及变化等。另一方面，采购人员要与供应商沟通，进行询价、谈判等。采购人员应处理好与供应商和企业内部各方面的关系，为以后工作的开展打下基础。

(3)语言表达能力。采购人员必须正确、清晰地表达采购的各种条件，如规格、数量、价格、交货期限、付款方式等。表达要清楚流利，语言要精练有分寸，沟通要有说服力。如果口齿不清，说话啰嗦，既浪费时间，也可能导致交易失败。因此，采购人员的语言表达能力尤为重要，是采购人员的基本业务素质。

(4)成本分析和价值分析能力。采购人员必须具有成本分析能力，会精打细算。购买品质太好的商品，虽物美但价高，会加大成本；若盲目追求"价廉"，则必须承受品质低劣的代价。因此，对于供应商的报价，要结合其提供的商品的品质、功能，参照各种因素综合分析，采购适宜的商品。

(5)应变及决策能力。采购人员应具有敏捷的思维，对于突发情况，能快速调整策略。在市场经济条件下，商品的价格受供求关系的影响而不断变化。采购人员应根据各种产销资料及供应商提供的信息等来预测未来市场上该种商品的供给情况，如商品的价格、数量等。采购人员应能够依据和供应商谈判的形势的变化，抓住时机，果断做出正确的决策。

第四节 企业采购管理现状及解决措施

一、企业采购管理现状

1. 采购计划不够严肃，存在盲目采购现象

物资采购计划是实施物资采购活动的主要依据，其影响涉及物资采购全过程，一经确定便不能随意变更。但在实际工作中，很多企业的物资采购计划的编制还存在随意性，如对采购的物资没有进行市场预估，不注意对市场风险的规避，对采购的物资市场价格没有进行科学的对比，使采购的成本得不到有效的控制。

2. 采购方式的选择不灵活、不科学

目前，很多企业主要采用招标、议价等方式进行采购。的确，通过招标、议价采购，可以大幅度降低采购成本，积累丰富的供应商资源，但随着企业自身的发展，招标和议价等方式已经不能满足提升采购效率和效益的需要。招标和议价这两种采购方式共同的缺点是：过多地关注短期收益，过多地关注单笔采购的价格，对采购的综合成本考虑不够。若企业过多地关注短期收益，则其与供应商的关系主要是竞争关系，无法实现与供应商的运营整合，不能分享运营整合的利益。

3. 对供应商的选择与管理不当

企业对供应商没有进行科学的管理与准确的定位，致使采购与供应不够理想。必须有合格的供应商为企业提供各方面的物资供应，企业才能维持正常的生产与经营。若只在缺少物资时才想到供应商，才急于对供应商进行选择，只会浪费时间和金钱。因为企业在短时间内无法对找到的供应商进行细致的考察与分析，使供应的物品不能很好地满足生产与经营，甚至可能使企业蒙受很大的损失。

4. 对供应商的考核机制不够完善

企业对供应商的控制与监督机制不够完善，不能及时地获取供应商的信息，对供应商的生产与经营能力缺乏动态的了解，对于供应商提供的物资也不能进行质量的监督。

5. 采购人员综合素质待进一步提高

采购工作的好坏直接影响到企业整个业务活动的进程和质量。要做好采购供应工作，人是关键。部分企业在选用采购人员时，只重视思想品德素质考察，或只重视学历水平的要求，忽略了对采购人员专业知识、业务能力的培养，致使采购人员综合素质不高。

二、解决措施

1. 树立科学采购管理理念

采购部门不应只是执行采购的职能部门，而应是管理部门。为提升采购管理水平，企业必须提升采购部门的地位和执行能力，树立现代企业科学采购管理理念，建设一支高效专业的采购管理团队，以客户需求为导向，处理好采购与设计、需求、生产、质量、销售、财务等部门的关系。

2. 加强计划管理，狠抓采购计划审核制度的落实

(1)定期开展库存检查，对无计划、合同外采购品种、超储品种，保管员应拒绝入库。从源头规避新的超储积压，避免造成新的浪费，将储备定额指标具体落实到计划采购员和保管员，把实物管理与储备资金控制结合起来，优化库存结构，降低资金占用。

(2)对于因设计变更、技术参数提报不准,造成采购计划编报失误而产生新的积压,追究相关人员的责任。

3. 加强供应商管理,推进战略采购方式的实施

战略采购是从战略高度上来看待企业与供应商的关系,强调企业与供应商的整合。战略采购注重“最低总成本”,而常规采购注重“单一最低采购价格”。通过战略采购,可以弥补招标、议价采购方式过于关注短期利益的不足。企业可建立供应商资信档案,根据供应商经营状况、质量保证能力、供货价格水平、资信等级以及产品使用情况的综合评价等评出准入供应商。根据准入供应商的打分结果划分等级,对不同等级供应商采取不同的供货安排。与供应商进行运营整合,以实现在技术、成本、速度、质量、安全等方面总体价值的最大化。

4. 建立健全供应商评估体系

以供应商的产品质量、生产规模、价格对比以及资信与售后服务等各方面的评价为基准,制定科学合理有效的考评机制,确保所选择的供应商有较高的性价比。将此类供应商作为优先选择与长期合作伙伴,可以保证采购物资的质量最优,价格最低,得到的服务最完善。建立健全供应商的评估体系是建立稳定的供应商队伍的基本与前提,也是企业对生产成本进行控制的重要手段。

5. 加强采购人员的培训管理,不断提高采购人员的综合素质

采购人员应具备的素质包括思想品德素质、知识素质和能力素质。这些素质的培养需要自身长期的学习和积累,同时也需要企业提供各类培训和外出参观学习的机会。

6. 加强信息化建设步伐,完善物资采购供应信息化管理系统

企业应尽快实现物资供应系统联网运转,实现资源共享,在网上完成所有业务流程;使领导随时可以通过计算机网络查询和调阅相关物资信息和分析报表,了解物资动态,做出科学决策;使人工条件下难以做到的对库存、消耗、出入库等各类数据的动态查询、统计、分析成为现实,为合理调剂余缺、减少重复储备提供方便快捷的条件,同时也为采购过程与结果提供监督手段。

第五章　建筑企业物资采购与供应基础管理

第一节　建筑企业物资采购与供应管理概述

建筑工程直接成本包含劳务费、机械费、材料费三大部分，其中材料费占总成本的60%～70%。显而易见，采购与供应管理是建筑企业成本管理中最有价值的部分。因此，选择经济合理的采购对象、采购批量，保质保量完成采购目标，对于促进施工生产，充分发挥物资使用效能，提高产品质量，降低工程成本，提高企业经济效益具有十分重要的意义。

一、建筑企业物资采购与供应管理的原则

1.“从施工生产出发，为施工生产服务”的方针

“从施工生产出发，为施工生产服务”的方针是“发展经济，保障供给”的财经工作总方针的具体化，是物资供应与管理工作的基本出发点。

2. 加强计划管理的原则

建筑工程产品不论工程结构繁简，建设规模大小，都是根据使用目的，预先设计，然后施工的。一般情况下，施工任务落实较迟，但一经落实就急于施工，加上施工过程中情况多变，若没有适当的物资储备，企业将缺乏应变能力。做好物资供应，关键在于摸清施工规模，提出备料计划。企业既要在采购计划指导下，组织好各项业务活动的衔接，保证物资数量、品种、规格、质量满足工程需要，使施工生产顺利进行，也要按照生产进度合理安排采购时间，减少资金占用，从而发挥资金最大效用，避免盲目采购造成积压。

3. 加强核算，坚持按质论价的原则

成本最低是对采购环节管理的基本要求。应对价格、质量、运距进行充分比较、分析，得出最优采购方案，并定期核算，不断修正。此外，同一品种的物资，因各地厂家或企业生产经营条件不同和市场供求关系变化等原因，价格上可能有明显差异，在采购订货业务活动中应遵守国家物价政策，按质论价，协商定购。

4. 厉行节约的原则

厉行节约是一切经济活动都必须遵守的根本原则，在物资供应管理活动中包含两方面意义：一方面是物资部门在经营管理中，精打细算，节省一切可以节约的开支，努力降低费用水平；另一方面是通过业务活动加强定额控制，促进物资的节

约，推动物资的合理使用。

二、建筑企业物资采购与供应管理的任务

1. 落实资源，保证供应

建筑工程任务落实后，物资供应是主要保证条件之一。没有物资，企业就失去了主动权，完成任务就成为一句空话。施工企业必须按施工图预算核实物资需用量，组织物资资源。物资部门要主动与建设单位联系，属于建设单位供应的物资，要全面核实其现货、订货、在途资源及工程需用量的余缺。双方应通过协商明确分工并落实责任，分别组织配套供应，及时、保质、保量地满足施工生产的需求。

2. 抓好实物采购运输管理，加速周转，节省费用

做好物资供应与管理，必须重视采购运输和加工过程中的数量、质量管理。根据施工生产进度要求，掌握轻重缓急，结合市场调节，尽最大努力减少在途、压缩库存材料，加强调剂，缩短物资的在途、在库时间，加速周转。与物资供应管理工作有关的各部门要明确经济责任，全面实行经济核算制度，降低物资成本。

3. 抓好商情信息管理

商情信息与企业的生存和发展有密切联系。物资商情信息的范围较广，物资部门应安排专职人员了解市场物资流通供求情况，掌握主要物资和新型建材动态（包括资源、质量、价格、运输条件等）。对搜集的信息，应分类整理、建立档案，为领导提供决策依据。

4. 降低物资单耗

单耗是指建筑工程产品每单位所耗用工程物资的数量。由于建筑工程产品是固定的，施工地点分散，露天作业多，不免要受自然条件的限制，影响均衡施工，物资需用过程中品种、规格和数量的变动大，又给定额供料增加了困难。为降低物资单耗水平，首先要完善设计，改革工艺，使用新材料，认真贯彻节约物资的技术措施。其次，施工中要贯彻操作规程，合理使用物资，克服施工现场浪费物资的现象；要在保证工程质量的基础上，严格执行物资定额管理。由于物资品种、规格繁多，应选定主要品种，进行核算，严格按定额控制用料，降低物资单耗水平。

第二节 物资市场调查与分析

物资市场调查是了解建筑项目所在地物资市场资源的一个重要环节。对当地及周边物资市场的供求关系、购销状况、道路和运输状况以及消费情况等进行深入细致的调查，能帮助我们掌握市场的现状和趋势，制定合理的物资供应方案，优化资源配置，增强企业在物资供应中的应变能力和保障能力，从而有效地促进

供应管理水平的提高。

一、市场调查的目的

物资市场调查主要是根据项目实际需要，收集、记录、整理、分析与项目相关物资有关的市场情况，为项目物资成本分析、经营提供参考。

二、前期调查准备

调查前的准备阶段，应对项目的施工情况和施工所在地物资的资源情况进行初步的分析，明确调查课题的关键和范围，以选择最主要也是最需要的调查目标，制定出物资市场调查的方案。

1. 建筑施工情况

项目中标后，项目物资部应掌握主要物资的设计数量、预算单价和质量标准，掌握施工组织设计方案及其重难点、控制性工程工期及施工特点等。

2. 施工所在地物资的资源情况

物资市场调查的范围和距离应根据物资需求情况确定，原则上应覆盖当地及周边主要资源地。调查内容包括当地及周边各种资源状况、价格、主要资源供应（生产）商情况等。重点调查当地及周边各种资源主要来源、购销习惯、出厂（场）价格、道路及运力状况、运杂费、主要资源供应（生产）商及其产品的质量、资信和销售能力等，同时收集当地政府对各种资源的生产、销售的限制性政策与措施，并收集、记录必要的数据物资。撰写书面调查报告或调查纪要，必要时上报公司审核。

3. 确定物资市场调查的方案

物资部应根据调查情况绘制资源分布与运输组织示意图，含项目部位置、主要资源位置、主要工点、施工里程、砼搅拌站和级配碎石拌和站位置、公路运输线路名称、运距、收费站位置及收费标准、道路状况等，制定出具体的物资市场调查方案，主要包括物资市场调查的内容、方法和步骤，以及调查计划的可行性、经费预算和调查时间等。

三、市场调查的内容

1. 生产厂家或供应商基本情况

调查管段覆盖范围内所需物资的厂家（供应商）的数量，了解各厂家（供应商）的基本情况。

2. 价格费用情况

对同期施工建筑工地进行调查，深入了解当地企业购买产品的价格，掌握第一手资料，同时调查了解当地的运输价格及税费情况。

3. 质量保证能力

对标的金额高的主体物资(如钢材、水泥、地材、粉煤灰),应到生产(供应)现场实地调查:查看并检查生产厂家的生产许可证、矿产资源证、安全许可证、营业执照等证件的有效性;调查了解现场机械设备配置情况及存料情况是否能够满足施工需求(包括质量和数量需求);要求生产厂家提供产品检验报告,评价数据的可靠性,判断产品是否符合施工要求,比如石场加工碎石的级配、粒径、粉尘含量是否满足项目施工要求;对备选厂家(供应商)的产品进行取样试验。

4. 供应保证能力

调查厂家(供应商)的生产(供应)能力,以及从厂家(供应商)到施工管段的运距、沿途的道路状况、途经桥梁的最大承载量以及收费站状况。

四、市场调查的主要方法

市场调查方法指市场调研人员在实际调查过程中收集信息资料所采取的具体方法,一般有观察法、资料查阅法、访问调查法、实验调查法和网络调查法。

1. 观察法

观察法是指调查者到现场凭自己的视觉、听觉或借助摄影、录像器材,直接或间接地观察和记录正在发生的市场行为,以获取有关信息的一种实地调查法。

优点:直观可靠,简便易行,不需要语言交流。

缺点:时间长,费用高,易受心理影响,观察深度不够。

2. 资料查阅法

资料查阅法是一种间接调查法,是根据企业内部和外部的各种现成资料和数据进行调查、分析、研究的一种方法。

优点:费用低,部分资料参考价值高。

缺点:不能完全符合本企业的特征与需求;来源杂乱,需重新加工整理;资料的真实性和可用性有待确定。

3. 访问调查法

访问调查法又称直接调查法,是以访谈询问作为收集资料的手段,以被访问人的答复作为调查资料依据的调查方法,可分为 4 种:面谈调查法、留置问卷调查法、邮寄调查法和电话调查法。

(1)面谈调查法。面谈调查法可分为个人面谈和小组面谈两种方式。

优点:调查有深度,直接性强,可靠性强,拒答率低。

缺点:调查费用高,对调查员的素质要求高。

(2)留置问卷调查法。留置问卷调查法是指将调查问卷当面交给被调查者,说明填写的要求,并留下问卷,让被调查者自行填写,由调查人员定期收回的一种市场调查方法。

优点：回收率高。

缺点：调查地域范围有限。

(3)邮寄调查法。邮寄调查法是指将设计印制好的调查问卷，通过邮政系统寄给被调查者，由被调查者根据要求填写后再寄回的方法。

优点：调查空间范围大；调查的样本数目多，而费用少；被调查者有较充裕的时间来考虑问题，且可避免面谈中受调查者倾向性意见的影响。

缺点：问卷回收率低，容易影响样本的代表性；问卷回收期长，时效性差；缺乏对调查对象的控制；问卷可能由他人代写，易出现错误的答复和不真实的信息。

(4)电话调查法。电话调查法指的是调查者按照统一问卷，通过电话向被访者提问，笔录答案的调查方法。

优点：速度快，范围广，费用低，回答率高，误差小，可适用于不习惯面谈的人。

缺点：电话调查时间短，答案简单，难以深入，受电话设备的限制。

4. 实验调查法

实验调查法是实验者按照一定实验假设，通过改变某些实验环境的实践活动，来认识实验对象的本质及其发展规律的调查方法。

优点：科学性高，调查者处于主动地位，获得的信息较准确，客观价值高。

缺点：试验费用高，取得结果的速度较慢，实验组织难度较大。

5. 网络调查法

网络调查法是指企业利用互联网搜集和掌握市场信息的一种调查方法。

优点：成本低，范围广，速度快，具有互动性。

缺点：可能有虚假信息。

五、市场调查的程序和步骤

1. 确定调查研究问题

俗话说，对一个问题做出恰当定义等于将问题解决了一半。在任何一个问题上都存在着许许多多可以调查的事情，如果对该问题不做出清晰的定义，那么收集信息的成本可能会超出调查结果的价值。

2. 进行初步调查

初步调查一般只能了解“是什么”，而不能回答“为什么”，更不能提出“怎么办”。

3. 制定调查计划

(1)确定时间、地点、范围和对象。

(2)确定调查方法方式。

(3)确定资料搜集的来源。第一手资料是为当前特定的调研目标而收集的信息。第二手资料是为其他特定的调研目标而收集的已有资料。

(4)确定调查预算。

4. 设计问卷或调查表

市场调查的实施,一般是从设计问卷或调查表开始的。问卷和调查表的设计质量很大程度上又与设计原则有关。设计时要考虑以下几点:合理性,一般性,逻辑性,提问不能带有主观趋向性或暗示性。

5. 选择调查人员

调查人员水平的高低,直接关系到调查质量的高低。

(1)调查人员的选择。一个合格的市场调查人员需具备以下素质:优良的品德、富有信心、勤于思考、持久力、良好的心理素质、热情的工作态度、一定的交际和反应力、渊博的知识、强烈的责任心、创新能力以及市场信息分析能力等。

(2)调查人员的培训。调查人员应进行以下培训:市场调查工作流程、调查准备工作细则、调查表内容说明、调查员岗位工作细则、项目(市场)具体分析与讲解、模拟演练培训以及各类表格的使用说明等。

(3)调查人员的管理。应在调查员的挑选、培训、监督管理、评价和报酬支付方面加强管理。

6. 资料分类整理

资料的分类整理一般包括下列工作程序。

(1)编辑。选取有用的资料,并查对资料的准确性和连贯性。

(2)汇总。对资料进行汇总,以备调用。

(3)分类。根据问题的特点对资料进行分类,以便提供有针对性的说明。

(4)制表。参照已经选出来的各类资料,对其中关于产地市场调查的问题所得到的各种答复分别进行统计和汇总,并将累计结果用表格形式说明。

7. 提出市场调查报告

调查结束后,应根据调查结果进行分析和整理,并撰写市场调查报告,提交管理层作为决策依据。

六、市场调查报告

物资市场调查报告的行业性、专业技术性很强。其内容一般包括:产品产量、质量、价格、服务、运输,以及对产品的评价、意见、要求、物资的供应展望等。报告要运用数字分析、对比、排位等方法对产品的生产、销售、市场分析等情况进行介绍,实际工作中还要对可能影响施工进度的深层背景进行分析,使报告理据充实,更具说服力。

(一)市场调查报告的写作要点

1. 以科学的市场调查方法为基础

在市场经济中,对于参与市场经营的主体,其成败的关键就在于经营决策是否科学,而科学的决策必须以科学的市场调查方法为基础。因此,要善于运用观察法、资料查阅法、访问调查法等市场调查方法,适时捕捉瞬息万变的市场变化情况,以获取真实、可靠、典型、富有说服力的商情信息。在此基础上撰写出来的市场调查报告必然具有科学性和针对性。

2. 以真实准确的数据材料为依据

由于市场调查报告是对市场的供求关系、购销状况以及供应能力等进行调查研究后形成的书面报告,因此它往往离不开大量的数据材料。这些数据材料是形成市场调查报告的重要依据,撰写报告时应善于运用统计数据说明问题,以增强报告的说服力。

3. 以充分有力的分析论证为杠杆

撰写市场调查报告,必须以大量的事实材料为依据,包括动态的和静态的、表象的和本质的、历史的和现实的等等,但市场调查报告的内容绝不是这些事实材料的简单罗列,必须运用科学的方法对其进行充分有力的分析论证。只有这样,市场调查报告作出的市场预测和提出的对策与建议才会获得坚实的支撑。

(二)市场调查报告的内容结构

1. 市场调查报告的标题

市场调查报告的标题一般有两种构成形式。

(1)公文式标题。公文式标题由调查对象和内容、文种名称组成,例如《关于×××线资源状况的调查报告》。

(2)文章式标题。文章式标题使用概括的语言直接交代调查的内容或主题,例如《×××地材资源调查报告》。

2. 市场调查报告的引言

引言又称导语,是市场调查报告正文的前置部分,应简明扼要、精炼概括。引言部分一般交代调查的目的、时间、地点、对象与范围、方法等与调查者自身相关的情况,也可概括市场调查报告的基本观点或结论,以便使读者对全文内容获得初步了解。最后用一过渡句承上启下,引出主体部分。

以《关于××线地材状况的调查报告》为例,其引言部分如下:

××线工地物资厂根据本管段工程物资需要,于××年××月××至××日在管段内半径××公里范围内的市场进行了一次地材物资调查。现将调查分析情况汇报如下：

3. 市场调查报告的主体

市场调查报告的主体是写作的重点和难点所在，要求完整、准确、具体地说明调查的基本情况，科学合理地分析预测，并在此基础上提出有针对性的对策和建议。具体包括以下三方面内容。

(1)情况介绍。市场调查报告的情况介绍，即对通过调查掌握的基本情况进行介绍，是全文的基础和主要内容，要用叙述和说明相结合的手法，将调查对象的历史和现实情况(包括市场销售情况，生产与供应的关系，质量、产量及价格情况，运输能力等)表述清楚。在具体写法上，既可按问题的性质将其归结为几类，采用设立小标题或者摘要的形式；也可以时间为序，或者列示数字、图表或图像等加以说明。无论如何，情况介绍应准确、具体，富有条理，以便为下文进行分析和提出建议提供坚实充分的依据。一般来说，应从以下几个方面进行介绍。

①对甲控物资的调查：对于钢材，应了解施工现场周边有多少钢材市场，销量是多少，主要供应商代理哪些钢厂的钢材，对供应商还要调查其资金流情况；对于水泥，主要了解合理运输范围内的水泥生产厂家数量，生产的品种规格、质量、产量及销量；对于粉煤灰、矿粉等其他甲控物资，要了解产品的来源以及质量、产量是否满足要求。

②对自购物资的调查：主要是对地材资源进行调查，了解合理范围内砂场、碎石场的分布，主要生产厂家，以及产量、质量、运输、价格等。根据调查结果，对产品进行列表说明，见表5-1。

表5-1 资源分布情况表

序号	产品名称	厂家名称	分布情况	生产能力	供应管段	联系人	联系电话

(2)分析预测。市场调查报告的分析预测，即在对基本情况进行分析的基础上，对市场发展趋势作出预测，可直接影响相关部门和单位领导的决策行为，必须着力写好。此部分应采用议论的手法，对调查所获得的资料进行科学的分析，并据以形成符合事物发展变化规律的结论性意见。用语要富于论断性和针对性，做到析理入微、言简意明，切忌脱离调查所获资料随意发挥。

实际操作中，此部分主要是分析物资供应的供求关系和供应难度，结合周边同时期开工的建设项目，判断资源的需求关系，分析物资的价格走势。此外，还应细致地描述厂(商)家现有生产、供应能力，对我方施工管段供应还有多少缺口，在施工生产过程中可能会受到的影响等，用于支持调查结论。

(3)调查建议。这层内容是市场调查报告写作目的和宗旨的体现，要在上文情况介绍和分析预测的基础上，提出具体的建议和措施，供决策者参考。注意：提出的建议应具有针对性和可行性，可切实解决问题。

此部分内容就是根据市场分析、项目资源的总需求量和施工安排，判断资源的供求关系，对采购形式的选择提出建议，供决策者参考。例如，对资源丰富的物资，可建议组织公开招标；对资源有限的物资，可建议采取议标的方式；对资源丰富而生产能力有限的物资，可建议自建基地进行产品加工。

4. 市场调查报告的结尾

结尾是市场调查报告的重要组成部分，要写得简明扼要、短小有力。此部分一般对全文内容进行总结，以突出观点，强调意义；或展望未来，以充满信心的笔调总结。视实际情况，有时也可省略这部分，以使行文更趋简练。

第三节 物资计划管理

物资计划就是为完成建筑企业施工生产任务而对所需物资做出的具体部署和安排。物资计划是企业物资部门的行动纲领，对组织物资货源、满足施工生产需要、提高企业经济效益具有十分重要的意义。

物资计划管理，就是运用计划手段组织、指导、监督、调节物资的采购、供应、储备、使用等一系列工作的总称。

一、物资计划的工作标准

1. 计划的及时性

物资计划是未雨绸缪，一定要提前编制、及时上报，这样才能有效指导物资的采购供应工作，使之有条不紊地进行。

2. 计划的预见性

物资计划一定要与建筑施工生产计划相配套，反映生产的实际需求，具有一定的前瞻性。

3. 计划的完整性

物资计划一定要反映企业物资管理工作的各个方面，从主要材料到辅助材料，都不能有疏漏。

4. 计划的规范性

物资计划的编制涉及多部门、多环节，在流程和格式上都有一整套的要求。

5. 计划的严肃性

物资计划对供需双方都有严格的约束作用，执行时应保证计划的严肃性。

二、物资计划的类别

1. 按用途分类

(1)物资总量计划。物资总量计划是完成工程项目建设所需物资总量的计划。一般在项目进场后由工程部门根据设计图纸计算出物资总需用量,再由物资部门编制物资总量计划。物资总量计划是物资招标的重要依据,根据招标分工,可分别报业主和本公司上级主管部门。

(2)物资需用计划。物资需用计划一般由最终使用物资的施工项目部编制,是物资计划中最基本的计划,如项目分部(或架子队)向项目经理部(工程指挥部)上报的物资计划。物资需用计划应根据不同的使用方向,分单位工程,结合物资消耗定额和施工图纸,逐项列出需用物资的品种、规格、质量、数量。

(3)物资申请计划。物资申请计划是根据常用计划,经过项目或部门内部平衡后,分别向有关部门提出的物资申请计划,如项目经理部(工程指挥部)向业主提出的甲供物资申请计划和向上级主管部门提报的专项物资申请计划。

(4)物资采购计划。物资采购计划是企业为了向市场采购物资而编制的计划。计划中应该包括物资品种、规格、数量、质量,预计采购厂商名称及需用资金。

2. 按计划期限分类

(1)年度计划。年度计划是建筑企业保证全年施工生产任务所需用料的主要物资计划,是企业指导全年物资供应与管理活动的重要依据。因此,年度物资计划必须与年度施工生产任务密切结合。

(2)季度计划。根据企业施工任务落实和安排的实际情况编制季度计划,用以调整年度计划,具体组织订货、采购、供应,落实各项物资资源,为完成本季施工生产任务提供保证。

(3)月度计划。月度计划是基层单位根据当月施工生产进度安排编制的需用物资计划,比年度、季度计划细致,要求内容全面、及时和准确。以单位工程为对象,按形象进度、实物工程量逐项分析、汇总使用项目及物资名称、规格、型号、质量、数量等,是供应部门组织配套供料、安排运输、基层安排收料的具体行动计划。月度计划是物资供应与管理活动的重要环节,对完成月度施工生产任务,有直接的影响。凡列入月度计划的施工项目需用物资,都要进行逐项落实,若个别品种、规格有缺口,要采取紧急措施,如借、调、改、代、加工、利库等办法,进行平衡,保证按计划供应。

(4)临时追加物资计划(补充计划)。因设计修改或任务调整,原计划品种、规格、数量错漏,施工中采取临时技术措施,或机械设备发生故障需及时修复,需要采取临时措施解决的物资计划,称为临时追加物资计划。列入临时计划的一般是急用物资，要作为重点供应。

三、物资计划的管理流程

1. 编制计划

项目物资部门编制各类物资计划，包括因项目工程量变化及工期调整等而引起的计划变更。

2. 会签审批

各类物资计划经相关部门会签，项目经理审批加盖公章后生效。

3. 计划的执行

物资计划执行的重点是月度采购（申请）计划，物资部门应根据用料进度等实际情况，按计划分期分批进料，各批次计划应明确发货依据、物资名称、规格、数量、技术标准及交货地点、交货条件、收货人等信息。

每一批次进料计划应按规定或合同约定方式、程序及格式发送至供应机构或供应商，当月的批次进料计划总量不能超出月度采购（申请）计划数量，超出范围的履行审批程序后方能组织进货。

4. 计划的调整

在日常工作中要按物资计划实施采购供应，建立计划供应台账，对影响物资计划执行情况的生产计划的调整、资源状况的变化、市场单价的波动、运输条件的改变等各种因素进行分析，及时对物资计划进行调整。

属于项目自行采购的物资，计划的变动由项目自行调整。属于上级物资部门集采或物资供应服务机构供应的物资，若计划出现变动应及时上报、变更计划，以免出现物资积压、闲置或影响供应的情况。

四、物资计划的编制要求

1. 计划内容

物资计划应编制齐全、填写规范，其内容应包括计划数量、质量标准、进场时间、交货地点。物资计划必须完整、准确，且具有时效性。

2. 计划组成

物资计划由封面、编制说明、物资计划表、核算表（或其实核算依据）四部分组成，经工程、财务、物资等部门会签，单位领导审批后加盖单位公章。其中，编制说明的内容一般包括计划期内主要任务概况及特点、特殊质量要求、急用物资需用时间、上期计划执行情况以及其他需要说明的内容；物资计划表的内容一般包括物资名称、规格型号、计量单位、上期库存、储备定量、本期用量、本期实际申请量、技术标准等。

3. 计划编制依据

(1)项目施工生产计划。只有全面了解项目施工生产安排,才能制定合理的采购计划,分清各种物资在施工生产中的重要性,保证物资供应的正常有序。

(2)主要物资需用量核算表。主要物资需用量核算是一种定额核算或施工图计算,由技术部门根据施工生产计划编制,通常属于独立需求。它不仅是编制施工主要物资需用量的标准,也是确定大部分辅助生产物资用量的指导性数据。

(3)外部采购环境。了解外部采购环境,有利于确定适合的采购时机,及时调整采购的数量、规格,以降低采购成本。必要时,需要及时将采购环境制约因素反馈至领导层,以便调整施工生产计划。

4. 计划数量

计划数量=本期需用数量+期末安全库存数量-上期结存数量

(1)本期需用数量。本期需用数量中主要物资可根据技术部门所提供的主要物资需用量核算表或施工图计算得出。其他辅助生产物资中,与主体物资存在相关性的(相关需求),应根据相关性推算出需用量;不存在相关性的(独立需求),则按以往消耗量再结合施工任务量换算得出。

相关需求,是指某种物资的需求量与其他物资有直接的匹配关系,当其他某种物资的需求量确定以后,就可以通过这种相关关系把该种物资的需求量推算出来。独立需求,是指某种物资的需求量是由外部市场决定的,与其他物资不存在直接的对应关系,表现出对这种库存需求的独立性。某一物资是独立需求还是相关需求要视具体情况而定。在某些情况下,同一物资既是独立需求又是相关需求。

(2)期末安全库存数量。期末安全库存数量是指为保证供应的连续性,从本期施工期结束到下次物资供应时,此阶段中所需要的物资的需用量。对于某些重要的物资,在此基础上,我们还会加上3～5天的缓冲期库存。

(3)上期结存数量。上期结存数量是指上一施工生产期结束时,物资的库存数量。

5. 主要物资需用量核算表

通过核算表计算出对应的物资需用数量较为粗浅,不太准确。目前,按图纸计算物资规格数量才是最科学、最准确的。物资需用量应考虑合理损耗,不同物资的合理损耗比例不同。核算表必须有技术部门主管签认,严禁由其他无核算职权的技术人员签认和无人签认。

五、物资计划的编制与上报

1. 物资总量计划

工程部门应在施工设计图纸到达后30日内,计算出主要物资需用量,经工程部长签字,项目总工审批后提交物资部门。物资部门在一周内编制物资总量计划并报上级主管部门进行招标采购活动。

若实施过程中发现实际消耗量与物资计划有差异,物资部门应及时与工程部门沟通,分析原因。对于因设计、方案变更等原因导致的差异,应由工程部门书面提交变更数量,物资部门据此调整总量计划。

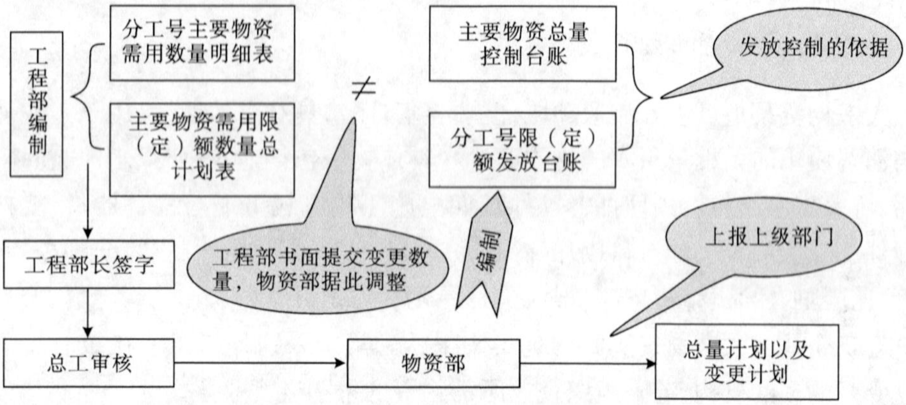

图 5-1 物资总量计划的编制与上报流程

2. 物资采购(申请)计划

(1)主要物资采购(申请)计划。物资部门依据当期工程部门提供的主要物资需用量明细表(附技术要求和质量标准)编制主要物资季度和月度物资采购(申请)计划。月度物资计划在月度前 10 天上报,季度计划在季度前 15 天上报。

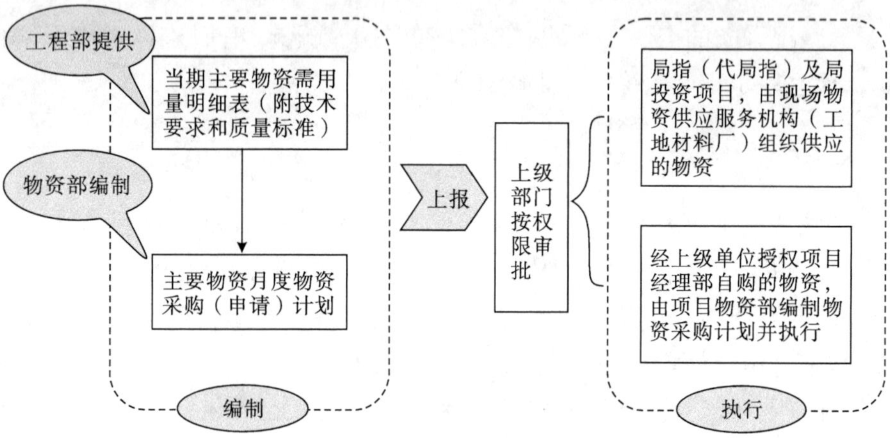

图 5-2 主要物资采购(申请)计划的编制与上报流程

(2)辅助物资、网络竞价采购计划。辅助物资、网络竞价采购计划必须由用料单位(项目分部、作业队)提出书面月度申请计划,在月度前 10 天上报,由项目经理部审核批准,执行线上或线下采购。

(3)专项物资计划。专项物资包括轨道材料、油料、化工产品。项目工程部门提报规格数量后，由物资部门编制申请计划，逐级上报。年度计划提前30天上报，季度计划提前15天上报，月度计划提前10天上报。

第四节 物资采购供应组织形式

一、大宗物资采购

大宗物资是指可进入流通领域，但非零售环节，具有商品属性，用于工农业生产与消费使用的大批量买卖的物质商品。具体物资包括建筑钢材、水泥、粉煤灰、矿粉、桥梁支座、锚具、预埋件、声屏障、四电施工用电线电缆与设备器材、轨枕与扣配件、商品混凝土、砂石料（级配碎石）、道砟、土工材料、防水材料、防护栅栏、声测管、速凝剂、压浆材料、支座砂浆、园林绿化相关物资等。

建筑企业对大宗物资实施的是集中采购。集中采购是指企业在核心管理层建立专门的采购机构，统一组织企业所需物资的采购进货业务。

集中采购的优点：①可以使采购数量增加，提高谈判力，比较容易获得价格折扣和良好的服务；②由于只有一个采购部门，采购物料可以统筹安排，可以协调企业内部的各种情况，制定比较合理的采购方针，采购方针比较容易统一实施；③采购功能集中，精简了人力，提高了工作的专业化程度，有利于提高采购绩效，降低采购成本；④可以综合利用各种信息，为企业经营活动提供信息源。

集中采购的缺点：①采购流程过长，时效性差，难以适应零星采购、地域采购以及紧急情况采购的需要；②采购与需求单位分离开来，有时难以准确了解内部需求，从而在一定程度上降低了采购绩效。

二、专项物资采购

专项物资是企业为实施专项工程所储备的专用物资，各施工企业的具体规定有所差异。以某建筑企业集团为例，专项物资采购的具体规定如下：

(1)对于建筑施工需要的专用物资，由公司直接与生产厂签订长期协议，下属单位提报使用申请计划，如铁路、地铁施工用的钢轨、道岔。

(2)企业与生产企业合作经营成立专业公司，直接公布供应单价，下属单位与专业公司签订采购合同，如沥青、油料。

(3)对于需求量较大的物资，成立专业公司自行生产，下属单位按发布单价直接签订采购，如混凝土外加剂。

三、民用爆炸器材采购

民用爆炸器材是指用于非军事目的、列入民用爆炸物品品名表的各类火药、炸药及其制品和雷管、导火索等点火、起爆器材，共分为八大类400多种产品，是具有易燃易爆危险属性的特殊物品。

国家对民用爆炸物品的生产、销售、购买、运输和爆破作业实行许可证制度。未经许可，任何单位或者个人不得生产、销售、购买、运输民用爆炸物品，不得从事爆破作业。严禁转让、出借、转借、抵押、赠送、私藏或者非法持有民用爆炸物品。

民用爆炸物品使用单位申请购买民用爆炸物品的，应当向所在地县级人民政府公安机关提出购买申请，并提交下列有关材料：①工商营业执照或者事业单位法人证书；②爆破作业单位许可证或者其他合法使用的证明；③购买单位的名称、地址、银行账户；④购买的品种、数量和用途说明。

受理申请的公安机关应当自受理申请之日起5日内对提交的有关材料进行审查，对符合条件的，核发民用爆炸物品购买许可证；对不符合条件的，不予核发民用爆炸物品购买许可证，书面向申请人说明理由。

民用爆炸物品购买许可证应当载明许可购买的品种、数量、购买单位以及许可的有效期限。

第五节　物资采购方式与选择

所谓采购方式，是指企业在采购中运用的方法和形式的总称。不同采购方式的选择应满足国家有关主管部门、地方政府和业主单位对采购活动的特殊要求。建筑企业经常采用的采购方式主要有招标采购、竞争性谈判采购、询价采购、单一来源采购、战略采购和框架协议采购、动态竞价采购等。

一、招标采购

(一)概述

1. 招标采购的定义

招标采购是指采购方作为招标方，事先提出采购的条件和要求，邀请众多企业参加投标，然后由采购方按照规定的程序和标准一次性地从中择优选择交易对象，并与提出最有利条件的投标方签订协议的过程。整个过程要求公开、公正和公平。招标采购是建筑企业采购最通用的方法之一。

2. 招标采购的形式

招标采购有两种形式：公开招标和邀请招标。

(1)公开招标。公开招标是招标人通过在依法指定的媒介发布招标公告的方式，邀请不特定的法人或者其他组织参加投标，并按照法律规定程序及招标文件规定的评标标准和方法确定中标人的一种采购方式。

公开招标使得合法并符合招标文件规定资格的供应商都有参与竞争的机会，在这种公平竞争的条件下，只要产品有足够竞争力就有中标的权利与机会。竞标中各项资料公开，办理人员难以徇私舞弊，可使采购工作公开、公平、公正。

(2)邀请招标。邀请招标是招标人以投标邀请书的方式，直接邀请特定的法人或者其他组织参加投标，并按照法律规定程序及招标文件规定的评标标准和方法确定中标人的一种采购方式。

邀请招标基于同一条件邀请各厂商投标竞价，因此对被邀请的各厂商来说机会都是均等的，但对没被邀请的厂商却是不公平的。另外，与公开招标相比，邀请招标的投标人数量少，竞争程度较低。

(二)特点

(1)时间与费用。公开招标采购需要按法律规定在指定媒介发布招标公告，进行招标文件制作和印刷，同时还需布置开标场所等。这些工作都需要耗费大量人力、物力，所以招标周期较长，采购费用较高。

邀请招标采购不需要在指定媒介发布公告，比较节省时间。此外，由于供应厂商范围已经缩小，因此可节省资料收集和规范设计的时间，降低成本费用。

(2)采购价格和采购质量。公开招标采购中，各竞争厂商都是通过实力(规格符合，成本最低)争取企业的采购合约，并非人为或特别限制规定售价，因此，有利于形成合理的采购价格。另外，在公开招标采购中，参加竞标的各厂商的产品规格或施工方法都不一样，为了在竞标中获得优势，各厂商都会力争在品质上做到最好，同时也能使招标人了解各厂商的技术水准与产品的发展趋势，促进其品质的改进。

邀请招标采购中，由于供应商的数量有限，因此各厂商之间可能事先分配或轮流供应，使得供应商合谋的机会较大，从而不能做到真正竞价或合理报价。特别是在厂商规模不一、竞争能力有一定差异的情况下，小厂商可能被大厂商操纵。

(3)适用情形。一般情况下，企业应采取公开招标方式。但有下列情形之一的，可以采取邀请招标采购方式：①技术复杂、有特殊要求或者受自然环境限制，只有少量潜在投标人可供选择；②采用公开招标方式的费用占采购预估金额的比例过大；③涉及国家安全、国家秘密或者抢险救灾，适宜招标但不宜公开招标。

(三)适用范围

国家相关法律对招标采购的适用范围做了如下规定。

1. 中华人民共和国招标投标法

第三条 在中华人民共和国境内进行下列工程建设项目包括项目的勘察、设计、施工、监理以及与工程建设有关的重要设备、材料等的采购，必须进行招标：

（一）大型基础设施、公用事业等关系社会公共利益、公众安全的项目；

（二）全部或者部分使用国有资金投资或者国家融资的项目；

（三）使用国际组织或者外国政府贷款、援助资金的项目。

前款所列项目的具体范围和规模标准，由国务院发展计划部门会同国务院有关部门制订，报国务院批准。

法律或者国务院对必须进行招标的其他项目的范围有规定的，依照其规定。

2. 中华人民共和国招标投标法实施条例

第二条　招标投标法第三条所称工程建设项目，是指工程以及与工程建设有关的货物、服务。

前款所称工程，是指建设工程，包括建筑物和构筑物的新建、改建、扩建及其相关的装修、拆除、修缮等；所称与工程建设有关的货物，是指构成工程不可分割的组成部分，且为实现工程基本功能所必需的设备、材料等；所称与工程建设有关的服务，是指为完成工程所需的勘察、设计、监理等服务。

3. 必须招标的工程项目规定

《必须招标的工程项目规定》第五条第一款第二项规定：重要设备、材料等货物的采购，单项合同估算价在200万元人民币以上的，必须招标。

（四）招标采购流程

1. 招标采购方案制定

（1）招标前，公司及项目应组织进行标前调查，内容包括当地及周边资源状况、价格、主要资源供应（生产）商情况等，并撰写书面调查报告，根据调查情况编制招标计划报上级物资管理部门。

（2）上级物资管理部门审核子分公司上报的招标计划并制定招标采购方案。采购方案应包括招标人、招标组织单位、招标服务机构、包件划分、招标方式、开标时间、评标方法及评审专家产生的方式等。

2. 招标文件编制和审核

（1）编制。招标中心受招标人委托，依据招标工作交底、招标采购方案与完整齐备的招标采购计划，在5个工作日内完成招标文件的编制（将拦标价设定、投标人应用电子招标系统要求等编入招标文件）。招标中心将招标文件提交招标人审核后报上级主管部门审核。

招标文件一般包括：①招标公告或者投标邀请书；②投标人须知；③技术规格、参数及其他要求；④评标标准和方法；⑤合同主要条款；⑥投标文件格式。

（2）审核。主管部门在3个工作日内组织招标采购工作小组对招标文件进行评审。特殊情况下，招标人应参加评审会。招标中心根据评审意见修订完善招标文件，保存评审资料。

3. 招标公告发布和招标文件发售

(1)招标公告发布。招标中心依据通过评审的和招标人最终确认的招标文件，在 3 个工作日内挂网公告。

采用邀请招标方式的，采购管理部门应对潜在供应商进行调查，拟邀请供应商名单应报本单位分管领导批准。采购管理部门编制投标邀请书，经审核后在电子招标平台向确定的供应商发出。

(2)招标文件发售。招标中心做好招标文件上传、发售等工作。招标文件发售期不得少于 5 日。发售标书费用由财务部门负责管理。

(3)招标文件补遗、澄清与答疑。招标人对招标文件提出补遗的，补遗文件经招标人签认盖章后向招标中心提交。招标中心整理汇总后提交主管部门审批，依据批复意见发布补遗文件。

投标人对招标文件提出澄清的，由招标中心整理汇总后提交招标人，招标人组织答疑，并将答疑文件加盖单位公章后提交招标中心。招标中心将答疑文件提交主管部门审批，依据批复意见发布答疑文件，并通知投标人办理回函确认手续。

4. 投标

投标人接到招标文件以后，如果愿意参加即进入投标程序，就要按招标文件的要求开始编制自己的投标文件。投标文件、投标价格要进行严格的研究和论证，提出的方案既要先进又要合理，还要有合理的利润。投标文件要在规定时间内准备好并送至指定的地点。

5. 开标

开标应当按照招标文件规定的时间、地点、方式进行。投标人少于 3 个的，不得开标。

(1)在线开标。在电子招标平台上开标的，招标文件应要求所有投标人准时在线参加开标。开标时，电子招标平台提取所有投标文件，提示招标人和投标人按招标文件规定方式按时在线解密。解密全部完成后，应当向所有投标人公布投标人名称、投标价格和招标文件规定的其他内容。

因投标人原因造成投标文件未解密的，视为撤销其投标文件；部分投标文件未解密的，其他投标文件的开标可以继续进行。招标人可以在招标文件中明确非投标人原因造成的投标文件解密失败的补救方案。

(2)线下开标。开标由招标人主持，邀请所有投标人参加。投标人或其授权代表有权出席开标会，也可以自主决定不参加开标会。

开标时，由投标人或者其推选的代表检查投标文件的密封情况；经确认无误后，由工作人员当众拆封，宣读投标人名称、投标价格和投标文件的其他主要内容。

投标人对开标有异议的，应当在开标现场提出，招标人应当当场作出答复。开标过程应形成记录，并存档备查。

6. 评标

(1)评标委员会组建。招标人负责评标委员会的组建及评标专家抽取工作。物资招标评标委员会由 5 人以上单数组成，经济、技术等方面的评标专家不少于评标委员会成员总数的 2/3。

(2)评标方法。评标方法分为经评审的最低投标价法和综合评估法。

对具有通用技术、性能标准或者招标人对其技术、性能无特殊要求的物资，应采用经评审的最低投标价法。

采用综合评估法的，应在招标文件中明确量化的因素及其权重，并由招标采购工作小组评审通过。

(3)评标程序。评标委员会主任应组织评委按照招标文件规定从形式、资格、商务、技术、报价、重大偏差等方面对投标文件进行评审。评标办法应与招标文件规定的一致。评审意见要有理有据，文字内容要描述清晰。招标文件没有规定的评标标准和方法不得作为评标的依据。

招标人代表应记录、汇总评标委员会评审意见，按评标报告样本格式整理评标报告。评标报告应当由评标委员会全体成员签字。对评标结果有不同意见的评标委员会成员应当以书面形式说明其不同意见和理由，评标报告应当注明该不同意见。评标委员会成员拒绝在评标报告上签字又不书面说明其不同意见和理由的，视为同意评标结果。

7. 定标与公示

中标候选人公示结束无异议后，招标人应当确定排名第一的中标候选人为中标人。招标文件约定需选择多个中标人时，应按推荐排序依次确定。

若出现排名靠前的中标候选人放弃中标，因不可抗力不能履行合同，不按照招标文件要求提交履约保证金，或者被查实存在影响中标结果的违法行为等情形，招标人可以按照评标委员会提出的中标候选人名单排序依次确定其他中标候选人为中标人，也可以重新招标。

中标人确定后，招标人应当在投标有效期结束 30 个工作日内向中标人发出中标通知书，并同时将中标结果通知所有未中标的投标人。

8. 合同签订

招标人和中标人应当在投标有效期内并在自中标通知书发出之日起 30 日内，按照招标文件、中标人的投标文件、澄清与答疑等文件签订书面合同。

9. 招标费用管理

(1)投标保证金。招标人应在招标文件中要求投标人以自己的名义提交投标保证金。投标保证金除现金外,可以是银行出具的银行保函、银行汇票或现金支票,以现金或者支票形式提交的投标保证金应当从其基本账户转出。

投标保证金不得超过项目估算价的2%,但最高不得超过80万元人民币。投标保证金有效期应当与投标有效期一致。

(2)履约保证金。中标人在合同签订之前,应向招标人缴纳一定的履约保证金,保证金在合同履行完毕后返还。国家法律规定履约保证金不得超过合同总价的10%。

二、竞争性谈判采购

(一)概述

竞争性谈判采购是指采购单位向潜在供应商发出竞争性谈判邀请,选择三家及以上有兴趣的供应商进行谈判并由供应商在规定时间内进行最后报价,按谈判文件规定的方法确定成交供应商的一种采购方式。

竞争性谈判采购分为公开竞争性谈判、邀请竞争性谈判两种实施方式。公开竞争性谈判是指采购单位通过指定的媒介发布谈判公告,邀请不特定的潜在供应商参与谈判。邀请竞争性谈判是指采购单位邀请特定的潜在供应商参与谈判。

(二)特点

竞争性谈判采购的特点是:①全面应用电子招标平台;②可以缩短准备期,能使采购项目更快地发挥作用;③较之传统的询价、比价采购,增加了透明度和公正性,降低了采购风险;④减少工作量,省去了大量的开标、投标工作,有利于提高工作效率,降低采购成本;⑤供求双方能够进行更为灵活的谈判。

(三)适用范围

竞争性谈判采购的适用范围:①招标后没有供应商投标、没有合格标的或者经两次招标均流标的;②技术复杂或者性质特殊不能确定详细规格或功能要求的;③非采购单位所能预见的原因或者非采购单位拖延造成采用招标所需时间不能满足用户紧急需要的;④因专利、专有技术或者服务的时间、数量不能确定等原因不能事先计算出价格总额的;⑤建设单位或者业主已对供应商进行资格审查,且通过资格审查的备选供应商少于5家的;⑥单项采购金额未达到招标条件的物资采购。

(四)采购流程

1. 采购方案编制

采购方案由采购单位编制，经上级采购管理部门审核。采购方案的内容应包括：①采购项目概况；②实施方式；③评审方法；④谈判小组的产生方式；⑤谈判邀请发布、谈判文件出售的时间及地点；⑥递交响应文件截止时间、谈判时间及地点。采用邀请竞争性谈判方式采购，需明确拟邀请供应商名单，并附专项调查报告，对供应商资质进行评审，说明邀请原因。

对于技术标准明确、需求差异性不大且市场竞争充分的产品，原则上应采用经评审的最低价法进行采购评审。技术特别复杂、质量有特殊要求的情况下，经上级批准可采用综合评审法。

经评审的最低价法是指响应并满足竞争性谈判文件全部实质性要求的前提下，以谈判后最终报价最低的供应商作为成交候选供应商的评审方法。

综合评审法是指按价格、技术、商务等要素设置分值权重，对响应并满足竞争性谈判文件全部实质性要求的供应商进行评审，按评审得分排序确定成交候选供应商的评审方法。

2. 谈判小组组建

采购单位应根据谈判采购的项目情况依法组建谈判小组。公开竞争性谈判组建谈判小组由采购单位代表和谈判专家组成，人数为 3 人以上单数，谈判小组中专家人数不少于总人数的 2/3。谈判专家名单由采购单位在采购专家库中通过随机抽取的方式确定。由于技术复杂、专业性强等原因，通过抽取方式无法满足项目需要时，可由采购管理部门推荐谈判专家(经公司分管领导批准)。谈判专家的抽取、推荐应形成记录。在谈判开始前，谈判小组名单应严格保密。

3. 谈判文件编制与评审

公开竞争性谈判文件可参照招标文件范本编制，内容当包含：①谈判公告(谈判邀请书)；②供应商须知；③响应文件的编制要求；④采购需求描述；⑤谈判程序和评审方法；⑥符合公司合同范本要求的合同条款和签订方式；⑦其他。

竞争性谈判文件需经二级评审，即本级评审小组评审后报上一级采购管理部复审。

4. 谈判邀请

公开竞争性谈判：采购单位在电子招标平台公开发布竞争性谈判采购公告。公告应当包含：①采购单位名称、地点；②采购项目的名称、规格、数量或项目概况；③供应商资格条件；④获取谈判文件的时间、地点、方式及谈判文件售价；⑤响应文件提交的截止时间、开启时间及地点；⑥联系人及联系方式。

邀请竞争性谈判:采购单位应对潜在供应商进行调查,提出拟邀请供应商名单,报主管部门审批后发出谈判邀请书。邀请供应商不得少于 3 个。邀请书包含内容与公开竞争性谈判采购公告相同。

经市场调查,潜在供应商只有两家,或二次招标后,提交投标文件或者经评审响应招标文件实质性要求的供应商只有两家时,采购单位应书面报告上级采购管理部,经批准后可邀请两家供应商进行谈判采购。

5. 谈判文件发售

采购单位按谈判邀请规定的时间、地点发售谈判文件。谈判文件的发售期限自开始之日起不得少于 3 日。从谈判文件发售之日起至供应商提交首次响应文件截止之日止不得少于 7 日。

6. 谈判文件澄清或修改

提交响应文件截止之日前,采购单位可以对已发出的谈判文件进行必要的澄清或者修改,澄清或者修改的内容作为谈判文件的组成部分。

澄清或者修改的内容可能影响响应文件编制的,采购单位应当在提交响应文件截止时间至少 3 日前,通过电子招标平台或以书面形式通知所有获取谈判文件的供应商;不足 3 日的,应当顺延提交响应文件截止时间。

7. 谈判响应文件接收

供应商应在谈判文件要求的截止时间前,将响应文件密封送达指定地点。未按谈判文件要求密封或者在截止时间后送达的响应文件为无效文件,采购单位应当拒收。

对截止时间前收到的响应文件,采购单位应当签收。供应商在提交响应文件截止时间前,可以对所提交的响应文件进行补充、修改或者撤回,并书面通知采购单位。补充、修改的内容作为响应文件的组成部分。补充、修改的内容与响应文件不一致的,以补充、修改的内容为准。

8. 响应文件开启

响应文件递交时间截止后,采购单位应组织开启供应商的响应文件并公开唱出报价,公开唱出的报价应形成记录并经供应商代表签字确认。

9. 符合性审查

谈判小组对响应文件的有效性、完整性和响应程度进行符合性审查,记录有关情况,确定进入谈判程序的供应商名单。

进入谈判程序的供应商可以是通过审查的所有供应商,也可以是通过审查且报价靠前的部分供应商,具体产生方式应在谈判文件中明确。

10. 谈判

谈判小组根据响应文件审查情况拟定谈判策略,提出谈判问题并组织谈判。

谈判小组全体成员集中与单一供应商分别进行谈判,给予所有进入谈判程序的供应商平等的谈判机会。逐家谈判一次为一个轮次，谈判轮次由谈判小组视谈判后的情况决定，但至少应进行一轮谈判。

谈判过程中，谈判小组可以要求供应商对响应文件中含义不明确、同类问题表述不一致或者有明显文字和计算错误的内容等作出必要的澄清、说明或者更正。供应商的澄清、说明或者更正不得超出响应文件的范围或者改变响应文件的实质性内容。供应商需要进行澄清、说明或补充的，应要求其提供授权代表签字确认的书面材料。

通过谈判，如需要对原谈判文件的实质性内容作修改，谈判小组应将修改建议以书面形式提供给采购单位并告知所有供应商终止后续谈判。如需重新启动竞争性谈判采购，须按新的采购项目实施。

11. 二次报价

谈判结束后，谈判小组邀请参与谈判的所有供应商进行二次报价，并告知供应商二次报价截止时间及二次报价文件的编写规范。原则上，二次报价为最终报价。

谈判小组应给予供应商提交二次报价的必要时间，但一般不超过 1 小时。未在规定时间内提交最终报价文件的供应商，视为自动放弃最终报价权利，谈判小组按照其第一次报价内容进行评审。最终报价文件一经提交不得撤回或修改。二次报价文件由供应商授权代表签字确认后生效。二次报价文件必须密封提交，未密封的，谈判小组应予拒绝。

接收完供应商的二次报价后，谈判小组应召集所有进入二次报价的供应商，当众公布二次报价。

采取经评审的最低价法时，若最低供应商报价为多家，应组织报价最低的供应商只对价格重新报价，直至报价最低供应商仅为一家。

12. 供应商评审和推荐

二次报价结束后，谈判小组应按竞争性谈判文件载明的评审方法和标准对供应商进行评审并推荐成交候选供应商。

13. 评审报告编制

谈判小组应当根据评审情况编写评审报告，报告应由谈判小组成员、监督人员共同签字确认。评审报告内容应包括：①采购项目概况；②谈判组织实施情况；③谈判小组组成；④评审方法；⑤谈判与评审情况；⑥成交候选供应商的名单；⑦需说明的其他事项。

14. 成交供应商确定

谈判小组提出书面评审报告后，采购单位一般应当在 10 日内确定成交供应商并报上级采购管理部批准、备案。

采购单位应确定排序第一的成交候选供应商为成交供应商。谈判文件约定需选择多个成交供应商时，应按推荐排序依次确定。

排序靠前的成交候选供应商放弃成交资格，项目经理部可依序确定其他候选成交供应商为成交供应商，也可重新组织谈判。

15. 成交公示

采购单位应在电子招标平台发布成交公示，公示期应不少于3日。公示应包括如下内容：①项目名称和项目编号；②成交候选供应商名称和成交金额；③受理异议的部门及联系方式。若公示期间有异议，采购单位必须进行核实处理。

16. 成交通知发放

公示期满无异议，采购单位应在公示结束后5日内，向成交供应商发出成交通知书，向未成交的供应商发出成交告知书。

17. 合同签订

成交供应商应当在成交通知书发出之日起15日内，缴纳履约保证金。履约保证金收取比例原则上参照公开招标的标准，应在谈判文件中明确。采购单位按照谈判文件确定的合同文本以及采购标的、规格型号、采购数量、技术和服务要求、谈判确认的报价等事项签订采购合同。

18. 谈判终止

出现下列情形之一的，采购单位应当终止竞争性谈判采购活动，发布谈判项目终止公告或通知函并说明原因，重新开展采购活动：①因情况变化，不再适用竞争性谈判采购方式的；②购买谈判文件的供应商不足3家的。

三、询价采购

(一)概述

询价采购是指采购单位编制询价书，完整、规范地描述需求产品名称、规格型号、技术要求、质量标准、交货期、报价截止时间等，选择3家及以上供应商进行询价、比价，按照采购需求、质量和服务相等且报价最低的原则确定成交供应商的一种采购方式。

询价采购分为线上询价采购和线下询价采购两种实施方式。原则上应采用线上询价采购。符合以下情形之一，可选择线下询价采购：①非采购单位原因造成采购供应时间不足7天的；②项目所在地偏僻，不具备网络条件或者物流配送困难的；③经线上询价，无供应商响应，或响应供应商不足3家且经评估不能接受询价结果的；④建设单位或业主有特殊要求的。

(二)特点

询价采购的特点是：①供应商数量至少为3家；②报价的提交形式更为灵活，

可以采用邮件或传真形式;③报价的评审应按照买方公共或私营部门的良好惯例进行。采购合同一般授予符合采购实体需求的最低报价的供应商或承包商。

(三)适用范围

询价采购的适用范围:①采购现成的,并非按采购实体的特定规格特别制造或提供的产品或服务;②采购合同的估计价值低于采购条例规定的数额;③询价采购适用于需求差异性大且单项合同估算金额在50万元(含)以下的产品或服务。

(四)采购流程

采用线上询价采购时,各采购单位在电子招标平台实施。

采用线下询价采购时,采购部门应填写线下询价采购审批单,说明理由及拟询价供应商,经采购单位领导审批后报上级采购管理部批准实施。

1. 询价书编制

项目采购人员归集需求计划,调查分析、确定采购预期价格,编制询价书。

询价书应包括以下内容:①采购单位名称、地点;②采购产品的名称、规格、数量或服务项目概况;③质量标准或技术要求;④交货地点、方式、期限;⑤结算方式与支付条件;⑥供应商资格条件及其他要求;⑦响应文件格式及提交的截止时间、地点、方式;⑧联系人与联系方式;⑨其他需要说明的事项。

采用线上询价采购时,询价书应以在线方式编制,经采购部门负责人审核后在电商平台公开发布。由电子招标平台将询价书推送给平台内供应商,并通过第三方电商平台进行信息推介,广泛吸引供应商响应。自询价书发布至供应商递交响应文件截止时间,原则上不少于72小时。

采用线下询价采购时,采购员应按规定格式编制询价书。

2. 询价书发布

采用线上询价采购时,询价书以在线方式编制,在电子招标平台公开发布。采用线下询价采购时,询价书以传真、邮件等方式发出。采购员在发送询价书前,应对潜在供应商进行调查,提出拟询价供应商名单并说明理由(拟询价供应商不得少于3家),填写线下询价审批表,连同询价书报采购部门负责人审核,经审批通过后报上级采购管理部批准。

3. 响应文件接收

供应商按询价书的要求,在询价截止时间前提交响应文件。在询价截止时间前,供应商可对其响应文件进行修改或撤回。对供应商在截止时间后送达的响应文件,采购单位应当拒收。

线上询价截止时间前,采购单位不得开启、查阅供应商响应文件。询价截止时间后，电子招标平台对采购单位开放全部响应文件。

线下询价期间，采购员应及时接收、登记供应商提交的响应文件，采购单位不得泄露供应商响应文件信息。条件具备的，可要求供应商密封报价，询价截止时间后，在两人及以上的共同见证下开启报价。

4. 成交供应商确定

采购员审核供应商响应文件，对响应询价书全部实质性要求的供应商，按照报价最低的原则确定拟成交供应商。

拟成交供应商不是最低报价的，采购员应对报价低于拟成交价的供应商逐一说明不被推荐理由，经采购部门负责人审核后，报领导审批。

对响应供应商不足 3 家或供应商报价明显高于预期价格的，采购单位应分析原因，评价询价效果，决定是否接受询价结果。如接受询价结果，需说明理由，并报领导审批。如不接受询价结果，可继续询价或以其他方式采购。

成交供应商的确定应在询价截止时间后 5 个工作日内完成。

5. 订单下达或合同签订

采购单位应按审定的采购结果，自询价截止时间起 10 个工作日内向成交供应商下达成交通知、采购订单或与供应商签订合同，合同管理按公司相关规定办理。采用线上询价采购的，采购单位须通过电子招标平台下达成交通知书。

6. 异议处理

供应商对交易过程、成交结果有异议的，可以书面形式向采购人提出，采购人应自收到异议之日起 3 日内给予答复。

7. 采购结果评价

采购单位应对预期价格和拟成交价格进行对比分析，评价采购效果。

四、单一来源采购

（一）概述

单一来源采购是指采购单位向特定供应商发出洽谈邀请，提供采购文件，按照采购文件要求和洽谈方案与供应商洽谈，遵循物有所值和价格合理的原则确定成交结果的一种采购方式。

（二）特点

单一来源采购的最主要特点是没有竞争性。单一来源采购虽然缺乏竞争性，但也要按照物有所值原则与供应商进行协商，本着互利原则，合理确定价格。

(三)适用范围

单一来源采购的适用范围:①由于不可替代的专利或专有技术,只能从唯一供应商处采购;②发生了不可预见的紧急情况下的应急采购;③为了保证原有采购项目一致性或配套服务从原供应商添购原合同金额10%以内的产品或服务。

(四)采购流程

采购单位提出采用单一来源采购方式的理由,报上级主管部门审核批准后方可实施。

1. 成立采购小组

采购小组应当深入了解供应商提供的产品性能和成本,以便与供应商就价格问题进行有效的协商,尽量减少采购支出。

2. 协商与协商情况记录

采购小组与供应商协商,通过协商帮助采购单位获得合理的成交价并保证采购质量。协商情况记录应当由采购小组人员签字认可。对记录有异议的采购小组人员,应当签署不同意见并说明理由。

3. 成交通知书签发

采购小组将谈判确定的成交结果报采购单位,经采购单位确认后,签发成交通知书。

五、战略采购

(一)概述

战略采购是指根据战略发展需要,通过与行业领先或对市场有重要影响力的供应商建立长期稳定的合作伙伴关系,实现供需双方互惠共赢,提高核心竞争力的一种高层次采购方式。

(二)特点

战略采购的特点是:①更关注采购总成本;②强调高度集中采购;③致力于长期合作。

(三)适用范围

战略采购适用于对企业生产经营有重大影响的大宗、通用、重要或市场稀缺的少数产品或服务,如石化产品、钢轨、水泥和道岔等物资。

(四)采购流程

1. 战略采购可行性分析报告编制

可行性分析报告应包括以下主要内容:①采购需求分析;②市场供求情况;③战略采购的必要性分析;④潜在供应商情况;⑤可供选择的战略合作模式;⑥预期目标;⑦风险与不确定性分析;⑧结论与建议。

2. 专业工作组组建

战略采购项目立项后,应选取相关职能部门专家组成战略采购专业工作组,开展战略采购相关工作。

3. 采购需求和供应商资格条件确定

专业工作组在可行性分析报告基础上,根据需要进一步收集相关区域内采购项目资料,明确采购项目的供应范围、质量技术标准、供应规模、价格控制目标、收益预期、融资要求、技术支持等采购需求,作为战略供应商选择与协议谈判的基础;根据战略采购需求和市场调查,设定战略采购供应商的行业影响力、生产供应能力、质量保证能力、价格控制能力、技术研发能力、财务能力、供应业绩、服务水平等资格条件。

4. 供应商调查和确定

专业工作组根据满足供应商资格条件的潜在供应商数量、分布情况,提出供应商考察建议名单并进行调查,撰写调查报告。调查报告应全面覆盖战略采购供应商资格条件,并提出推荐意见。调查报告须经专业工作组全体人员签字确认。采购管理部根据专业工作组推荐意见确定谈判供应商名单,报领导小组审批。

5. 战略合作模式审议和战略采购方案编制

采购管理部根据实际需要提出合作模式建议,报采购管理领导小组审议。战略合作模式包括协议采购、参股和组建合资公司等形式。

专业工作组根据前期工作情况编制战略采购方案。战略采购方案应包括:①战略采购需求;②供应商考察名单、考察内容和考察方式;③经审议的战略合作模式;④协议谈判内容及重点;⑤协议执行主体与实施要点。

6. 战略采购协议谈判与签订

专业工作组与确定的供应商逐一进行谈判,分事项形成谈判记录,编制谈判报告,确定战略采购供应商名单,签订战略采购协议。

7. 战略采购协议履行

采购方根据战略采购协议,与相应供应商签订品类产品和服务采购供应合同(或协议),明确采购供应实施主体、需求归集方式、供应组织流程和资金结算方式等。

8. 战略采购效果评价与优化

采购管理部组织定期收集战略合作协议履行情况，对供应保障、供应价格、预期收益和融资规模等战略目标的实现情况进行分析，评价战略合作成果。对满足预期目标的供应商，保持或扩大其供应规模；对未实现预期目标的供应商，限制其供应规模，直至提请公司解除战略合作关系，以此实现战略采购的持续优化。

六、框架协议采购

（一）概述

框架协议采购是指上级采购管理部门集合内部需求，通过招标或竞争性谈判等方式确定少数有质量、价格和服务优势的供应商，签订一揽子采购框架协议，各内部需求单位在协议项下签订订货合同，执行订单操作的一种采购方式。

（二）特点

框架协议采购的特点是：①提高采购效率；②提高物资供应保障能力；③降低供应链整体成本。

（三）适用范围

框架协议采购适用于技术要求相对统一，采购频次高，能形成一定采购批量且供求市场相对稳定的产品或服务。

（四）采购流程

（1）制定框架协议采购计划。上级采购管理部门牵头组织各相关需求单位，在物资的通用性程度、需求频率和数量分析、供货渠道等多方面研究基础上，拟定实施框架协议采购物资的品种，并制定采购计划。

（2）确定框架协议采购供应商范围。

（3）编制框架协议采购方案。

（4）签订框架协议。通过招标或联合谈判等方式，确定供应商、物资品种、规格材质、技术要求、数量、价格、交货时间和交货方式等框架协议要素，签订框架协议。

（5）各内部需求单位在框架协议项下签订具体订货合同，执行订单操作。

七、动态竞价采购

（一）概述

动态竞价采购是指采购单位在规定的采购平台发布采购需求，组织供应商在规定的时间内在平台上进行多轮次报价、竞价，按照采购需求、质量和服务相等且报价最低的原则确定成交供应商的一种采购方式。

（二）特点

动态竞价采购的特点是：①供应商多次报价；②以报价最低原则确定成交供应商；③采购时间短。

（三）适用范围

动态竞价采购适用于标准化程度高、有一定采购批量且市场竞争充分的产品或服务。各单位开展的物资、机械设备、办公用品、计算机设备、商旅服务、外包服务、周转材料和机械设备租赁等产品和服务，符合下列情形之一的，可采用动态竞价采购方式：①未达到招标采购限额的；②已实施供应商招募或框架协议采购并发布入围供应商名录的；③建设单位或业主已发布合格供应商名录或指定品牌范围的；④没有供应商投标、没有合格标的或重新招标未能成立的；⑤招标采购所需时间不能满足用户需要的。

（四）采购流程

1. 采购方案编制

采购单位在电子招标平台编制动态竞价采购方案，经上级采购管理部门审核后实施。采购方案应包括：①采购项目概况；②使用动态竞价采购的依据、说明；③采购单位、组织单位；④供应商资格评审委员会、采购工作小组产生方式；⑤公告发布、文件发售时间及地点；⑥包件划分、各包件估算金额；⑦其他需说明事项。

2. 竞价公告发布

采购单位应根据审批后的采购方案在电子招标平台编制、发布竞价公告。竞价公告应包括：①采购单位名称和地址；②采购项目的名称、技术规格、数量或服务项目描述；③履约时间和地点；④供应商资格要求；⑤获取竞价文件的方式、时间及竞价文件售价；⑥提交资格审查申请文件的方式和截止时间；⑦采购项目各包件的竞价平台、竞价时间和竞价方式；⑧联系人和联系方式。

3. 竞价文件编制

采购单位应根据审批后的采购方案编制竞价文件，组织相关部门评审后发售。竞价文件一般包含以下内容：①竞价公告；②供应商竞价须知；③采购需求描述；④响应文件编制要求；⑤竞价程序和评审方法；⑥合同主要条款；⑦其他。

4. 初始价格确定

采购单位应调查采购产品或服务的市场价格，以此确定竞价初始单价、初始总价和基准降价幅度，纳入竞价文件进行评审（初始总价作为竞价的最高限价）。

竞价包件划分、各包件初始单价及总价要以采购单位的市场调查报告作为重要依据，由采购单位业务经办部门依据市场调查报告分析论证后报分管领导批准。

竞价采购文件中应清楚描述各包件初始单价及初始总价的作用、供应商应遵循的报价规则、成交单价与初始单价之间的关系。一般应作如下约定：

成交单价＝初始单价×成交总价/初始总价

5. 竞价文件发售

采购单位按竞价公告规定的时间和方式发售竞价文件，竞价文件的发售期不得少于3日。自竞价文件开始发售之日起至供应商提交初始响应文件截止之日止，原则上不得少于5日。

6. 竞价文件修改、澄清

竞价开始时间前，采购单位可以对已发出的竞价文件进行必要的澄清或者修改，并通过电子招标平台或以书面形式通知所有获取竞价文件的供应商，澄清或者修改的内容作为竞价文件的组成部分。

澄清或修改的内容可能影响资审文件编制的，应在资审文件递交截止时间至少2日前完成；不足2日的，应当重新确定提交资审文件和竞价的时间。澄清或修改不影响资审文件编制的，应在竞价开始时间24小时前完成，不足24小时的，应当重新确定竞价时间。

7. 资格审查

采购以下产品或服务时，应对供应商进行资格审查：①构成工程实体和工业产品的物资设备；②对企业有重大质量安全影响的产品和服务；③其他单项采购估算金额在50万元以上的产品和服务。资格审查的流程如下：

(1)接收资审文件。对需要进行资格审查的采购项目，供应商应在动态竞价采购文件规定的截止时间前，将资审文件上传至电子招标平台。电子招标平台在文件提交截止时间后对采购单位开放。

(2)组建资格评审委员会。对需要进行资格审查的采购项目，采购单位应组建资格评审委员会。评审委员会由采购单位代表和采购专家组成，人数为3人(含)以上单数，评审委员会中的采购专家人数不少于总人数的2/3，由采购单位在采购专家库选取并形成记录。

(3)资格评审。资格评审委员对收到的资审文件进行资格审查，重点审查供应商资格条件的符合性。资格审查后应形成资格评审报告，报告应包括以下基本内容：①采购项目名称；②竞价文件发售情况、澄清和修改情况；③资审文件递交情况；④评审委员会组成；⑤通过资格评审的供应商名单；⑥供应商未通过资格审查的理由；⑦监督情况；⑧评审委员会认为有必要说明的其他事项。

采购单位通过电子招标平台向通过资格评审的供应商发出资格审查通过通知书，对未通过资格评审的供应商发出资格审查结果告知书，并说明未通过审查的理由及提出异议的时间和方式。

采购单位应对通过资格审查的供应商名单做好保密工作。

8. 竞价

采购单位安排专人作为竞价主持人，做好电商平台竞价系统测试和竞价组织等工作。在竞价过程中，主持人不得透露参与竞价的供应商信息，也不得对可能影响供应商报价的竞价文件和竞价规则等进行任何补充、修改和解释。

竞价分为首轮竞价和延时竞价两阶段，供应商以匿名代码的方式参与报价。

(1)首轮竞价。在规定的时限内，供应商报出首轮报价，高于采购单位设置的初始总价的报价不予接受。

(2)延时竞价。供应商以首轮报价为基准，以基准降价幅度的整数倍数进行逆向报价，每个供应商均可进行多轮报价。系统进行实时数据更新和时间延展提示，在规定的时间内无最新报价，竞价系统自动关闭，竞价终止。

9. 成交供应商确定

(1)编制竞价采购报告。电子招标平台向采购单位开放竞价结果，采购员据此编写竞价采购报告，报采购部门审核。采购报告一般应包括以下内容：①采购单位、采购项目和包件划分等；②发布竞价公告的媒体名称和时间；③竞价规则和成交方法；④资格审查情况；⑤竞价结果及评价；⑥成交候选供应商名单；⑦需要说明的其他事项。

(2)推荐成交候选供应商。按报价由低到高的顺序推荐1至3名供应商为成交候选人，报价相同的供应商按报价提交时间的先后顺序排序。若排名靠前的供应商不被推荐，应说明理由。

(3)审核采购报告。50万元以下的采购项目报分管领导审核确定成交供应商，50万元以上的采购项目报同级采购领导小组确定成交供应商。采购单位应确定排序第一的候选人为成交供应商。排序靠前的候选人放弃成交资格时，采购单位可依序选择靠后的供应商作为成交供应商，也可重新组织竞价。成交供应商的确定应在竞价结束后5个工作日内完成。

对参与竞价的供应商在3家及以内的，采购部门应评估竞争的充分性，决定是否接受竞价结果，并在采购报告中签注评估意见。如不接受竞价结果，可修改竞价文件继续竞价或以其他方式采购。

10. 成交通知发放

采购单位应在确定供应商后2个工作日内通过电子招标平台向成交供应商发出成交通知书，向未成交供应商发出成交告知书。

11. 合同签订

采购单位与成交供应商应当在成交通知书发出之日起 15 个工作日内，按照竞价文件确定的合同文本以及竞价确认的成交价格签订采购合同。

12. 竞价终止

出现下列情形之一的，采购单位应当发布竞价项目终止公告，终止竞价活动并说明原因：①因情况发生重大变化，采购项目已不适用竞价采购的；②购买竞价采购文件的供应商不足 2 家的。竞价终止后，采购单位可重新竞价或选择其他采购方式实施采购。

13. 异议处理

供应商对交易过程或成交结果有异议的，可在收到成交结果通知之日起 3 日内，以书面形式向采购人提出。采购人应自收到异议之日起 3 日内给予答复，做出答复前应暂停采购活动。

第六节　供应商管理

供应商是指可以为企业生产经营提供原材料、设备、工具以及其他资源的企业和个人。供应商可以是生产企业，也可以是流通企业。

供应商管理就是对供应商的了解、选择、开发和使用和控制等综合性的管理工作的总称。了解是基础，选择、开发、控制是手段，使用是目的。

供应商管理的目的就是建立起一个稳定可靠的供应商队伍，为企业生产提供及时、齐备、优质的物资供应。

一、供应商调查

供应商调查是供应商管理的首要工作。要了解供应商、了解资源市场，就要进行供应商调查。供应商调查是指对供应商的资信、生产能力和财务状况等基本情况进行调查，填写“供应商调查表”。对初次接触、未经考核评价的供应商，应进行供应商调查。

供应商调查可以分成三步：第一步是资源市场分析，第二步是供应商初步调查，第三步是供应商深入调查。

（一）资源市场分析

1. 资源市场调查的内容

（1）资源市场的规模、容量和性质。例如：资源市场究竟有多大范围，有多少资源，多少需求量，是卖方市场还是买方市场，是完全竞争市场还是垄断市场。

(2)资源市场的环境。例如:市场的管理制度、规范化程度、发展前景及经济环境和政治环境等外部条件。

(3)资源市场中各个供应商的情况。对众多的供应商的调查资料进行分析,就可以得出资源市场的基本情况,例如资源市场的生产能力、技术水平、管理水平、质量水平、价格水平、需求情况及竞争性质等。

资源市场调查的目的,就是要进行资源市场分析。资源市场分析对于企业制定采购策略、生产策略以及产品策略都有很重要的指导意义。

2. 资源市场分析的内容

(1)确定资源市场是供应大于需求的市场还是需求大于供应的市场,是垄断性市场还是竞争性市场。

(2)确定资源市场是成长型市场还是衰退型市场。如果是衰退型市场,则需尽早准备替代产品。

(3)确定资源市场的整体水平,并根据整个市场的水平来选择合适的供应商。

(二)供应商初步调查

所谓供应商初步调查,是对供应商的基本情况的调查,主要了解供应商的名称、地址、技术、质量、服务、价格、能力和信誉等。

1. 供应商初步调查的目的

供应商初步调查的目的是了解供应商的一般情况。而了解供应商的一般情况的目的,一是为选择最佳供应商做准备,二是了解和掌握整个资源市场的情况,因为多个供应商基本情况的汇总就是整个资源市场的基本情况。

2. 供应商初步调查的特点

供应商初步调查的特点:①调查内容浅,只需了解一些简单的、基本的情况;②调查面广,基本能够对资源市场中所有供应商都有所调查、有所了解,可掌握资源市场的基本情况。

3. 供应商初步调查的方法

供应商初步调查一般可以采用访问调查法,通过访问有关人员而获得信息,建立供应商卡片。例如:访问供应企业的市场部有关人员,或者访问有关用户、有关市场主管人员及其他的知情人士。

在初步供应商调查的基础上,要利用供应商初步调查的资料进行供应商分析。供应商分析的主要目的,是比较各个供应商的优势和劣势,选择符合企业需求的供应商。

4. 供应商分析的主要内容

只有产品的品种、规格和质量水平都符合企业需求,才算得上企业的可能供应商。对可能供应商有必要进行下面的分析。

(1)企业的实力、规模如何,产品的生产能力如何,技术水平如何,管理水平如何,企业的信用度如何。企业的信用度是指企业对客户、对银行等的诚信程度,表现为供应商对自己的承诺和义务认真履行的程度;特别是产品质量保证、按时交货、往来账目处理等方面,应以诚相待,一丝不苟地履行自己的责任和义务。

(2)结合供应商的地理位置,进行运输方式分析、运输时间分析和运输费用分析,估算运输成本。

(三)供应商深入调查

供应商深入调查是指经过初步调查后,对准备发展为供应商的企业进行的更加深入仔细的考察活动。此阶段的考察往往深入供应商企业的生产线、质量检验环节甚至管理部门,对现有的设备工艺、生产技术和管理技术等进行考察,判断所采购的产品能否满足本企业的生产工艺条件、质量保证体系和管理规范要求。只有通过这样深入的供应商调查,才能发现可靠的供应商,建立起比较稳定的物资采购供需关系。

除以下两种情况必须进入深入调查外,并非所有的供应商都必须进行深入调查:①准备发展成紧密关系的供应商;②寻找关键零部件产品的供应商。

如果我们所采购的是一种关键零部件,特别是精密度高、加工难度大、质量要求高、在我们的产品中起核心功能作用的零部件产品,在选择供应商时需要特别小心,要进行反复的深入考察审核,只有经过深入调查证明确实能够达到要求时,才可确定发展为供应商。

二、供应商选择

当今社会,企业之间的竞争逐渐转化为企业供应链之间的竞争。而供应商是整个供应链的"狮头",在交货、产品质量、提前期、库存水平和产品设计等方面都影响着下游制造商。供应商所供产品的质量和价格决定了最终产品的质量和价格,影响着最终产品的市场竞争力、市场占有率和市场生存力。

(一)供应商选择的影响因素

供应商隶属于供应链这一开放的系统,因而供应商的选择也会受到经济、政治和其他因素的影响。

1. 质量

质量是供应链的生存之本,产品的使用价值是以产品质量为基础的,它决定了最终消费品的质量,影响着产品的市场竞争力和占有率。因此,质量是选择供应商的一个重要因素。

2. 价格

价格低，意味着企业可以降低其生产经营的成本，对企业提高竞争力和增加利润有着明显的作用，是选择供应商的重要因素。但是，价格最低的供应商不一定就是最合适的，供应商的选择还需要考虑产品质量、交货时间以及运输费用等诸多因素。

3. 地理位置

供应商的地理位置对企业库存量有相当大的影响。如果物品单价较高，需求量又大，则距离近的供应商有利于管理。购买方总是期望供应商的位置离自己近一些，或至少要求供应商在当地建立库存。地理位置近，送货时间就短，这意味着购买方可以更好地应对紧急缺货。

4. 供应能力

供应能力即供应商提供产品和服务的能力。企业需要确定供应商是否具备相当的生产规模与发展潜力，即供应商的制造设备必须能够在数量上达到一定的规模，能够保证供应其所需产品的数量。

5. 技术水平

技术水平是指供应商提供商品的技术参数是否能达到要求。供应商是否具有技术和能力去制造或供应所需的产品、供应商是否有产品开发和改进项目、供应商是否能够帮助改进产品，这些问题都很重要。选择具有高技术水准的供应商，对企业的长远发展是有好处的。

6. 交货准时性

能否按约定时间和地点准时将产品运至指定地点，直接影响企业生产和供应活动的连续性，也会影响各级供应链的库存水平，继而影响企业对市场的反应速度，打乱生产商的生产计划和销售商的销售计划。

7. 售后服务

供应商必须具有优良的售后服务。例如，商品若是车辆设备，充足的零配件供应和及时的维修会对采购方有很强的吸引力。

8. 税率因素

在采购成本相同的情况下，应优先选择一般纳税人供应商，并要求其提供增值税专用发票。如供应商为小规模纳税人，则应优先选择能提供增值税专用发票的供应商。

在采购成本不同的情况下，应先选出每类供应商中报价最低的供应商，再通过计算每两家最低报价供应商在综合采购成本相同情况下的采购报价平衡点，最终选择综合采购成本最低的采购价格和供应商。

表 5-2　不同供应商采购成本对比表

供应商类型	计税方法	提供发票种类	税率或征收率	采购成本
一般纳税人	一般	增值税专票	适用税率	=不含税价格 =含税价格÷(1+适用税率)
	简易	增值税专票	3%	=不含税价格=含税价格÷(1+3%)
小规模纳税人	简易	税务部门代开专票		
	简易	增值税普票		=含税价格

仅比较采购成本无法满足利润最大化目标，还需考虑附加税抵扣对利润的影响。因此，引入营改增后“综合采购成本”的概念(假设城建税等附加综合税率为 12%)：

综合采购成本=采购成本—进项税×12%

城建税及教育费附加=(销项税—进项税)×12%

成本=采购成本+城建税及教育费附加

利润=收入—成本

案例一：采购成本相同情况下的供应商选择方法

某企业欲采购一批电脑，假设各类供应商报价均为 3000 元/台(不含税)，即采购成本相同情况下，应如何选择供应商?

表 5-3　不同供应商抵扣进项税对比表

供应商	增值税发票	税率	含税价(元)	采购成本(元)	抵扣进项税(元)	前项多抵扣附加税(增加利润)(元)
一般纳税人	专票	13%	3390	3000(不含税)	3000×13%=390	390×12%=46.8
小规模纳税人	代开专票	3%	3090		3000×3%=90	90×12%=10.8
	普票		3000	3000(含税)	0	0

结论：采购成本相同，应选择可抵扣进项税最多的供应商(即税率较高的一般纳税人供应商)。

案例二：采购成本不同情况下的供应商选择

第一步：针对不同类型供应商，选出同类报价最低的供应商。

表 5-4　供应商选择对比表

供应商	采购成本	提供发票种类
供应商 A	X(不含税价格，同类最低)	13%税率增值税专票
供应商 B	Y(不含税价格，同类最低)	3%征收率增值税专票
供应商 C	Z(含税价格，同类最低)	增值税普通发票

第二步：计算综合采购成本，据此选择供应商。

(1)计算供应商 A、B、C 的综合采购成本。

A=X－X·13%·12%(其中 X·13%·12%表示多抵扣进项税)

B=Y－Y·3%·12%(其中 Y·3%·12%表示多抵扣进项税)

C=Z

(2)选择综合采购成本最低的供应商。

①能提供增值税专票的供应商为不含税报价,需换算。

我方综合成本=不含税价—不含税价×适用税率×我方附加税率

②仅能提供增值税普票的供应商亦为含税报价,无需换算。

我方综合成本=含税价

选择结果:在付款条件相当的情况下,选择我方综合成本最低的供应商。

另外,在选择供应商时,还应结合企业自身情况考虑进项税额留抵情况、盈亏情况以及资金状况等因素。如企业长期存在进项税留抵,在采购成本相同的情况下,应优先选择小规模纳税人,使现金流出最小。

(二)供应商选择的原则

供应商开发的基本准则是“QCDS”原则,即质量(quality)、成本(cost)、交付(delivery)与服务(service)并重的原则。在这四者中,质量因素是最重要的。首先,要确认供应商是否建立有一套稳定有效的质量保证体系,然后确认供应商是否具有生产所需特定产品的设备和工艺能力。其次,要确认成本与价格,运用价值工程的方法对所涉及的产品进行成本分析,并通过双赢的价格谈判实现成本节约。在交付方面,要确定供应商是否拥有足够的生产能力,人力资源是否充足,有没有扩大产能的潜力。最后一点,也是非常重要的一点,是供应商的售前、售后服务的纪录。

(三)供应商选择的步骤

由于供应商在供应链中扮演着重要的角色,且供应商的选择机制多元,因此,企业的决策者选择供应商时要因地制宜,对企业所处的内外环境进行详细的分析,根据企业的长期发展战略和核心竞争力,选择适合本企业或本行业的理论和方法,制定相应的实施步骤和实施规则。不同的企业在选择供应商时所采用的步骤会有差别,但基本包括以下几个步骤。

1. 成立供应商评选小组

企业需成立一个专门的小组来控制和实施供应商评价,这个小组的组员以采购、质量、生产和工程等与供应链合作关系密切的部门的人员为主。小组组员必须有团队合作精神,还应具备一定的专业技能。评选小组必须同时得到采购企业和供应商企业最高领导层的支持。

2. 分析市场竞争环境

企业必须知道现在的产品需求是什么、产品的类型和特征是什么，以此来确认客户的需求，确认是否有建立供需关系的必要。如果已经建立供需关系，需要根据需求的变化确认供应合作关系变化的必要性，分析现有供应商的现状，总结企业存在的问题。

3. 确立供应商选择的目标

企业必须确定供应商评价程序如何实施，而且必须建立实质性的目标。供应商评价和选择不仅仅是一个简单的过程，也是企业自身的一次业务流程重构过程。如果实施得好，就可以带来一系列的利益。

4. 建立供应商评价标准

供应商评价指标体系是企业对供应商进行综合评价的依据和标准，是反映企业本身和环境所构成的复杂系统的不同属性的指标，是按隶属关系、层次结构有序组成的集合。不同的行业、企业，不同产品需求和环境下的供应商的评价应有一定区别，但供应商的评价标准基本涉及以下几个方面：供应商业绩、设备管理、人力资源开发、质量控制、成本控制、技术开发和客户满意度等。根据企业实际状况和供应商选择的时间跨度，对供应商的要求也有不同，按时间的长短分别有相应的短期标准和长期标准。

在确定选择供应商的标准时，一定要考虑短期标准和长期标准，把两者结合起来，才能使所确定的标准更全面，进而实现对供应商的全面评价，最终寻找到理想的供应商。

5. 供应商参与

一旦企业决定实施供应商评选，评选小组需尽可能地让供应商参与到评选的设计过程中，确定供应商的积极性水平。

6. 评选供应商

评选供应商的主要工作是调查、收集有关供应商生产运作等全方位的信息。在已收集的供应商信息的基础上，可以利用一定的工具和技术方法进行供应商的评选。

7. 实施供应链合作关系

在实施供应合作关系的过程中，市场需求也在不断变化。企业可以根据实际情况及时修改供应商评选标准，或重新开始供应商评估选择。在重新选择供应商的时候，应给予新旧供应商以足够的时间来适应变化。

（四）合格供应商的选择方法

1. 考核选择法

考核选择法是在对供应商充分调查了解的基础上，进行指标考核、分析比较选择供应商的方法。

供应商的调查可以分为初步供应商调查和深入供应商调查。每个阶段的调查对象都有一个供应商选择的问题,而且选择的标准和依据是不同的。

初步供应商调查对象的选择非常简单,基本依据就是其产品的品种规格、质量、价格、生产能力和运输条件等。在这些条件合适的供应商中所选择出的几个,就是初步供应商调查的对象。

深入供应商调查对象的选择,是基于影响企业的关键产品、重要产品的供应商。对这些供应商要进行深入的研究考察,选择标准主要是企业的实力、产品的生产能力、技术水平、质量保障体系和管理水平等。在对各个评价指标进行考核评估之后,结合各指标合理的权重,就可以进行综合评估。

通过试运行阶段,得出各个供应商的综合成绩后,基本上就可以确定供应商了。

2. 招标选择法

当采购物资数量大、供应市场竞争激烈时,可以采用招标方法来选择供应商。采购方作为招标方,事先提出采购的条件和要求,邀请众多供应商企业参加投标,然后由采购方按照规定的程序和标准一次性地从中择优选择交易对象,并与提出最有利条件的投标方签订协议。整个过程要求公开、公正和公平。

3. 谈判选择法

在可选择的供应商较多、采购单位难以抉择时,也可以采用谈判选择方法,即由采购单位选出供应条件较为有利的几个供应商,同他们分别进行谈判,再确定合适的供应商。和招标选择法相比,谈判选择法在商品质量、交货日期和售后服务等方面较有保证,但此法选择范围有限,不一定能得到最便宜、供应条件最有利的供应商。当采购时间较为紧迫,投标单位少,供应商竞争不激烈,订购物资规格和技术条件比较复杂时,谈判选择法比招标选择法更为合适。

(五)供应商选择的注意事项

1. 单一供应商与多家供应商

单一供应商是指某种物品集中向一家供应商订购。这种购买方式的优点是供需双方的关系密切,购进物品的质量稳定、采购费用低。缺点是无法与其他供应商比较,容易失去质量、价格更有利的供应商,采购的机动性弱;另外,如果供应商出现问题,会影响本企业的生产经营活动。多家供应商是指向多家订购所需要的物品,其优缺点正好与单一供应商相反。

2. 国内采购与国际采购

选择国内的供应商,价格可能比较低,且因地理位置近,可以实现准时生产或者零库存策略。选择国际供应商,可能采购到国内企业在技术和质量上无法达到的物品，提升自身的技术含量。

3. 直接采购与间接采购

如果是大量采购或者所需物品对企业生产经营影响重大，则应该采用直接采购，避免中间商加价，以降低成本。如果采购数量小或者采购物品对生产经营活动影响不大，则可以通过间接采购，节省企业的采购精力与费用。

目前，我国许多企业缺乏科学的选择供应商的方法，致使在大多数项目选择供应商时，更多的是参考供应商本身提供的各类文字材料及其在市场上的口碑，或凭个人主观臆想选择供应商，因而在选择供应商时，人为因素比较大。另外，在选择供应商的标准方面，目前企业的选择标准多集中在供应商的产品质量、价格、支付条件、交货准时性、提前期和批量等方面，没有形成一个全面的供应商综合评价指标体系，不能对供应商做出全面、具体、客观的评价。

三、合格供应商名录

通常建筑企业对供应商建立评价管理机制，评价合格的供应商统一纳入合格供应商名录。

以××公司合格供应商管理规定为例：

按照“先评审、后采购”原则，对构成工程实体和工业产品的物资设备供应商，对企业生产经营有重大质量安全影响的产品和服务供应商及其他单项采购合同估算金额在50万元以上的产品和服务供应商，均应进行合格供应商准入评审。对供应商的准入评审应按照“谁采购、谁评审”原则进行。

(1)供应商需按照“合格供应商准入资料清单”(表5-5)及相关要求提供资料。

表5-5　合格供应商准入资料清单

序号	资料名称	备注
一、制造商		
1	企业营业执照	
2	银行开户证明或银行资信证明	
3	有关部门出具的生产许可证、安全生产许可证、产品鉴定证书或产品质量检验报告	
4	国家、行业及总公司要求实施质量认证和特殊规定的产品，必须提供国家权威认证机构颁发的证书	
5	产品近三年主要销售业绩清单和用户评价材料	
6	主要生产、检测设备一览表	
7	需要提供的其他相关资料	

续表

序号	资料名称	备注
二、代理商		
1	企业营业执照	
2	银行开户证明或银行资信证明	
3	所代理制造商授权的代理许可证书	
4	代理商所代理制造商的有效质量安全环保体系认证证书，有关部门出具的所代理产品鉴定证书或产品质量检验报告	
5	国家、行业及总公司要求实施质量认证和特殊规定的产品，提供所代理产品获得的国家权威认证机构颁发的证书	
6	所代理产品近三年的代理销售业绩清单和用户评价材料	
7	所代理制造商的主要生产、检测设备一览表	
8	需要提供的其他相关资料	
三、经销商		
1	企业或个体工商户营业执照	
2	银行开户证明或银行资信证明	
3	有效质量安全环保管理体系认证证书、产品鉴定证书或产品质量检验报告	
4	国家、行业及总公司要求实施质量认证和特殊规定的产品，提供所经营产品获得的国家权威认证机构颁发的证书	
5	申请准入产品近三年的销售业绩清单和用户评价材料	
6	必要的货场、库房等仓储设施和产品检测设备等情况说明	
7	需要提供的其他相关资料	
四、服务提供商		
1	企业或个体工商户营业执照	
2	资质证书	
3	银行开户证明或银行资信证明	
4	有效质量安全环保管理体系认证证书	
5	申请准入服务近三年的业绩清单和用户评价材料	
6	提供相应服务所必要的设备、仪器、人力资源等情况说明	
7	需要提供的其他相关资料	

注：上述资料提供时，企业法人代表应签字并加盖单位公章（国外供应商应提供相对应的资料，外文版资料应提供相应中文翻译件）。

（2）公司供应商管理职能部门组织对报名的供应商按照“合格供应商准入评审表”（表 5-6）进行必要的符合性、适宜性评审。评审通过后，将相应的供应商列入本单位的“合格供应商名录”。

表 5-6　合格供应商准入评审表

企业名称					
公司性质		所属区域			
地址		联系人			
		移动电话		传真	
注册资本		组织机构代码			
税务登记证号码		工商登记证号码			
供应商类型	□制造商　□代理商　□经销商　□服务提供商				
经营范围					
拟提供产品或服务					
评审内容： 1.资质：□营业执照　□资质证书　□安全生产许可证　□生产许可证　□其他： 2.纳税人类型：□一般纳税人　□小规模纳税人　□其他： 3.产品或服务质量：□有效产品检验合格证　□具备资质的检测机构出具的检测报告 □样品检验和试验合格　□已经使用过，质量良好　□名优产品　□其他： 4.生产供应或服务能力： 5.履约能力： 6.价格： 7.组织机构、管理制度： 8.管理体系认证情况： 9.业绩： 10.信誉、服务及用户反馈意见：□优秀　□良好　□一般　□差 11.其他：					
评审结论：□通过　□不通过 评审人： 年　月　日					
公司审批意见：□同意　□不同意　□其他 批准人： 年　月　日					

(3)对合格供应商实行供应目录管理，不得向供应商采购许可供应目录范围以外的产品或服务。合格供应商的供应目录不得超越其经营许可范围。合格供应商新增供应目录外产品和服务时，按新增合格供应商的评审程序进行评审。做好合格供应商名录的动态管理和评价工作，数量不足时，应及时招募；出现不良行为的，应及时认定；年度评价不合格的，应从合格供应商名录中除名。

四、供应商的评价管理

(一)供应商评价

供应商评价分为日常评价和年度评价。

1. 日常评价

日常评价是对供应商供应过程中的产品质量、合同履约、交货、售后服务等做出的即时或阶段性评价。日常评价由项目部负责,在采购、使用过程中对供应商供应产品质量、合同履约等情况进行跟踪管理。

采购单位和需求单位在每笔交易完成或一个结算周期结束后,按照"供应商日常评价表"(表5-7)的评价标准和日常评价分工,对供应商做出客观评价,完成对供应商供应情况的日常评价工作。根据各类产品和服务的采购组织形式和供需关系,确定采购单位和需求单位的评价分工,并发布。

实时归集其所属各单位填写的供应商日常评价表信息,按定制的日常评价模型自动生成供应商的日常评价得分,评价得分以适当方式公示。日常评价作为对供应商年度评价的重要依据,纳入供应商年度评价指标。

表5-7 供应商日常评价表

评价内容	分值	好	中	差	备注(问题描述)
质量	30	当期交货全部合格,使用中未出现质量问题	当期交货和或使用中出现一次不合格但能及时解决	当期交货和使用中出现一次不合格不能及时解决或出现两次及以上不合格	
交货及时性	20	交货及时	催告一次能及时交货且未影响生产经营	催告两次以上或影响生产经营	
交货准确性	10	规格、数量准确且技术证明文件齐全	规格、数量不准确或技术证明文件不齐全但能及时解决	规格、数量不准确或技术证明文件不齐全且不能及时解决	
应急保障	15	零星或应急订货能及时满足	零星或应急订货能部分满足	零星或应急订货完全不能满足	
售后服务	15	按合同约定进行技术培训、安装调试和其他售后服务项目	基本能按合同约定进行技术培训、安装调试和其他售后服务项目	不能合同约定进行技术培训、安装调试和其他售后服务项目	
问题处理	10	接到整改通知,及时按要求整改	接到整改通知,整改不及时或整改效果不理想	接到整改通知,不能及时整改或整改无效果	

2. 年度评价

年度评价是对供应商的综合实力、日常供应情况和总体价格水平等做出的定期评价。

每年初，公司供应商管理职能部门应对本级管理的上一年度有交易的各类供应商进行一次年度评价，填写“供应商年度评价表”(表 5-8)，作为更新“合格供应商名录”的依据。

对于公司管理的合格供应商，年度评价合格的，列入本年度合格供应商名录；年度评价优秀的，推荐至上级公司作为优质供应商和战略供应商储备资源。

对供应商的考核采取日常管理与年度考核相结合的方式。经考核存在不良行为，认定为不合格的，列入黑名单，限期内不得使用。

表 5-8　供应商年度评价表

序号	评价项目	评价内容	分值	评分标准	得分
1	综合实力(15 分)	生产与保障供应能力	7	企业具有良好的市场信誉，知名度较高得 1 分，否则不得分；企业生产及销售规模处于国内同行业前列得 2 分，其余酌情扣分；企业销售网络覆盖全国各个区域得 2 分，覆盖部分区域得 1 分，仅覆盖本区域不得分；企业在销售网络覆盖范围内均建立有自己的物流配送中心得 2 分，部分建立得 1 分，未建立不得分	
		财务状况	4	资产负债率低于 60%的得 2 分，60%～80%得 1 分，高于 80%的不得分；存货周转率高于 8 次的得 1 分，5～8 次得 0.5 分，低于 5 次的不得分；流动比率大于 2 的得 1 分，1～2 得 0.5 分，小于 1 的不得分	
		技术与研发能力	4	企业拥有自己的研发团队得 1 分，否则不得分；拥有国家级新产品、新技术认证证书、专利证书的得 2 分，否则不得分；属技术创新企业得 1 分，否则不得分	
2	供货业绩(10 分)	交易数量	10	考核期内同类产品或服务该供应商供应总量排在公司前三名的得 10 分，其余按次序酌情扣分	
3	价格水平(15 分)	价格优势	12	同类产品或服务多个供应商的价格按最低为基准，每高出 2%扣 1 分，扣完为止	
		抗风险能力	3	能有效把握市场价格变化，降低供应成本，产品售价能稳中有降得 4～5 分；价格基本保持稳定，偶尔涨价得 2～3 分；供应商经常提出涨价愿望，但价格还可以保持在合理水平的得 0～1 分	
4	日常评价(60 分)	日常评价	60	按所占分值比例折算，该项得分＝日常评价得分×0.6	
合计			100		

(二)供应商限制交易管理

不良行为是指供应商在参与采购活动、合同签订及履行、售后服务和产品质量等方面,违反有关法律、法规、规章或合同约定的行为。根据供应商不良行为的严重程度,采取不同的处罚措施。以××公司供应商限制交易管理规定为例:

1. 不良行为的认定

不良行为按照严重程度分为一般不良行为、较大不良行为和重大不良行为。经认定后,分别给予为期 3 个月至 2 年不等的限制交易处理,具体认定标准和限制交易期限见表 5-9。

表 5-9 供应商不良行为认定标准和限制交易期限表

分类	编号	认定标准	限制交易期限	备注
一般不良行为	1	接到成交通知书后,因供应商原因未按通知时间签约的,经催告后,在规定时间内仍未签约的	3 个月	
	2	未按规定提供履约保证金的		
	3	因供应商原因未按需求计划及时交货,经催告后,在合理时间内仍未供货的		
	4	交货验收时,未及时提供技术证件,经催告后,在合理时间内仍未提供的;或提供的产品技术证件与所供应产品不符,不能及时纠正的		
	5	现场验收产品质量不合格,不能及时解决的		
	6	交货验收后发现问题,经告知后未采取有效应对措施处理的		
	7	提供不合格票据办理结算,经告知后未及时处理的		
较大不良行为	8	恶意报价、恶意诽谤、诬告或陷害其他竞争对手的	6 个月	
	9	无正当理由拒不签约或拒不履行合同的		
	10	因未按需求计划及时交货,经两次及以上催告且导致停工待料的		
	11	外部单位抽检质量不合格的		
	12	恶意起诉的		
	13	违约及其他不当行为给我方造成 10 万元及以上损失的		

续表

分类	编号	认定标准	限制交易期限	备注
重大不良行为	14	以各种方式弄虚作假，骗取成交的	1～2年	
	15	相互串通投标的		
	16	有贿赂公司员工行为的		
	17	违反合同约定进行分包、转包的		
	18	因未按需求计划及时交货，经两次及以上催告且导致工期延误的		
	19	因产品质量问题造成工程质量缺陷、安全质量事故或重大不良影响的		
	20	违约及其他不当行为给我方造成50万元及以上损失的		

因产品或服务质量问题被认定为不良行为，对该供应商出现质量问题的产品或服务采取限制交易措施；供应商为代理商或经销商时，可对制造商的该类产品一并采取相应限制交易措施。若认定为重大不良行为，应对该供应商的所有产品和服务采取限制交易措施。

对于供应商在采购活动、履约过程中出现的不良行为，采购单位应及时填写“供应商不良行为记录表”(表5-10)，履行不良行为告知程序，组织复核供应商提出的异议及申诉，并按照相关管理规定进行合理认定，持续净化采购渠道。

对于因采购单位欠款导致的法律诉讼，如供应商未索取高额违约金或高额利息、未采取查封账户等过激行为，采购单位不应将其认定为不良行为；对于已认定为不良行为且在限制交易期内的，应解除限制。

2. 不良行为供应商的限制交易

公司对出现不良行为、年度评价不合格或被两家及以上采购单位年度评价不合格的供应商采取限制交易措施。

出现以下情形之一的供应商，经采购管理部门核实并报公司分管领导审批后，可列入公司限制交易供应商名单：①被公司认可的企业和政府机构列入限制交易名单；②公司对其年度评价结果为不合格；③同时被两家(含)以上采购单位列入限制交易名单；④两家(含)以上采购单位对其年度评价结果为不合格。

被列入“限制交易供应商名单”的供应商，限制交易期内禁止其参与公司新的采购活动；对已达成成交意向但尚未发放成交通知书的，取消其成交资格；已发放成交通知书或已签合同的，按采购文件或合同规定办理；需继续履行合同的，采购单位要加强监管和控制，并备案。限制交易期满后，供应商采购活动应重新履行相应的评审准入程序。

表 5-10 供应商不良行为记录表

单位名称：

<table>
<tr><td>供应商名称</td><td colspan="3"></td></tr>
<tr><td>产品或服务类别</td><td></td><td>供应商类别</td><td></td></tr>
<tr><td>供应项目名称</td><td colspan="3"></td></tr>
<tr><td>不良行为类别</td><td></td><td>不良行为编号</td><td></td></tr>
<tr><td>不良行为认定内容</td><td colspan="3"></td></tr>
<tr><td>处理建议</td><td colspan="3"></td></tr>
<tr><td colspan="4">采购单位审批意见：
单位负责人： 年 月 日</td></tr>
<tr><td colspan="4">公司管理职能部门审批意见：
部门负责人： 年 月 日</td></tr>
<tr><td>备 注</td><td colspan="3"></td></tr>
</table>

五、供应商关系管理

(一)供应商关系管理的含义

传统的企业与供应商的关系是一种短期的、松懈的、互为竞争对手的关系。在这样的基本关系下，采购企业和供应商的交易如同“0－1”对策，一方所得即为另一方所失。与长期互惠相比，短期内的优势更受重视。采购企业总是试图将价格压到最低，而供应商总是以特殊的质量要求、特殊服务和订货量的变化等为理由尽量提高价格。哪一方能取胜主要取决于哪一方在交易中占上风。

相反，企业与供应商的另一种关系模式——合作模式，即企业与供应商的战略同盟关系，如今受到了越来越多企业的重视。合作模式是存在于企业与其供应商之间的、双方合作的、长期的产品交易关系，是一种基于相互信任，通过彼此间的信息沟通，实现风险共担和利益共享的一种企业合作关系。双方通过精诚合作所产生的利益比各自独立运作所产生的利益更大，是一种“1＋1＞2”的对策。

供应商关系管理（supplier relationship management，SRM），是企业供应链上的一个基本环节，建立在对企业的供应商（包括原料供应商、设备及其他资源供应商、服务供应商等）以及与供应相关信息的完整有效的管理与运用的基础上，是对供应商的现状、历史、提供的产品或服务、沟通、信息交流、合同、资金、合作关系、合作项目，以及相关业务决策等进行的综合性管理工作的总称。

正如客户关系管理（customer relationship management，CRM）是用来改善与客户的关系一样，供应商关系管理是用来改善与供应链上游的供应商关系的，是一种致力于与供应商建立和维持长久、紧密伙伴关系，旨在改善企业与供应商之间关系的新型管理机制。供应商关系管理实施于围绕企业采购业务的相关领域，其目标是通过与供应商建立长期、紧密的业务关系，整合双方资源和竞争优势，共同开拓市场，扩大市场需求和份额，降低产品前期的高额成本，实现双赢的企业管理模式。供应商管理是以多种信息技术为支持和手段的一套先进的管理软件和技术，将电子商务、数据挖掘、协同技术等紧密结合在一起，为企业产品的策略性设计、资源的策略性获取、合同的有效洽谈、产品内容的统一管理等过程提供了一个优化的解决方案。实际上，它是一种以“扩展协作互助的伙伴关系，共同开拓和扩大市场份额，实现双赢”为导向的企业资源获取管理的系统工程。

合作伙伴供应商：供应商在一个特定长的时间内与其客户就某些产品和服务达成一定的承诺和协议，包括信息共享，分享和分担由于伙伴关系带来的利益和风险。也就是说，伙伴的概念必须建立在合作和信任之上。伙伴关系是指在没有共同所有权的情况下达到横向系统集成和业务集成的效果。

（二）战略采购

战略采购是与供应商建立“合作共赢、风险共担”的新型伙伴关系。目前，大型建筑企业均已尝试采用战略采购模式。

1. 战略采购的定义

战略采购是指股份公司根据战略发展需要，通过与行业领先或对市场有重要影响力的供应商建立长期稳定的合作伙伴关系，实现供需双方互惠共赢，提高核心竞争力的一种高层次采购方式，适用于股份公司物资、机械设备、办公用品、计算机设备、商旅服务、外包服务、周转材料和机械设备租赁等产品和服务的采购。

2. 机构与职责

公司采购管理领导小组：战略采购立项审批，战略采购方案和采购协议的审定。

公司采购管理部门：战略采购立项，组建战略采购专业工作小组（以下简称“专业工作组”），组织战略采购供应商的遴选与考察，协议谈判与签订，监督采购协议实施，供应商管理与采购效果评价。

战略采购专业工作组：受采购管理部门委托，负责战略采购方案拟订、供应商的考察与推荐、采购协议谈判等工作。

公司采购管理部门：负责战略采购相关工作，组织所属需求单位融入战略采购体系。

公司下属采购服务机构：协助采购管理部门做好公司层面相关产品或服务的战略采购立项、供应商遴选、协议谈判等工作，负责战略采购协议的具体实施。

3. 工作程序

（1）战略采购立项。采购管理部门根据公司发展战略需要或各类产品和服务的采购实际情况，提出战略采购项目，开展市场调查，编制战略采购可行性分析报告，经公司采购管理领导小组论证后进行战略采购立项。

（2）采购需求确定。专业工作组在可行性分析报告基础上，根据需要进一步收集相关资料，明确采购项目的供应范围、质量技术标准、供应规模、价格控制目标、收益预期、融资要求、技术支持等采购需求，作为战略供应商选择与协议谈判的基础。

（3）供应商尽职调查。

①供应商资格条件设定：专业工作组根据战略采购需求和市场调查，设定战略采购供应商的行业影响力、生产供应能力、质量保障能力、价格控制能力、技术研发能力、财务能力、供应业绩、服务水平等资格条件。

②供应商考察名单确定：专业工作组根据满足供应商资格条件的潜在供应商数量、分布情况，提出供应商考察建议名单，报采购管理部门审核。

（4）战略合作模式审议。采购管理部门根据实际需要提出合作模式建议，报采购管理领导小组审议。战略合作模式有协议采购、参股、组建合资公司等。

（5）战略采购方案编制。专业工作组根据前期工作情况编制战略采购方案，经采购管理部门审核后，报公司采购管理领导小组审定。战略采购方案应包括：①战略采购需求；②供应商考察名单；③考察内容与考察方式；④经审议的战略合作模式；⑤协议谈判内容及重点；⑥协议执行主体与实施要点。

（6）战略采购协议谈判。专业工作组根据采购方案确定的谈判内容和重点，与确定的供应商逐一进行谈判，分事项形成谈判记录，编制谈判报告，确定战略供应商名单。

（7）战略采购协议签订。专业工作组拟定战略采购协议，经采购管理部门审核后，报公司采购管理领导小组审定。战略采购协议由公司与供应商签订，也可授权采购服务机构签订。如需参股或组建合资公司，在协议签订前还须按公司规定履行相关决策程序。

(8)战略采购协议履行。采购管理部门根据战略采购协议，组织制定品类产品和服务战略采购供应实施细则，明确采购供应实施主体、需求归集方式、供应组织流程和资金结算方式等，并监督实施。

公司下属采购服务机构按战略采购协议和相应的实施细则，做好需求归集、供应组织和资金结算等具体工作。

(9)战略采购效果评价与优化。采购管理部门组织定期收集战略合作协议履行情况，对供应保障、供应价格、预期收益和融资规模等战略目标的实现情况进行分析，评价战略合作成果。对满足预期目标的供应商，保持或扩大其供应规模；对未实现预期目标的供应商，限制其供应规模，直至提请公司解除战略合作关系，以实现战略采购的持续优化。

第七节　物资合同管理

一、合同概述

1. 合同的定义

合同也称为契约，是平等主体的自然人、法人、其他组织之间设立、变更、终止民事权利义务关系的协议。

2. 合同的特点

(1)订立合同的双方当事人法律地位平等。这是合同作为民事法律关系的一个重要特征。当事人法律地位平等，首先要求主体双方在平等的基础上充分谈判，自愿订立合同。合同的内容要反映当事人的真实意志，一方不得将自己的意志强加给另一方。其次，合同当事人无论是法人、其他组织还是公民，也无论其所有制和隶属关系如何，在订立合同时双方的法律地位都是平等的。最后，法律地位平等还要求合同当事人双方平等地享受权利、承担义务。

(2)合同是双方当事人之间意思表示一致的结果。

(3)订立合同是一种法律行为，合同的内容必须合法，否则合同无效。

(4)合同具有法律约束力，双方必须按照约定履行各自的义务。合同的法律效力主要表现在两个方面：①合同一经依法成立，就受到国家法律的保护，当事人必须按照约定履行自己的义务；②对于依法成立的合同，当事人任何一方均不得擅自变更或解除，否则就要承担违约责任。

3. 经济合同

经济合同是指法人之间、法人与其他经济实体之间或其他经济实体之间为实现一定的经济目的，明确相互之间的权利义务关系的协议。

经济合同有以下几个特点。

(1)经济合同的主体主要是法人。法人是具有民事权利能力和民事行为能力的，依法独立享有民事权利、承担民事义务的组织。这里的法人主要指企业法人。

(2)经济合同是为实现一定的经济目的而签订的协议。因此，经济合同区别于一般的民事合同。经济合同是有偿合同。

(3)经济合同一般都应采取书面形式。

(4)经济合同受到国家经济政策的影响。

二、采购合同

(一)采购合同的含义

采购合同是指具有平等主体的自然人、法人、其他组织之间为实现生产、工程物资的买卖，设立、变更、终止相互权利义务关系的协议。依照协议，出卖人转移生产、工程物资的所有权于买受人，买受人接受生产、工程物资并支付价款。采购合同一般分为物资采购合同和设备采购合同。采购合同属于买卖合同，具有买卖合同的一般特点，即以转移财产的所有权为目的，以支付价款为结价。

合同是一种重要的约束和控制手段，可以减少风险。一方一旦违约，给对方造成损失，应根据合同条款，向对方提供赔偿。如果不愿意赔偿，受害方则可以提交法院进行裁决处理。

采购合同是采购方与供应方经过谈判一致同意而签订的调整供需关系的协议。它是双方解决纠纷的依据，也是法律上双方权利和义务的证据，双方当事人都应遵守和履行采购合同。物资采购方向物资出卖方支付一定金额，而物资出卖方按照约定时间、期限、数量、质量与规格向采购方交付物资。有时，订购物资的生产周期较长，因此物资采购合同的期限也较长，有时则分期分批成交。

(二)采购合同的性质

采购合同是具有权利义务内容的经济合同。合法有效的合同有法律的约束力，对合同双方当事人有法律效力，可以强制执行，违反合同必须承担法律责任。合同规定双方当事人的义务，是双方当事人在平等的地位上，依据各自的自由意志选择的结果。合同当事人在签订合同时意思表示自愿、真实。在市场经济体制下，合同是商品交换的法律表现形式，只要存在物资的平等交换就有合同。在企业的经营活动中，合同的地位会越来越重要。

(三)采购合同的内容

采购合同的内容，也称采购合同的条款，是指合同双方当事人的具体权利和具体义务。一份采购合同主要由首部、正文与尾部三部分组成。

1. 首部

首部主要包括以下内容。

(1)名称，如生产用物资采购合同、品质协议书、设备采购合同、知识产权协议、加工合同。

(2)编号，如 2018 年第 1 号。

(3)签订日期。

(4)签订地点。

(5)买卖双方的名称。

2. 正文

采购合同的内容通常包括以下几个方面。

(1)商品名称。商品名称是指所要采购商品的名称。

(2)品质。品质是指商品所具有的内在质量与外观形态的结合。该条款的主要内容有规格、型号、等级、花色、是否成套设备等。

(3)数量。数量是指用一定的度量制度来确定买卖商品的重量、数量、长度、面积、容积等。该条款的主要内容有交货数量、单位、计量方式等。

(4)单价与总价。单价与总价是指交易商品的每一单位的价格和总金额。

(5)包装及运输方法。包装与物资的品质有密切的关系，可影响物资的验收作业。因此，采购时应将包装方式列为协议内容之一，并对包装材质(如纸箱纸质)、衬垫(如发泡胶等)等加以规定。运输工具的选择(如汽车、火车、轮船或飞机)及运输路线的决定，均会影响运费和交货时间等。因此，采购协议中应对运输方法应该加以明确。

(6)付款方法。付款方法在采购协议当中是一个重要的内容。如果企业资金较为充裕，可用现金购买，从而可在价格、交货期或其他条件上获得补偿；如果资金周转较为困难，可分期付款；有些较难采购的物料，初次合作也有预付订金的方式。付款方法还可用来管理供应商，对于优秀供应商，转账支票的到期时间短，反之则长。

(7)交货时间。在合同中交货时间是指履行合同标的和价款的时间界限。合同履行期限分为合同的有效期限和合同的履行期限。合同的有效期限是指合同有效时间的起止界限，如长期合同、年度合同、季度合同等。合同的履行期限是指实现权利义务的具体时间界限。采购合同的有效期限可能是1年，但可以按月、按季分期履行。合同中的履行期限必须具体、明确。此外，在合同规定的交货期到达时，供货方发送货物后应通知收货人。

(8)交货地点。交货地点是指交付或提取标的的地点。合同中必须对交货地点做出明确规定。在采购合同中，由供方送货或者采用代办托运的，交货地点为产品发送地；需方自提的，交货地点为产品的提货地。需方若要求变更交货地点或收货人，应于合同约定交货之日前通知供方。

(9)交货方式。采购合同的交货方式有送货、自提和代运3种方式。送货方式一般供方承担，一切风险由供方自己负责；自提方式由需方按照合同规定的时间、地点自行提货；代运方式是指需方委托供方代办托运，代办托运应明确规定运输方式、运输工具、运输路线及到达站(港)的准确名称、运杂费的承担等。

(10)交货单位名称或交货人姓名，收货单位名称或收货人姓名。

(11)物资的验收。需方接到供货后，对物资质量和数量的查验方法，验收的地点和方法应在合同中明确规定。

(12)违约责任。对品质欠佳、交货期延误、交货数量不足、服务水准低等违约现象，应在协议中规定处理方法。

(13)不可抗力的处理。不可抗力是指在合同执行过程中发生的、不能预见的、人力难以控制的意外事故，如战争、洪水、台风等。对因不可抗力因素造成的违约，应在协议中规定处理方法。

(14)合同的附则及其他条款。如规定合同履行过程中出现争议时是否提交仲裁，合同签订的理由出现变更时，合同部分条款变更或解除的方法。

3. 尾部

合同的尾部包括合同的份数、使用语言及效力、附件、合同的生效日期、双方的签字盖章。

(四)采购合同的类型

采购合同可分为物资采购合同和设备采购合同，两者的区别主要在于标的。

1. 物资采购合同

物资采购合同是指平等主体的自然人、法人、其他组织之间，以工程项目所需物资为标的，以物资买卖为目的，出卖人(简称“卖方”)转移物资的所有权于买受人(简称“买方”)，买受人支付物资价款的合同。

物资采购按所需物资不同，又可以分为一般货物采购合同、钢材采购合同、水泥采购合同、混凝土采购合同、砂石料采购合同等。

物资采购合同的主要条款如下：

(1)双方当事人的名称、地址，法定代表人的姓名。委托代理订立合同的，应有授权委托书并注明委托代理人的姓名、职务等。

(2)合同标的。合同标的是供应合同的主要条款，主要包括采购物资的名称(注明牌号、商标)、品种、型号、规格、等级、花色、技术标准等，这些内容应符合设计图纸的规定。

(3)技术标准和质量要求。质量条款应明确各类物资的技术要求、试验项目、试验方法、试验频率以及国家法律规定的国家强制性标准和行业强制性标准。

(4)物资数量及计量方法。物资数量的确定由当事人谈判，应以物资清单为依据，规定交货数量的正负尾差、合理磅差和在途自然减(增)量及计量方法，计量单位采用国家规定的度量标准。计量方法按国家的有关规定执行，没有规定的，可由当事人谈判执行。一般建筑物资数量的计量方法有理论换算计量、检斤计量和计件计量，具体采用何种方式应在合同中注明，并明确规定相应的计量单位。

(5)物资的包装。物资的包装是保护物资在储运过程中免受损坏的不可缺少的环节。包装条款应包括包装的标准和包装物的供应及回收。包装标准应规定物资包装的类型、规格、容量以及印刷标记等。物资的包装标准可按国家和有关部门规定的标准签订，当事人有特殊要求的，可由双方商定标准，但应保证物资包装适合物资的运输方式，并根据物资点采取防潮、防雨、防锈、防振、防腐蚀等保护措施。同时，合同中应规定提供包装物的当事人及包装品的回收等。除国家明确规定由买方供应外，包装物应由卖方负责供应。包装费用一般不得向买方另外收取；如买方有特殊要求，双方应当在合同中商定。如果包装费超过原定的标准，超出部分由买方负担费用；低于原定标准的，应相应降低产品价格。

(6)物资交付方式。物资交付可采取送货、自提和代运 3 种不同方式。由于工程用料大、体积大、品种繁杂、时间性较强，当事人应采取合理的交付方式，明确交货地点以便及时、准确、安全、经济地履行合同。

(7)物资的交货期限。物资的交货期限应在合同中明确约定。

(8)物资的价格。物资的价格应在订立合同时明确，可以是约定价格，也可以是政府价或指导价。

(9)结算。结算是买卖双方对物资货款、实际交付的运杂费和其他费用进行货币清算和了结的一种形式。我国现行结算方式分为现金结算和转账结算两种。转账结算在异地之间进行，有托收承付结算、委托收款结算、信用证结算、汇兑结算和限额结算等方法；转账结算在同城进行，有支票结算、委托付款结算、托收无承付结算和托收承付结算等方式。

(10)违约责任。在合同中，当事人应对违反合同所应承担的经济责任做出明确规定。

(11)特殊条款。如果双方当事人对一些特殊条件或要求达成一致意见,也可在合同中明确规定,成为合同的条款。当事人对以上条款达成一致意见并形成书面文件后,经当事人签名盖章即产生法律效力;若当事人要求鉴证或公证,则经鉴证机关或公证机关盖章后方可生效。

(12)争议的解决方式。

2. 设备采购合同

设备采购合同是指平等主体的自然人、法人、其他组织之间,以工程项目所需设备为标的,以设备买卖为目的,出卖人(简称"卖方")转移设备的所有权于买受人(简称"买方"),买受人支付设备价款的合同。

设备采购合同主要包括以下条款。

(1)术语。

合同:买卖双方签署的载明的买卖双方所达成协议的文件,包括所有的附件、附录和构成合同的所有文件。

合同价格:根据合同规定,买方在卖方完全履行合同义务后应付的价款。

货物:根据合同规定,卖方须向买方提供的一切机械、仪表、备件、工具、手册和其他技术资料。

服务:根据合同规定,卖方承担与供货有关的辅助服务,如运输、保险、安装、调试、技术支持、培训以及其他服务。

买方:根据合同规定支付货款的需方的单位。

卖方:根据合同规定提供货物和服务的具有法人资格的公司或其他组织。

(2)技术规范。除应注明成套设备系统的主要技术性能外,还要在合同后附各部分设备的主要技术标准和技术性能的文件。提供和交付的货物和技术规范应与合同文件的规定相一致。

(3)专利权。若合同中的设备涉及某些专利权的使用问题,卖方应保证买方在使用该货物或其他任何一部分时不受第三方提出侵犯其专利权、商标权和工业设计权的起诉。

(4)包装要求。卖方提供货物的包装应适应于运输、装卸、仓储的要求,确保货物安全无损运抵现场。此外,包装箱内应附一份详细装箱单和质量合格证,包装箱表面应作醒目的标志。

(5)装运条件及装运通知。卖方应在合同规定的交货期前 30 天以邮件或传真形式将合同号、货物名称、数量、包装箱号、总毛重、总体积和备妥交货日期通知买方。同时,将详细交货清单以及对货物运输和仓储的特殊要求和注意事项通知买方。如果卖方交货超过合同的数量或重量,产生的一切法律后果由卖方负责。

卖方在货物装完 24 小时内以邮件或传真的方式通知买方。

(6)保险。根据合同采用的不同价格，由不同当事人办理保险业务。出厂价合同，货物装运后由买方办理保险。目的地交货价合同，由卖方办理保险。

(7)支付。合同中应规定卖方交付设备的期限、地点、方式，并规定买方支付货款的时间、数额、方式。卖方按合同规定履行义务后，可按买方提供的单据，交付资料一套(寄给买方)，并在发货时另行随货物发运一套。

(8)质量保证。卖方须保证货物是全新的、未使用过的，并完全符合合同规定的质量、规格和性能的要求。在货物最终验收后的质量保证期内，卖方应对由设计、工艺或物资的缺陷而导致的任何不足或故障负责。

(9)检验与保修。在发货前，卖方应对货物的质量、规格、性能、数量和重量等进行准确而全面的检验，并出具证书，但检验结果不能视为最终检验。成套设备的安装是一项复杂的系统工程，安装成功后，试车是关键。因此，合同中应详细注明成套设备的验收办法，买方应在项目成套设备安装后验收。某些必须安装运转后才能发现内在质量缺陷的成套设备，除另有规定或当事人另行商定提出的异议的期限外，一般可在运转之日起 6 个月内提出异议。成套设备是否保修、保修期限、费用负担者都应在合同中明确规定。

(10)违约罚款。在履行合同过程中，如果卖方遇到不能按时交货或提供服务的情况，应及时以书面形式通知买方，并说明不能交货的理由及延误时间。买方在收到通知后，经分析可通过修改合同，酌情延长交货时间。如果卖方毫无理由地拖延交货，买方可没收履约保证金，加收罚款或终止合同。

(11)不可抗力。发生不可抗力事件后，受事故影响一方应及时以书面形式通知另一方，双方通过谈判延长合同履行期限或解除合同。

(12)履约保证金。卖方应在收到中标通知书 30 天内，通知银行向买方提供相当于合同总价 10％的履约保证金，其有效期到货物保证期满为止。

(13)争议解决。执行合同中发生的争议，双方应通过友好的谈判解决或请第二方调解解决；不能解决时，可以申请仲裁或提起诉讼，具体解决方式应在合同中明确规定。

(14)破产终止合同。卖方破产或无清偿能力时，买方可以书面形式通知卖方终止合同，并有权请求卖方赔偿有关损失。

(15)转让或分包。双方应就卖方能否完全或部分转让其应履行的合同义务达成一致意见。

(16)其他，包括合同生效时间、合同正副本份数、修改或补充合同的程序等。

三、合同管理的标准及流程

1. 合同管理的重要性

建设工程物资采购在建设工程项目实施中具有举足轻重的地位，是建设工程项目建设成败的关键因素之一。从某种意义上来看，采购工作是项目的物质基础。这是因为，在一个项目中，设备、物资等费用占整个项目费用的主要部分；同时，项目的计划和规划必须体现在采购之中。如果采购到的设备、物资不符合项目设计或规划要求，必然降低项目的质量或导致项目的失败。

合同管理从法律上约束当事人双方在物资采购执行中严格履行双方的权利和义务，认真地完成采购工作，依照合同价格成交，从根本上保证物资采购工作的顺利进行。因此，建设工程物资采购合同管理在建设工程项目的实现过程中具有重要作用。

2. 合同管理工作标准

(1)按照上级发布的合同范本(参考附录三)起草合同，保证合同文本规范性。

(2)执行合同内部评审及报审制度，保证合同签订的合规性。

(3)依法签订合同，保证合同的合法性。

(4)严格执行合同，保证合同的有效性。

(5)建立合同管理台账，保证基础资料的完整性。

3. 合同管理流程

(1)合同签订前，应当对拟签订合同对方主体的资质、信誉及履约能力进行必要的调查。

(2)项目物资部根据市场调查情况对拟采购的物资进行市场采购、网络竞价采购、邀请招标或参与集中招标采购、战略采购。若进行招标采购、战略采购，招标结果应报上级物资部门，经批准后，根据局或公司制定的合同示范文本，拟定合同草案。

(3)合同评审执行二级评审制度。合同草案经项目部合同评审小组内部评审通过后，上报公司各相关部门评审。

(4)项目物资部根据公司的合同评审意见，对合同进行修改。合同定稿后交由项目经理审核、签字，物资部长作为合同经办人签字。

(5)合同执行完毕应及时对合同进行封闭。

4. 合同评审

物资合同评审执行二级评审制度。项目部的物资合同由项目组织评审后报上级公司复审，公司的物资合同由业务经办部门评审后报公司合同评审小组复审。合同评审应形成记录，经办部门应组织按评审意见修改完善合同。

(1)项目经理部应成立合同评审小组,小组成员由项目项管会成员及合同经办人组成。项目物资部长是物资采购、租赁合同评审的主责人。

(2)合同经办人参照物资合同范本起草、编制合同初稿,项目物资部长审核修改后提交合同评审小组进行评审,书面形成“合同评审表”,合同经办人根据评审意见对合同进行修改,交由物资部长审核。

(3)合同经办人通过成本管理系统将经过内部评审的合同文本上报公司相关部门进行二级评审。公司物资管理部门是合同管理主责部门,负责汇总评审意见并将意见反馈给合同上报单位。

(4)项目物资部长根据公司的评审意见与供应商进行谈判,确定合同文本。其中,价格、质量、验收方式、支付、诉讼管辖等合同关键性条款必须按公司审核的意见执行。

5. 合同签订

物资合同经评审后由合同签订单位组织签订,合同签订后,签订单位物资管理部门应完善合同台账、采购文件、成交通知书、往来函件、有关图表、技术标准等合同基础资料。

(1)订立合同前,项目物资部长应当详细了解、调查、掌握对方的下列情况:①主体资格是否真实、合法;②资信情况是否全面、可靠;③是否有履约能力;④对方代理人的代理事项、权限和代理期限;⑤供货质量是否有保证等。

(2)项目经理部签订合同前应要求对方提交企业法人营业执照、资质证书、安全生产许可证、法定代表人身份证明书、法定代表人授权委托书、质量证明物资、业绩证明物资等作为合同附件。资料为复印件的,应当加盖单位公章。

(3)签订合同必须采用书面形式,合同双方签字人必须为法定代表人或法定代表人授权委托人。项目经理可作为合同的授权委托人在合同上签字,物资部长不得作为授权委托人签订合同。

6. 合同交底

合同签字生效后,项目物资部长作为主责人,就签订的物资合同对本部门人员及相关部门进行针对性交底,交底内容包括:定价模式及计算方法、付款比例及方式、物资验收方法、质量标准、违约责任等。

7. 合同执行

(1)项目物资部应建立合同执行台账。项目物资部长应关注合同执行情况,重点关注履约、供应质量及付款情况,及时化解合同风险,解决合同纠纷。

(2)项目物资部必须严格执行合同条款,当合同数量、单价等重要条款出现变更时,必须报公司物资管理部门审批,并签订补充协议。

(3)合同执行完毕应及时对合同进行封闭,签订封闭协议。

8. 物资结算管理

(1)项目物资部每月20日根据物资到达登记、原始送货凭证、过磅记录等原始资料以及采购合同,与供应商确认本月结算数量、单价、金额。

(2)项目物资部根据核对后的结算单及供应商提供的发票点收入账,项目经理根据物资部提供的原始资料、点收单、发票审批报销,财务部门复核。

(3)公司物资部在成本管理系统中核对采购合同,对采购结算合理性进行审核,并将审批意见反馈到项目部。

(4)项目物资部长根据公司审核意见调整结算金额,在系统中审核通过后,办理最终结算付款。

9. 合同基础资料管理

项目物资部负责合同基础资料的管理工作,包括收集、整理合同资料,建立合同目录,登记、保管与合同有关的单证资料等。

合同基础资料包括但不限于:应要求合同当事人提供的资信资料、来往函件、邮件、传真、招投标文件、中标通知书、合同正本及附件、补充协议、会议纪要、签收单据、合同评审资料、合同登记台账等,以及与合同签订、履行、变更、解除有关的文书、图表、信函及其他有关的物资等。

合同基础资料应当在合同签订完毕15日内统一编号,归档保存。日常工作中应当使用副本或复印件。严禁涂改、毁损合同基础资料。如确需使用合同基础资料原件的,应严格执行审批、借用归还、归档制度,严禁其他人员私自保管合同基础资料、随意出借及对外泄漏合同基础资料中的内容。

合同原件须提交本单位财务部门和公司主责部门存档(各一份)。

四、合同签订应注意的事项

(1)在谈判过程中,应当遵守相关法律法规对要约和承诺的规定。对谈判过程中往来的邮件或传真等数据资料,要妥善保存。如有不同意见,应当在有效时间内及时回复对方,以免因拖延造成损失。

(2)合同要进行编号,签字人要在合同规定处签字并注明签订日期,合同文本要逐页签名。

(3)合同签字盖章后生效,注意加盖骑缝章。

(4)合同的末页应当载有包含相关权利义务的合同条款或"此页无正文"的说明。

(5)严禁将已签字、盖章却无合同条款具体内容的合同末页或空白条款,交、寄给对方签字盖章。严禁出具盖有印章的空白合同书。

(6)严禁以任何形式为协作队伍或其他第三方提供合同担保。

五、租赁合同管理

(一)定义

租赁合同是指出租人将租赁物交付承租人使用、收益,承租人支付租金,并在租赁关系终止后将租赁物返还给出租人的协议。

(二)特征

(1)租赁合同是诺成、有偿、双务合同。租赁合同的成立无须交付标的物,故为诺成合同;承租人必须按照规定或按约定向出租人交付租金,故为有偿合同;出租人有将租赁物按约定交给承租人使用的义务,而承租人有按约定交付租金的义务,故为双务合同。这一特征使之区别于借用合同。

(2)租赁合同的标的物只能是特定的非消耗物。租赁合同的标的物可以是动产,也可以是不动产,但因为承租人必须返还,因此只能是特定的非消耗物。

(3)租赁合同是转移财产使用权的合同。承租人并没有取得对租赁物的所有权。

(4)租赁合同在当事人之间既引起债权法律关系,又引起物权法律关系,即就一般的不动产租赁而言,可导致承租人获得物权性质的租赁权和先买权。

(三)形式

我国《合同法》第二百一十五条规定:租赁期限 6 个月以上的,应当采用书面形式。当事人未采用书面形式的,视为不定期租赁。

据此规定,我国租赁合同的形式为:

(1)租赁期限为 6 个月以下的,可以由当事人自由选择合同的形式。无论采用书面形式还是口头形式,都不影响合同的效力。

(2)租赁期限 6 个月以上的,应当采用书面形式。未采用书面形式的,不论当事人是否约定租赁期限,都视为不定期租赁。

(四)期限

租赁期限原则上由租赁协议的当事人约定。然而,为了防止租赁期限过长,使合同双方当事人受合同约束的状况长期不能改变,从而不利于保护当事人的权益和发挥财产的效用,《合同法》第二百一十四条规定:租赁期限不得超过 20 年。超过 20 年的,超过部分无效。租赁期间届满,当事人可以续订租赁合同,但约定的租赁期限自续订之日起不得超过 20 年。即租赁合同的最长期限(租赁期)为 20 年。

如果当事人对租赁期限没有约定或约定不明确，依我国《合同法》规定，当事人可达成补充协议来确定期限；无法达成补充协议的，按合同的有关条款或交易的习惯来确定；如仍不能确定，视为不定期租赁，当事人可以随时解除合同，但出租人解除合同应当在合理期限之前通知承租人。

对租赁期限为 6 个月以上的，若租赁合同未采用书面形式，即使当事人对租赁期限作了约定，该约定也是无效的，租赁合同仍视为不定期租赁合同。

（五）结构

租赁合同的结构如下：

（1）租赁物的名称、数量、质量和用途。

（2）租金和租金的缴纳期限。

（3）租赁期限。

（4）租赁期间租赁物的维修、保养责任。

（5）出租方与承租方的变更。

（6）违约责任。

（7）争议解决的方式。

（8）当事人约定的其他事项。

（六）义务与权利

1. 出租人的主要义务

（1）按照约定将租赁物交付承租人使用的义务。出租人应按约定将租赁物交付承租人使用。物的使用以交付占有为必要的，出租人应按照约定交付承租人实际占有使用。物的使用不以交付占有为必要的，出租人应使之处于承租人得以使用的状态。如果合同成立时租赁物已经为承租人直接占有，从合同约定的交付时间时起承租人即对租赁物享有使用收益权。

（2）在租赁期间保持租赁物符合约定用途的义务。出租人不仅要保证租赁物在交付时符合约定的用途，而且应保持在整个租赁期间，租赁物亦符合约定的用途。出租人违反此义务的，应承担违约责任，承租人亦可行使同时履行抗辩权。

（3）维修义务。我国《合同法》第二百二十条规定：出租人应当履行租赁物的维修义务，但当事人另有约定的除外。

（4）瑕疵担保义务。当租赁物有瑕疵或存在权利瑕疵致使承租人不能依约使用收益时，承租人有权解除合同，承租人因此所受的损失，应由出租人承担赔偿责任，但承租人订约时明知有瑕疵的除外。

（5）通知义务。出租人在出卖租赁房屋时应当在出卖之前的合理期限内通知承租人，给承租人考虑是否购买该房屋的时间，以保障承租人的优先购买权。只要承租人未作出放弃优先购买权的表示，出租人不得在这个期限内将该房屋卖给他人。如果出租人违反了该项规定，承租人可以请求人民法院确认该买卖合同不能生效。

优先购买权的实现需要具备下列条件。

①在租赁合同的存续期间。

②在同等条件下购买。同等条件是指承租人与其他购买人在买卖条件上等同，包括买卖的价格、付款的期限和方式等等。在非同等条件下，承租人不能享有优先购买权。

③必须在一定期限内行使。如果出租人通知承租人将要出卖租赁的房屋，并提出了一定的期限，而承租人在合理期限内没有表示购买的意思，则优先购买权丧失。这说明承租人并不想购买该房屋，也就没有保护的必要了。

2. 承租人的主要义务

(1)合理使用租赁物的义务。承租人应按照约定的方法使用租赁物；无约定的或约定不明确的，可以由当事人事后达成补充协议来确定；不能达成协议的，按合同的有关条款或交易习惯确定；仍不能确定的，应按照租赁物的性质使用。承租人按照约定的方法或者租赁物的性质使用租赁物，致使租赁物受到损耗的，属于正常损耗，不承担损害赔偿责任。承租人不按照约定的方法或者租赁物的性质使用租赁物，致使租赁物受到损耗的，实为承租人违约，出租人可以解除合同并要求赔偿损失。

(2)妥善保管租赁物的义务。承租人应妥善保管租赁物，未尽妥善保管义务，造成租赁物毁损、灭失的，应当承担损害赔偿责任。

(3)按期支付租金的义务。承租人应当按照约定的期限支付租金。承租人无正当理由未支付租金或延期支付租金的，出租人可以要求承租人在合理期限内支付。承租人逾期不支付的，出租人可以解除合同。

(4)不得擅自改善或者增设他物的义务。承租人经出租人同意，可以对租赁物进行改善或者增设他物。承租人未经出租人同意对租赁物进行改善和增设他物的，出租人可以要求承租人恢复原状或者赔偿损失。

(5)通知义务。在租赁关系存续期间，出现以下情形之一的，承租人应当及时通知出租人：①租赁物有修理、防止危害的必要；②其他依诚实信用原则应该通知的事由。承租人怠于通知，致出租人不能及时救济而受到损害的，承租人应负赔偿责任。

(6)期满返还租赁物的义务。租赁合同终止时，承租人应将租赁物返还出租人。逾期不返还，即构成违约，须支付违约金或逾期租金，并承担逾期中的风险。经出租人同意对租赁物进行改善和增设他物的，承租人可以请求出租人偿还租赁物增值部分的费用。

3. 承租人的部分权利

(1)转租权。《合同法》第二百二十四条规定:承租人经出租人同意,可以将租赁物转租给第三人。承租人转租的,承租人与出租人之间的租赁合同继续有效,第三人对租赁物造成损失的,承租人应当赔偿损失。承租人转租租赁物须经出租人同意。转租与债的转移不同。转租期间,承租人与出租人的租赁合同继续有效,第三人不履行对租赁物妥善保管义务造成损失的,由承租人向出租人负赔偿责任。承租人未经出租人同意转租的,出租人可以解除合同。

(2)买卖不破租赁权。《合同法》第二百二十九条规定:租赁物在租赁期间发生所有权变动的,不影响租赁合同的效力。据此,在租赁合同有效期间,租赁物因买卖、继承等使租赁物的所有权发生变更的,租赁合同对新所有权人仍然有效,新所有权人不履行租赁义务时,承租人得以租赁权对抗新所有权人,这在学理上称之为"买卖不破租赁"。

(3)收益权。《合同法》第二百二十五条规定:在租赁期间因占有、使用租赁物获得的收益,归承租人所有,但当事人另有约定的除外。收益是指承租人因占有、使用租赁物而获得的效益。收益包括两类:一类是因占有租赁物而产生的收益;一类是因使用租赁物而产生的收益,如承租人从房屋租赁的转租中收取的超额租金,承租人租用汽车经营货物运输获得的收益等等。除当事人在合同中另有约定外,租赁期间承租人占有、使用租赁物获得的收益归承租人所有。这样的规定是由租赁合同的性质决定的。因为租赁合同是出租人将租赁物交付承租人使用、收益,承租人支付租金的合同。这里不仅是使用还包括收益。在有些情况下,承租人重视的是租赁物的使用,租赁本身并不产生收益,如承租人为居住而租赁房屋、家具等;而在有些情况下,承租人租赁的直接目的就是为了收益,如为生产经营租赁机器设备、房屋等。

(七)主要条款

租赁合同的主要条款有:

(1)租金。

(2)租赁的期限。

(3)租赁物的购买和交货条件。

(4)租赁物的灭失与损毁。

(5)保证金与违约条款。

(6)选择权条款。

(7)分租条款。

六、承揽合同管理

(一)定义

承揽合同,是指承揽方按照定作方的要求完成一定工作,并将工作成果交付定作方,定作方接受工作成果并支付约定报酬的协议。承揽合同可分为一般承揽合同和基本建设工程承揽合同两类,前者主要包括加工、修理、印刷、定作、复制等合同,后者主要包括勘察、设计、建筑、安装等合同。

承揽合同的一般法律特征为:①承揽人以自己的设备、技术和劳力独立地为定作人完成一定工作;②其合同标的为具有特定性的工作成果,合同成立时尚不存在,但一经完成后即特定化,具有不可替代性;③承揽物在加工过程中遭受的意外灭失风险由承揽人独立承担。

(二)基本原则

当事人双方应遵守以下基本原则。

(1)承揽方必须具备履约能力和条件。《合同法》中相关条款如下:

第二百五十三条　承揽人应当以自己的设备、技术和劳力,完成主要工作,但当事人另有约定的除外。

承揽人将其承揽的主要工作交由第三人完成的,应当就该第三人完成的工作成果,向定作人负责;未经定作人同意的,定作人也可以解除合同。

第二百五十四条　承揽人可以将其承揽的辅助工作交由第三人完成。承揽人将其承揽的辅助工作交由第三人完成的,应当就该第三人完成的工作成果向定作人负责。

第二百五十五条　承揽人提供材料的,承揽人应当按照约定选用材料,并接受定作人检验。

(2)定作人必须明确提出定作物的品名、数量、质量及其他特殊要求,承揽人不得擅自改变定作人的要求。

(3)当事人双方必须遵守《合同法》的规定,贯彻平等互利、谈判一致、等价有偿的原则,否则视为无效经济合同。

(三)基本特征

承揽合同除具有合同的一般特征外,还具有以下基本特征。

1. 承揽合同的标的是完成一定的工作,并表现为一定的劳动成果

承揽合同是承揽人根据定作方的要求而完成的一定工作,它的标的是工作成果而不是交付的商品或提供的劳务。如加工、定作、修缮、修理、印刷、复制、设计、翻译以及商品性能的测试、检验等，都表现为完成一定的工作，因此，可以成为承揽合同标的。

2. 承揽合同标的是具有特定性质的物，即特定物

承揽合同的标的是根据定作人提出的特殊要求和提供的物资或待修理的商品而完成的物。由于此类产品不属于大批生产的产品，不同于市场上的一般商品，不能用其他商品来代替，因此具有特定性。

3. 承揽人必须自己完成定作方交给的工作任务

《合同法》第二百五十三条规定：承揽人应当以自己的设备、技术和劳力，完成主要工作，但当事人另有约定的除外。这是加工承揽合同基本特征之一。其基本要求是：①承揽人必须具有能够独立完成定作人交给的工作任务的基本条件（包括：设备、技术和劳力）；②承揽方必须由其自己来完成定作人交给的工作任务的主要部分；③不经定作方同意不得转交给第三方去完成。

4. 承揽人对定作方享有留置的权利

《合同法》第二百六十四条规定：定作人未向承揽人支付报酬或者材料费等价款的，承揽人对完成的工作成果享有留置权，但当事人另有约定的除外。有权行使留置权并不意味着承揽人马上就可以变卖定作物。对此，《中华人民共和国担保法》第八十七条第一款明确规定：债权人与债务人应当在合同中约定，债权人留置债务人财产后，应当在不少于两个月的期限履行债务。债权人与债务人在合同中未约定的，债权人留置债务人财产后，应当确定两个月以上的期限，通知债务人在该期限内履行债务。

5. 承揽人在完成工作或交付工作成果以前，对一切风险承担责任

承揽人在履行合同期间，对定作人的物资、定作物具有占有、管理的责任，不仅对完成工作成果的质量、数量、期限负有全部责任，而且对因不可抗力造成的标的物毁损或灭失，也必须承担一切后果。也就是说，承揽人不得要求定作人给付由此引起的一切经济损失。

（四）主要条款

承揽合同的主要条款是合同的核心部分，主要包括以下几个部分。

1. 品名或项目

承揽合同的品名或项目必须准确、具体，不得含混或模棱两可，不得使用代号，必须注明全称。

2. 数量、质量、包装、加工方法

承揽合同必须写明定作物的数量、执行标准代号、编号和名称。当事人不得签订没有质量要求和技术标准的合同。对于加工定作的商品，需要封存样品的，应由双方代表当面封签，并妥为保存，作为验收依据。

3. 原材料的提供以及规格、数量和质量

由承揽人提供原材料完成工作的，必须依照合同规定的规格、数量和质量选用原材料，并接受定作人的检验。

由定作人提供原材料完成工作的，合同也应当明确规定原材料的数量、质量和规格、原材料的消耗定额以及供料日期、方式和承揽人对原材料的检验。

4. 价款或酬金

价款或酬金是定作人按照合同约定向承揽人支付的代价。对于加工定作商品的价款或酬金，应当按照国家或主管部门的规定执行。国家或主管部门没有规定的，由当事人双方谈判确定。

5. 履行期限、地点和方式

当事人双方应当在合同中明确规定交(提)定作物期限，并按照合同规定履行。对交(提)货日期的计算，合同约定由定作人自提的，承揽人应当在工作完成后，通知定作人提货，承揽人通知定作人提货的日期为交付日期。合同约定由承揽人送交的，以定作人实际接收定作物的日期为交付日期。合同约定由运输部门或者邮政部门代为运送的，以发运定作物时承运部门签发戳记日期为交付日期。

原材料等商品交(提)日期的计算，参照上述办法办理。

6. 验收标准和方法

合同中必须明确、具体规定验收标准和方法。定作人应当按照合同规定的期限验收承揽人所完成的工作。验收前承揽人应当向定作人提交必要的技术资料和有关质量证明。

对于在短期检验难以发现质量缺陷的定作物或项目，应当由双方谈判，在合同中规定保证期限。保证期限内发生的质量问题，除因定作人使用、保管不当等原因而造成质量问题的以外，由承揽人负责修复或退换。

7. 结算方式、开户银行和账号

当事人双方必须在合同中明确、具体规定结算方式、开户银行和账号。

8. 违约责任

当事人双方必须在合同中明确、具体规定违约金计算比例，在法律规定的幅度内，由双方共同确定。

9. 双方约定的其他事项

当事人双方依法就合同的主要条款经过充分谈判达到一致意见以后，必须以书面形式予以表示，这是承揽合同成立的法定形式。经双方法定代表人或经过授权的经办人签章和加盖单位公章或合同专用章后，合同方能生效。其他有关技术协议书、技术资料、图纸等也是合同的组成部分。

10. 争议解决方式

(1)仲裁。有书面合同的,可以向合同签订地的仲裁委员会申请仲裁。

(2)诉讼。《中华人民共和国民事诉讼法》第二十三条规定:因合同纠纷提起的诉讼,由被告住所地或者合同履行地人民法院管辖。《最高人民法院关于适用〈中华人民共和国民事诉讼法〉若干问题的意见》同时规定:加工承揽合同,以加工行为地为合同履行地,但合同中对履行地有约定的除外。依据上述两项法律规定,加工承揽合同纠纷应由合同中约定的履行地(如安装地)或实际履行地(如加工定作所在地)法院管辖。

第六章　物资贸易管理

1978年以来，中国的外向型经济取得了举世瞩目的成就，特别是加入WTO以后，中国经济加速融入世界经济一体化。2017年，中国再次超越美国成为全球货物贸易第一大国。在迅速成为贸易大国的同时，中国还是世界投资目的地大国和制造业生产大国，因此中国经济备受世界关注。

大国国内贸易能够激发大国优势，因此不必也不能够像小国那样可以纯粹依靠国际市场来发展经济。目前，我国国有大型建筑企业的项目机构遍布全国各省级区域，行业内的贸易企业也基本覆盖了国内重要的区域代表城市。依附国家建设发展，物资贸易规模得到了同步提升。但随着产业结构调整，建筑企业内的物资贸易也发生了相应的变化。只有深入分析产业结构变化，更好地掌握建筑业物资需求，才可以适应本企业的物资贸易环境。

贸易的内涵非常宽泛，涉及所有行业和产业。建筑业中的物资贸易的产品以建筑工程所需的大宗物资为主，其市场为完全竞争市场，可以理解为行业内竞争。当贸易越来越自由的时候，贸易成本就会越来越低，从而带动产业区域集中。我们需要重点学习和研究的是本行业内与本企业相适应的物资贸易管理的内容。结合目前建筑施工单位物资贸易的板块的实际发展，本章将从国内贸易的角度研究建筑行业内物资贸易管理的相关内容。

第一节　物资贸易的概念和发展

最初的贸易是一种自发的行为，是人类自身为了满足生存的需要进行的一种物品交易行为。随着全球经济一体化进程的不断加快，贸易的重要性愈发凸显。国家之间的贸易活动，不仅仅是一种经济活动，还是拉动各国政治、经济、文化交流的有效方式。因此，建筑企业在面对纷繁复杂的世界经济环境时，应该理解贸易的概念，了解贸易的发展，在企业的经济活动中认识贸易的特点，更好地把握企业生产管理中的物资采购供应管理。

一、贸易的概念

现代经济理论认为，贸易首先是一种商业行为，其次贸易是贸易的参与者以货品、服务以及知识产权等的交易为目的，以平等、互利、自愿为前提建立的一种经济活动。

现代经济活动中的贸易主要有商品贸易、服务贸易和技术贸易三种类型。在建筑企业内，以上三种贸易业务都有开展，但本章主要学习和研究的是建筑企业在商品贸易和服务贸易中的一些知识和内容。企业的贸易活动要遵循以下原则：

(1)依托主业原则。建筑企业的贸易应依托本企业内的生产经营主业形成的需求优势、产品优势和集中采购供应所形成的资源渠道优势开展。以中国中铁股份有限公司为例，其管理要求贸易业务以系统内部贸易为主。

(2)专业经营原则。即经营主体专业化和经营业务专业化，主体专业化就是仅限于本系统内专业物贸企业，业务专业化就是限于母公司需求和资源优势，具备管控能力的业务。

(3)审慎创新原则。对于供应链金融、金融衍生品相结合的创新型物资贸易业务，要加强研究、评审与风险识别，审慎开展。

(4)规范运作原则。在业务开展时要规范调查分析、评审、合同签订、供应组织、仓储管理、业务授信、效果评价等全流程的管理。

(5)强化监管原则。建立健全的监管体系，明确企业经营范围，制定业务管理制度，做到日程管理业务受控、监管到位。

二、贸易的发展

我国贸易的历史十分悠久。汉代张骞出使西域促成了丝绸之路的开辟与经营，明代郑和下西洋则使中外贸易达到了新的高峰。但由于清朝闭关自守，使国家在一段时期内的经济严重滞后于世界。改革开放以来，我国大力推进多边贸易，东亚区域经济合作以及中国一东盟自由贸易区、中欧自由贸易区和中澳自由贸易区等自由贸易区的建立，使中国重新成为全球货物贸易大国。2013 年 10 月，习近平在印度尼西亚提出共同建设“21 世纪海上丝绸之路”。自此，“一带一路”倡议走进世界视野，逐步引发全球共鸣。这条合作共赢的可持续发展之路，推动着政策沟通、设施联通、贸易畅通、资金融通、民心相通，如今已经越走越宽。

三、推动内贸流通体制改革的措施

当前国际经济贸易形势错综复杂，贸易壁垒高筑，贸易摩擦频发，贸易格局重构，全球贸易发展面临重大挑战。而内需潜力的释放是我国推动自由贸易、应对外部贸易环境变化的最大底气。

2015 年，国务院印发《关于推进国内贸易流通现代化建设法治化营商环境的意见》，明确指出：到 2020 年，基本形成规则健全、统一开放、竞争有序、监管有力、畅通高效的内贸流通体系和比较完善的法治化营商环境，内贸流通统一开放、创新驱动、稳定运行、规范有序、协调高效的体制机制更加完善，使内贸流通成为经济转型发展的新引擎、优化资源配置的新动力，为推进内贸流通现代化夯实基础。

1. 健全内贸流通统一开放的发展体系

(1)加强国内统一市场，降低社会流通总成本。消除市场分割。禁止在市场经济活动中实行地区封锁，禁止行政机关滥用行政权力限制、排除竞争的行为。打破行业垄断。禁止利用市场优势地位收取不合理费用或强制设置不合理的交易条件，规范零售商供应商交易关系。

(2)统筹规划全国流通网络建设，推进区域、城乡协调发展。

(3)构建开放融合的流通体系，提高利用国际国内两个市场、两种资源的能力。

(4)完善流通设施建设管理体系，加强流通领域重大基础设施建设。

2. 增强内贸流通稳定运行的保障能力

(1)完善信息服务体系。强化大数据在政府内贸流通信息服务中的应用。鼓励流通企业开展大数据的创新应用，利用大数据技术推进市场拓展、精准营销和优化服务。推动第三方电子商务平台等企业开放数据资源，规范数据交易行为。

(2)创新市场应急调控机制。健全突发事件应急保供预案。完善商品应急储备体系。增强市场应急保供能力。

(3)构建重要商品追溯体系。完善重要商品追溯体系的管理体制。坚持统一规划、统一标准、分级建设、属地管理的原则。加大商品追溯信息在事中事后监管、行业发展促进、信用体系建设等方面的应用力度，提升追溯体系综合服务功能。

3. 健全内贸流通规范有序的规则体系

(1)加快推进流通立法。完善流通法律制度。推进完善知识产权和商业秘密保护、网络信息安全、电子商务促进等法律制度。健全流通法律法规规章。推动建立公平、透明的行业规则。推进流通领域地方立法。

(2)提升监管执法效能。加强流通领域执法。开展商务综合行政执法体制改革试点。推进行政执法与刑事司法衔接。创新市场监管方式。加强事中事后监管，坚持日常监管和专项治理相结合。

(3)加强流通标准化建设。健全流通标准体系。强化流通标准实施应用。完善流通标准管理。

(4)加快流通信用体系建设。推动建立行政管理信息共享机制。引导建立市场综合信用评价机制。支持建立第三方信用评价机制。

四、建筑企业系统内的贸易

国家为国内贸易制定的发展方向，所有参与内贸活动的企业和相关人员都应有所认识。我们学习国内贸易，必须清楚了解国家对国内贸易的定位和要求。

国家有国内贸易的指导性要求，各个大型建筑企业也有自己的限制要求。例如,中国中铁股份有限公司严禁物贸企业开展融资性贸易业务、"空转""走单"等虚假贸易业务和其他禁止性贸易业务。一切经济活动必须是实事求是的,虚假的短时间的营销额增长违反了国家法律和企业规章制度。因此,行业内已经明确了禁止要求,我们要引起注意。特别说明一下,我们过去的项目上出现过的通过贸易"虚量"结算,是典型的禁止贸易业务,属于严重的违规行为。

结合建筑施工企业的特点,企业的贸易管理机构就是本企业采购管理领导小组,是本企业物资贸易业务管理的决策、指导机构。财务部、法律合规部、审计部、纪委等部门是本单位物资贸易业务管理的协同职能部门,在各自职权范围内为物资贸易业务提供支持并实施监管。本企业的物资贸易公司为本企业对外主要的贸易执行单位,目前按照负面清单要求,不参与本系统以外的贸易业务。主要物资贸易活动基本限制在本系统内部贸易活动中,本系统外部贸易仅限于先款后货的交易方式,且不带任何担保和融资性质。

以目前的发展情况来看,建筑企业的内贸业务特点十分明确,具有典型的圈层效应。作为专业的物资贸易单位,建筑企业中的物资贸易企业必须与母公司的发展主业相匹配。在移动互联网大潮的影响下,全世界出现一大批独角兽公司。这些公司利用全新的视角和理论模型发展圈层经济,造就了一个又一个创富神话。但建筑企业中的物资贸易企业不应该以这样的理念去发展,因为物资贸易不能独立于母公司的发展主业。参与物资贸易活动的人员需要摒弃不务实的商贸业务,研究并掌握企业的发展方向和承揽建筑产品的主要物资的发展需求,积极开展为本单位主页发展服务的业务。

自改革开放以来,市场经济经过了几十年的发展,规范的贸易业务要求从事物资贸易工作的人员以项目的市场采购为基本需求,以企业主体项目为主要市场。从采购与供应链管理和商品流通的流动性来看,建筑企业的贸易业务基本属于终端贸易活动,其贸易对象用户基本处于下游(下游为各个项目部,上游为厂家或供应商)。

无论是国际贸易、国内贸易,还是建筑企业系统内的贸易,其实质含义都是商品、服务和技术的交易。建筑企业的贸易是为主业服务的,是维持本企业良性运转和发展的一个重要经济活动,是企业成本运作的"照明灯"。我们应以国内经济环境为背景,以本企业的要求为基础,利用互联网时代的信息手段,掌握贸易知识,做好贸易业务。

第二节　建筑材料贸易

国内建筑业是近十年发展较快的一个行业，世界五百强排行榜中有多个国内建筑企业。建筑业的大集团中有很多专业性企业，例如中国中铁股份有限公司的二级、三级公司中都有物资贸易型公司，以施工作业为主的综合性三级公司内也或多或少保留着物资分公司等企业。无论哪一级物资贸易公司，其主要的业务范畴首先是保证其上级单位的商品需求，然后才是在系统内逐步开展业务。这个特点是比较清晰和明确的。作为建筑业内的从业者，从事物资贸易的工作者对本企业的情况必须要有清晰的认识。本企业的情况，说得宽泛一些就是企业战略发展规划，说得具体一些就是贸易需求项目的所有情况。作为贸易业务参与者，只有了解以上内容，才能真正做到知己。

一、风险管控

目前，大型建筑企业内的项目情况受环境、人员、政策和业主等的影响，基本都不完全一样。由于此前部分建筑企业内部系统内的各级单位在进行贸易活动时采取粗放式扩张，市场发生重大变化后，建筑企业系统内的很多贸易活动出现了重大的经济问题。因此，企业进行贸易活动前必须经过充分的前期调查，以控制贸易风险，规范贸易活动。

(1)信息收集。物贸企业根据本单位经营范围、经营能力，收集、筛选、甄别、分析整理各类物资贸易业务经营信息，遴选出可经营项目。

(2)项目调查。物贸企业应对拟开展项目的真实性、合法性、可行性等进行调查。重大项目主要领导应组织进行调查。

(3)可行性分析。物贸企业应对拟开展项目进行可行性分析，形成可行性报告。要了解项目概况、交易对象的资质及信用情况、合作的基本条件和合同主要条款、选择的资源渠道、采购方式及优势分析、竞争对手和竞争态势分析、流动资金需求预测、担保质押情况、项目效益预估、潜在风险及应对措施等，进行综合分析。

建筑企业的贸易业务操作需要十分谨慎，是和我们的市场情况有密切关系的。2000 年以来，大型建设项目的涌现致使主要建筑材料供不应求，各地出现大量建材生产企业。无序的发展引发了严重的产能过剩，建材行业出现了严重的资金链断裂，企业效益严重亏损。从 2016 年下半年开始，受国家供给侧改革、去产能政策等因素的影响，建材市场从产能过剩逐步进入供需平衡的局面，建筑业竞争也日趋激烈。

二、主要品种

建筑产品的主要原材料为钢材和水泥等。按照普通土建材料占比分析，钢材、水泥一般占项目总造价的30%以上。因此，建筑企业系统内的贸易活动主要围绕钢材和水泥业务开展，同时兼顾柴油、外加剂、木材、机电产品、有色金属和铁路轨料等业务，部分企业的贸易业务还渗透到了其他领域。贸易的标的产品行业区分很大，不能一概而论，本节所讨论的贸易产品以钢材和水泥为主。

钢材和水泥的市场情况可总结为以下几点。

(1)生产厂家相对强势，约束条件自成体系。目前，钢材和水泥的生产厂家基本上对贸易企业是见款发货，特别是钢材生产企业，不存在欠款交易，其定价模式也自成体系，市场价格仅供参考，与厂家定价不完全一致。项目直接与钢厂发生贸易关系不太实际，资金管理等要求也无法满足与钢厂直接发生贸易合作关系。

(2)贸易利润微弱，贸易商在供需关系中属于劣势。目前，钢材的贸易利润基本不足1%，水泥不足3%，扣除企业管理成本后每吨钢材的利润往往只有一二十元，水泥也就三五元，热衷于参与本系统内钢材、水泥贸易活动的单位在不断减少。

(3)资金成本对主要建筑材料的贸易影响越来越大。当前建筑企业系统内招标中资金付款条件对贸易业务成本的控制是主要的成本问题，土建施工中主要物资结算价格基本为浮动价格，贸易活动中主要物资的市场价格变化对资金成本的影响基本小于采购付款条件对资金成本的影响。

(4)价格透明，市场风云变化，贸易商整体业务素质偏低。目前，国内钢材和水泥都有知名的销售网站，特别是钢材，互联网可为我们提供全国各区域的价格情况。建筑用螺纹钢已进入国内期货市场，其半金融性特点日趋明显，已具备国际大宗商品特性。水泥虽不具备钢材的金融性，但易受钢材价格影响而发生价格波动；同时，水泥价格往往也会影响钢材以及其他主要建筑材料的价格，形成多个建筑材料价格相互拉扯的局面。从事钢材贸易的从业人员整体素质不是很高，企业鱼龙混杂，大多数钢材贸易企业为民营企业。

钢材和水泥贸易管理是降低企业施工成本的重要经济措施。目前，建材市场总体上还没有到供不应求的局面，但特定时间和区域内会出现供不应求的情况。参与贸易的经营人员和参与采购的物资人员需要认识到贸易在生产活动中的重要性，充分理解经济学中的供需关系理论，做好市场供需变化的预判。贸易和采购都要求我们从宏观的角度去看供需关系，预判风险和效益。

三、贸易主体

1. 建材贸易企业

建材贸易企业一般同时开展两块业务，即建筑业项目工地直供贸易业务和贸易商之间的货品交易业务。例如，水泥贸易企业一般会拓展业务品种，把胶凝材料也纳入业务范围，甚至扩展其他领域。

2. 建筑企业系统内的物资贸易企业

建筑企业系统内的物资贸易企业的贸易业务主要以内部贸易（即系统内项目）为主。内部贸易与社会贸易活动的显著区别是，企业内部贸易可促进母公司多板块联合发展。在实际操作中，此类企业既像贸易商也像采购部门，其作用是制定一个与市场较符合的执行价格，供各个项目参考；同时，在招标活动中避免围标、串标的出现，管控贸易业务活动中的暗箱操作，保证企业采购成本的真实性。

以中国中铁股份有限公司系统内的物资贸易企业为例，贸易主体的情况可总结如下：

(1)贸易双方的合同与市场上的合同概念是不同的，一般按上级行政部门和领导要求执行合同。

(2)身份具有双重性，贸易活动受企业整体管理的管控，有明显的局限性。

(3)贸易业务需要上级单位的支持，特别是资金回收环节，上级单位的战略决策是决定业务开展深度的关键因素。

(4)建筑单位内贸易业务形成区域格局，贸易参与人员的认识不够全面，实际贸易操作和政策要求与项目现实需求的差距已形成突出矛盾，深入开展内部主要建材的贸易业务有一定困难。

(5)近期，建材市场变幻莫测，系统内贸易企业的操作压力明显提高，给贸易业务深入开展带来了阻碍。

(6)贸易参与人员的业务素质不过硬，对项目和企业整体战略的分析和研究有待提高。

由于系统内物资贸易企业的贸易活动主要是为了服务母公司经营主业，因此深层次的矛盾并非贸易参与者单方面可以解决的。但是，从业人员应该充分认识内部贸易的矛盾，处理好与上下游的关系，以确保贸易活动的顺利开展。

我国国土广袤，资源丰富，各地区特色不同，开展区域贸易活动时应注意结合区域特点。从事贸易活动前，应对项目部所在地域进行实地调查，掌握区域资源配置情况，与项目贸易参与人员积极对接，形成贸易合作的基础沟通。因此，内部贸易不能以纯商业的思维去开展。与此同时，建筑企业内的物资人员应为采购供应链管理和项目物资核算成本管理提供可靠的项目信息。

第三节 建筑企业的商品贸易

目前，国内的建筑企业可按专业资质分为49个类别，各类建筑企业所需的建筑材料都有各自的特点。本节主要讨论的是以土建施工为主业的建筑企业，以及该类建筑企业所需的物资，主要是钢材和水泥等。目前，国内建材市场的大部分物资是完全竞争市场贸易，但也有寡头垄断的市场贸易、指定物资需求的物资贸易和推荐物资贸易等各种贸易，本节内容涉及的是完全竞争的物资贸易。

一、贸易对象

公司对贸易交易对象有明确要求，物资人员必须在这个范围内进行选择。除此之外，贸易对象的经营品种应为物贸企业母公司主业生产经营所需的主要物资或所需生产的产品。

以中国中铁股份有限公司为例，其贸易对象的选择主要考虑以下6类企业。

(1)公司系统内企业。

(2)中央企业及其控股企业、地方大型国企、国内主办市场上市公司。

(3)对本单位实现现款后货采购或先货后款销售的企业。

(4)委托本单位售后付款代销售的企业。

(5)将本单位应付账款转化为销售额的企业。

(6)能提供国有商业银行或上市银行出具的预付款保函或支付保函的企业。

二、交易方式

从贸易对象上我们可以明确4种交易方式。

(1)先货后款的采购方式，或者能提供国有商业银行或上市银行出具的预付款保函的现款后货采购方式。

(2)先款后货的销售方式，或者能提供国有商业银行或上市银行出具的支付保函的先货后款销售方式。

(3)售后付款代销方式。

(4)将应付账款转化成销售额的方式。

贸易企业之所以限定交易对象和交易方式，是为了进行风险控制。企业要严格控制贸易风险，就要抓好资金清收环节。即向上游供应企业支付资金后，必须要拿到所需商品；向下游交付商品后，必须要清收资金。这两条理解起来很简单，但实际操作中却比较复杂。一般情况下，本企业本身商品的贸易活动主要在企业内部进行，在企业外部开展的贸易活动一般交易额度较低且要求合作企业信誉良好，大宗物资基本不对社会企业进行欠款贸易销售。本企业的贸易活动严控于自身公司的要求，这点从业人员必须要遵守的原则。

三、营销策略

营销，即管理可获利的顾客关系，通过承诺提供卓越的价值来吸引顾客，通过提升顾客的满意度来留住老顾客和发展新顾客。营销策略是企业以顾客需要为出发点，根据经验获得顾客需求量以及购买力的信息、商业界的期望值，有计划地组织各项经营活动。建筑企业内的物资营销策略，与一般概念上的营销策略还是有一定差别的，必须结合企业自身特点进行学习和探讨。

(1)利用企业的整体竞争力赢得市场的认可，寻求优质的市场资源，同时对这些市场资源进行维护，并逐步引进本企业进行适应性贸易活动，再进行推广和发展。

(2)寻求企业上级管理部门和高层管理人员的认可，形成适合贸易经济活动的内部管理机制。特别是大型国有集团企业内的物贸公司，在公司法和财税管理上是独立关联企业，但在行政管理上又属于一个内部企业，企业内部政策对营销有十分重要的影响。

(3)树立优质的服务理念。建筑企业内的贸易活动是结合项目需求的一种贸易，贸易从业人员的服务更多的是深入现场的服务，其服务理念不同于社会市场的贸易。市场营销要求的服务是价值链取向服务，有营销战略、品牌战略、价格定位、差异化管理、新产品开发、渠道设计、促销手段、市场分析等。而建筑企业内的营销手段是特定的，是有企业要求的，学习时要明确两者的区别。

(4)收集并管理用户需求，将贸易营销活动与企业物资物资管理部门的管理要求相融合。简单的理解就是，随着市场发展，建筑企业需求新的业务渠道，将贸易经济活动从简单的买卖关系变为产品粗加工、建筑产品集中加工贸易服务、周转商品多次的加工贸易等，以提高贸易的技术服务内容。

(5)充分利用电子商务平台开展贸易。对于建筑企业，实现电子商务可提高项目管理效率，降低项目直接成本，为企业的供应链管理提供便利。因此，贸易从业人员要充分利用电子商务平台，积极开展贸易活动。

四、贸易参与者应具备的知识和理念

贸易活动看似简单，货币—商品(服务、技术)—货币，通过形成差价获取利润，但实际开展业务的过程中我们需要掌握的知识是非常多的。在开放的市场环境下，贸易参与者需要不断扩展知识面，更新理念与方法，以提升业务能力。

1. 经济法规

贸易活动必须遵守国家法律法规。贸易是采购和销售同步进行的，是一项经济活动。因此，贸易参与者应熟悉与经济活动相关的法律法规，如民法通则、合同法、公司法、招投标法、物权法等。目前，一般的贸易活动都涉及采购与销售合同，大多数企业也有合同的标准版本。从业者应对法律和企业规定的核心要求有清晰的了解，可以在采购和销售的同时进行合同操作。目前，大型建筑企业中的物贸公司的采购合同大多与外部企业签订，销售合同基本与系统内部单位签订。因此，应付货款经常由法律判定，但销售合同中的贸易纠纷只能由上级管理部门裁定，即企业的贸易活动是对外用法律，对内用管理。法律的权威远高于管理的约束，这一点从业者需要牢记。如果对法律知识不够熟悉，可能会给企业造成难以弥补的损失。因此，经济法律知识是我们从事贸易活动所需的基本知识。

2. 金融财务税收知识

贸易是经济活动，无论是商品贸易、服务贸易，还是技术贸易，贸易活动结束后留存在企业的一般都是财务票据、账表和货币等。因此，掌握金融财税知识至关重要。贸易人员应掌握利率知识。这个利率不是国家的公布的存款利率和贷款利率，而是不同企业的实际利率情况。了解不同企业的实际利率，对贸易对象的选择十分关键，特别是钢材和水泥等大宗物资的贸易活动。目前，钢材已形成期货交易，具有半金融性，且其在建筑企业的物资需求中的占比又很大。因此，金融知识在贸易活动中的重要性必须要引起重视。同时，财务税收方面的知识我们也需要及时更新，如金融票据、企业财务管理要求、国家税收政策的变化等。掌握金融财税知识可以更好地保障贸易活动的开展，追求贸易利益的最大化。因此，金融财税知识是物资贸易领域必须掌握和了解的主要知识。

3. 物资需求和施工组织设计安排

本节所涉及的贸易活动属于建筑企业的物资贸易活动，具有一定的行业特殊性。物资贸易从业人员身处这个行业，应该充分了解项目的物资需求和施工组织情况，判断什么时候该进行什么物资的贸易谈判，为上下游客户的商谈做好准备。除此之外，贸易从业人员还应该对项目的业主要求、施工标准、施工设计和施工工期安排等有基本的认识。建筑企业施工作业是多工序递进的生产过程，物资贸易的用户是项目，因此对于用户的了解自然属于客户服务的范畴。掌握物资需求和施工组织设计安排情况，可方便与客户沟通，便于迅速处理突发事件，开展预判性工作。

4. 商务谈判的沟通技巧

贸易活动中，贸易人员进行商务交流的对象往往来自各行各业、不同地区，要求贸易从业者注重文化的积累。代表企业进行商务谈判时，无论贸易对象是谁，贸易产品时什么，都应该抱有友好合作的心态。在与上下游的商务交流中，可以先提出严格要求，过程中双方都体谅对方的难处，如此合作便更易推进。

5. 民风民俗和地方法规

我国幅员辽阔，地大物博，各地气候、物产、风俗习惯都存在着差异。企业能否在某个地区开展贸易，要求从业者进行深入调查，不能凭感觉和道听途说就贸然决定，这会给企业带来不可预估的风险。目前，我国环境保要求越来越高，企业贸易活动能否开展也和部分区域的地方法规密切相关，大家要积极关注和了解。

6. 危机意识

目前，建筑业的大多数物资都属于完全竞争商品，特别是土建工程所需物资。十八大以来，国家对环保工作的重视程度越来越高，监管力度越来越大。建材基本都属于环保管控商品。建筑企业的建筑项目一般耗时几年以上的时间，受地域、季节、政策等影响，项目期间物资资源可能会发生很多变化。因此，贸易人员必须要有危机意识，能充分考虑物资资源的不确定性，联合上下游企业及时应对物资资源变化。

7. 及时反馈

贸易从业人员切忌不沟通、不汇报、不传达。从表面上看，贸易活动是商品流转的经济活动；从深层次来看，贸易活动是人的活动，是通过人的活动进行的商品的传递。贸易活动从开始到结束，时间跨度短至一瞬，长至几年，甚至更久。但是，无论贸易活动的时间长短，沟通、汇报、传达必须贯穿其中。企业行为的经济活动是一个团队作业的经济活动，相关人员在事前、事中、事后必须积极沟通、配合。如此，才可确保贸易活动的顺利推进。

8. 把控细节

决定贸易成功与否，最关键的就是对细节的把控。这一点在服务贸易上的体现尤其明显。把控细节就是对方还没有考虑到，但自己替对方先考虑好并给出解决方案。贸易活动中，细节的处理可体现贸易人员的业务能力和企业的管理能力。在竞争激烈的市场中，谁能把控细节，谁就能赢得上下游客户的尊重和信赖。

9. 注重供应商管理

企业贸易活动是一个长期的经济活动。目前，很多贸易人员只从采购的角度去考虑，利用招标、议标的手段选择供应商，缺乏对供应商的管理。贸易活动不同于采购，无论面对什么样的市场格局，企业都要注重供应商管理。供应商管理是贸易企业赢得效益最大化的基础条件。这需要我们积极跟进市场变化和供应商格局变化，及时制定应对措施。

10. 正能量

人是贸易企业最核心的竞争力之一。贸易人员的职业道德、精神风貌是企业贸易活动水平的体现，直接关系到企业的信誉和形象。贸易人员应有强烈的事业心和高度的责任感，以正能量和积极的工作心态面对工作中的各种困难。而对企业，仅有积极向上充满正能量的氛围远远不够，需要把氛围转化成能量，把能量传输到具体工作中。

第四节 建筑企业的服务贸易

服务贸易是指一个企业或者自然人为另一个企业或者自然人提供服务的贸易行为。其中，服务包括商业服务、通信服务、建筑及有关工程服务、销售服务、教育服务、环境服务、金融服务、运输服务及娱乐、文化与体育服务等。

建筑企业的主业是建筑产品的生产，是通过技术手段，利用施工组织方案，按照设计要求生产出产品。建筑企业看似与服务贸易无关，实则不然。首先，建筑企业需参加项目投标，与众多的招标代理服务机构进行投标活动就是服务贸易活动。其次，项目的生产施工环节中，物资供应管理是典型的物资采购服务贸易。除此之外，建筑企业为其他组织提供设计、管理和咨询等，都属于服务贸易。由此可见，建筑企业的生产经营活动无处不存在服务贸易。

一、物资服务贸易的必要性

随着国家经济的发展，商品的种类不断丰富，企业采购越来越便利，物资市场形已成需方强势的局面。物资采购往往被简单地理解为"拿钱买东西"，难以体现物资服务贸易的重要性。下面我们从企业管理和市场环境两个方面分析一下物资服务贸易的必要性。

1. 企业管理方面

某些大型建筑企业中设置有大型项目的材料厂。材料厂实际上就是服务贸易机构。随着企业的发展变化，特别是企业营改增后，材料厂的服务贸易特点更加明显。从企业管理的角度上来看，材料厂的作用主要体现在以下 5 个方面：①满足企业物资集中管理的需求；②在物资管理中发挥监督作用；③在企业资金集中管理方面发挥外部屏障和内部沉淀作用；④为物资采购供应链管理提供活动保障；⑤为物资质量管控提供集中的面向市场的窗口。在一定时期内，部分大型建筑企业推行的内部区域集采管理实际上就是借鉴了这些建筑企业的物资集中管理的手段。

1. 市场环境方面

如图 6-1 所示为建筑企业项目物资管理采购物资主要的活动流程。不同物资的采购方案不同，此流程仅用于讨论物资服务贸易。结合图 6-1 不难看出，服务贸易基本体现在物资管理的前半部分。

建筑企业的物资服务贸易之所以有存在的必要，不仅仅是因为物资集中管理的需要，也是因为市场环境与项目需求衔接的需要。物资供大于求时，采购压力不大，自然体现不出服务贸易的重要性。但如果物资供不应求或者采购资金短缺，市场采购必然会出现困难，此时贸易服务机构的作用就会得到体现。市场积累需要一个长期的过程，贸易服务机构与非专业性企业相比，优势是非常明显的。

随着建筑业利润的降低，材料成本的控制更加突出。在建筑企业管理中，分工细化是成本控制的最优管理手段。从近年同行业的物资采购的手段来看，许多一流企业的物资采购管理均采取服务贸易手段来解决物资采购的成本管理。在大型跨国集团的企业管理中，代理采购也是很多企业采购本企业物资的一个有效机制。

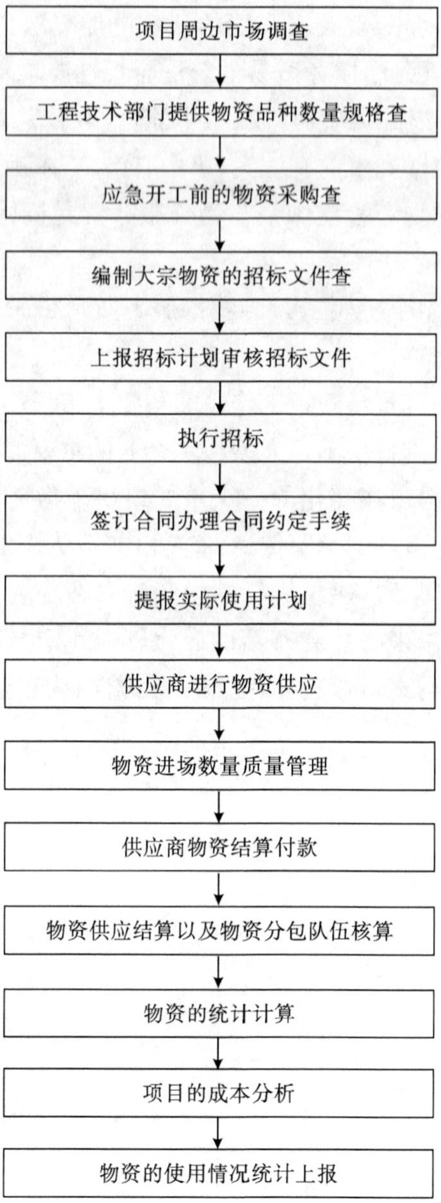

图 6-1 企业项目物资管理采购物资主要的活动流程

二、物资服务贸易的发展

(1)物资服务贸易已从过去单一的铁路项目服务贸易扩展到投资项目、海外项目及非铁路项目。这是紧密跟随企业主业变化的适度转变。正如前文中提到的,贸易活动的对象和品种都是受约束的,未来物资服务贸易仍将围绕企业主业开展。

(2)营改增后,物资服务贸易的财税管理更明确。国家相关组织对大型项目物资采购的事后管控将会随着政府职能的转变更加突出,各种政府审计、监察会在项目已完工后进行。因此,服务贸易的合法合规性要求就会更加严格。从事物资采购管理的人员,应该做到事前建议,事中配合,事后完善。成本接受的物资管理部门和相关人员应该做到事前有方案,事中有措施,事后有总结,与项目和上级主管进行有效的沟通。物资管控体系与物资服务贸易机构的有效融合可以降低项目物资成本。

(3)"互联网+"概念的强势推出,为我国服务贸易带来了转型升级机遇,贸易服务管理手段将不断完善。

大型建筑企业的物资贸易管理工作一面与整个市场接触,而另一面与本企业内的各个项目对接。物资贸易不是大型建筑企业的重要产业,但是属于重要的板块,是企业应对建筑材料市场变化的一个重要组织。物资贸易人员要做"春江水暖鸭先知",第一时间将市场的情况传达到企业内部,为企业的物资管理提供信息和依据。从环保的角度来看,建筑材料的生产对生态环境是有影响的;从社会发展的角度来看,建筑业未来必然会有新的变化。因此,建筑业内的物资贸易管理必须全面立足于市场,洞察行业趋势,把握市场方向,为企业战略发展服务。

第七章　现代采购管理

第一节　JIT 采购管理

一、JIT 采购的定义和原理

1. 定义

准时化采购又称 JIT(just in time)采购，由准时化生产管理思想演变而来。它的基本思想是，将合适的产品，以合适的数量和合适的价格，在合适的时间送达到合适的地点，最好地满足用户需要。

JIT 采购可以极大地消除库存，从而极大地降低企业的采购成本和经营成本，提高企业的竞争力。正是因为 JIT 采购对于提高企业经济效益有着显著的效果，20 世纪 80 年代以来，西方经济发达国家非常重视对 JIT 采购的研究与应用。据资料统计，到目前为止绝大多数的美国企业已经开始全部或局部应用 JIT 采购方法，并取得了良好的应用效果。

由于实施 JIT 采购对企业的基础工作、人员素质、管理水平等要求较高，因此我国实施 JIT 采购方法的企业数量还不太多，主要集中在汽车、电子等行业，且应用水平也有待于进一步提高。但 JIT 采购作为一种先进的物资采购模式和管理方法，在工程建设和机械行业的应用可以说是大势所趋。

2. 原理

准时化生产是日本丰田公司的大野耐一在美国参观超级市场时受超级市场的供货方式的启发而萌生的想法。而实际上超级市场模式本来就是一种采购供应的模式。个供应商和用户双方形成了一个供需节点，需方是用户，供方是供应商，供方按照需方的要求为需方提供准时化供货。它们之间的采购供应关系，就是一种 JIT 采购模式。JIT 采购的主要原理主要表现在以下几个方面。

(1)与传统采购面向库存不同，准时化采购是一种直接面向需求的采购模式，它的采购送货是直接送到需求点上。

(2)用户需要什么就送什么，品种规格符合客户需要。

(3)用户需要什么质量就送什么质量，品种质量符合客户需要。

(4)用户需要多少就送多少，不少送，也不多送。

(5)用户什么时候需要就什么时候送货，不晚送，也不早送，非常准时。

(6)用户在什么地点需要就送到什么地点。

JIT采购既可以很好地满足企业对物资的需求,又可使企业的库存量最小。只要在生产线上有一点临时库存,一天工作完,这些临时库存便可耗尽。依据JIT采购的原理,一个企业中的所有活动只有在需要进行的时候接受服务,才是最合算的。

二、JIT采购的特点

传统采购是填充库存,并以一定的库存来应对企业需求。为了保证企业生产经营的正常进行,应付物资采购过程中的各种不确定性(如市场变化、物资短缺、运输条件约束等),常常产生大量的原材料和外购件库存。虽然传统采购方式也在极力进行库存控制,但是由于机制问题,其压缩库存的能力相对有限。特别是在需求急剧变化的情况下,常常导致既有高库存、又出现某些物资缺货的局面。高库存增加了成本,缺货则直接影响生产。而JIT采购作为一种先进的采购模式,不但可以有效克服传统采购的缺陷,提高物资采购的效率和质量,还可以有效提升企业的管理水平,为企业带来巨大的经济效益。

1. 选择较少的供应商

JIT采购选择较少的供应商,甚至单源供应。单源供应指的是对某一种原材料或外购件只从一个供应商那里采购;或者说,对某一种原材料或外购件的需求,仅由一个供应商供货。JIT采购认为,最理想的情况是,对每一种原材料或外购件,只有一个供应商。因此,单源供应是JIT采购的基本特征之一。

传统的采购模式一般是多头采购,供应商的数目相对较多。从理论上看,采取单源供应比多头供应好。一方面,对供应商的管理比较方便,且可以使供应商获得内部规模效益和长期订货,从而使购买原材料和外购件的价格降低,有利于降低采购成本;另一方面,单源供应可以使制造商成为供应商的一个非常重要的客户,因而加强了制造商与供应商之间的相互依赖关系,有利于建立长期稳定的合作关系,比较容易保证物资质量。但是,采取单源供应也有风险,比如供应商可能因意外原因中断交货;另外,采取单源供应,企业无法得到竞争性的采购价格,对供应商的依赖性也会过大。

在日本,虽然98%的JIT企业采取单源供应,但实际上,一些企业常采用同一原材料或外购件由两个供应商供货的方法。其中,一个供应商为主,另一个供应商为辅。从实际工作中看,许多企业也不是很愿意成为单一供应商。原因很简单,一方面,供应商是独立性较强的商业竞争者,不愿意把自己的成本数据披露给用户;另一方面,供应商不愿意成为用户的一个产品库存点。除此之外,实施JIT采购后,用户的库存减少,库存成本由用户转移至供应商。因此,用户必须意识到供应商这种担忧。

2. 采取小批量采购的策略

小批量采购是 JIT 采购的一个基本特征。JIT 采购和传统的采购模式的一个重要不同之处在于准时生产需要减小批量，甚至实现“一个流生产”。因此，采购物资也应采用小批量采购的策略。从另一个角度看，由于企业生产对原材料和外购件的需求是不确定的，而 JIT 采购又旨在消除原材料和外购件库存，为了保证准时、按质按量供应所需的原材料和外购件，采购必然是小批量的。但是，小批量采购必然增加运输次数和运输成本，对供应商来说，这点是很为难的事情。特别是运距较远的情况下，实施 JIT 采购的难度很大。通常情况下，解决这一问题的方法主要有 4 种。

(1)供应商在地理位置上靠近制造商，如日本汽车制造商扩展到哪里，其供应商就跟到哪里。

(2)供应商在制造商附近建立临时仓库，然而这只是将负担转嫁给了供应商，并未从根本上解决问题。

(3)由一个专门的承包运输商或第三方物流企业负责送货，按照事先达成的协议，搜集分布在不同地方的供应商的小批量物料，准时按量送到制造商的生产线上。

(4)让一个供应商负责供应多种原材料和外购件。

3. 对供应商选择的标准发生变化

由于 JIT 采购采取单源供应，因而对供应商的合理选择就显得尤为重要。可以说，选择合格的供应商是 JIT 采购成功实施的关键。合格的供应商应具有较好的技术、设备条件和较高的管理水平，可以保障采购的原材料和外购件的质量，保证准时按量供货。在传统的采购模式中，供应商是通过价格竞争而选择的，供应商与用户的关系是短期合作的关系，当发现供应商不合适时，可以通过市场竞标的方式重新选择供应商。但在 JIT 采购模式中，由于供应商和用户是长期的合作关系，供应商的合作能力将影响企业长期经济利益。因此，对供应商的要求就比较高。在选择供应商时，需要按照一定标准对供应商进行综合评价，这些标准应包括产品质量、交货期、价格、技术能力、应变能力、批量柔性、交货期与价格的均衡、价格与批量的均衡、地理位置等，不像传统采购那样主要依靠价格标准。在大多数情况下，其他标准较好的供应商，其价格可能也是较低的，即使不是这样，双方建立起互利互惠的合作关系后，企业可以帮助供应商找出降低成本的方法，从而使价格降低。更进一步，当双方建立了良好的合作关系后，很多工作可以简化以至消除，如订货、修改订货、点数统计、品质检验等，从而减少浪费，降低成本。

4. 对交货的准时性要求更加严格

JIT 采购的一个重要特点是要求交货准时，这是实施准时化生产的前提条件。交货准时取决于供应商的生产与运输条件。作为供应商，要使交货准时，可以从以下几个方面着手。

（1）不断改善企业的生产条件，提高生产的连续性和稳定性，减少由生产过程的不稳定导致的延迟交货或误点现象。作为准时化供应链管理的一部分，供应商同样应采用准时化的生产管理模式，以提高生产过程的准时性。

（2）为了提高交货准时性，运输问题不可忽视。在物流管理中，运输问题是一个很重要的问题，它决定准时交货的可能性，因此，就要求用户企业和供应企业都应着重考虑运输问题，并进行有效的计划和管理，使运输过程准确无误。

5. 从根源上保障采购质量

实施 JIT 采购后，企业的原材料和外购件的库存很少甚至为零。因此，为了保障企业生产经营的顺利进行，采购物资的质量必须从根源上抓起。也就是说，质量问题应由供应商负责，而不是企业的物资采购部门。JIT 采购就是要把质量责任返回给供应商，从根源上保证采购质量。为此，供应商必须参与制造商的产品设计过程，制造商也应帮助供应商提高技术能力和管理水平。美国 IBM 公司企业战略中的重要一环就是帮助供应商建立供应体系，以实现真正的本地化采购供应。为此，IBM 建立了一个开放、兼容的信息平台。在此基础上，IBM 可以详细地了解供应商的生产流程，介入产品设计、生产、质量控制等过程，为其产品线找出竞争优势。这不仅对供应商有利，对 IBM 也很有帮助。以长城公司为例，IBM 和长城公司之间既是合资公司的业务伙伴关系，同时也是供应商与客户的关系。通过帮助长城公司提高技术水平，不仅使长城公司的市场竞争能力增强了，也使长城公司能够更好地提供高质量的产品为 IBM 服务。

6. 对信息交流的需求加强

JIT 采购要求供应与需求双方信息高度共享，以保证供应与需求信息的准确性和实时性。由于双方存在战略合作关系，企业在生产计划、库存、质量等各方面的信息都可以及时进行交流，以便出现问题时能够及时处理。只有供需双方进行可靠而快速的双向信息交流，才能保证所需的原材料和外购件的准时按量供应。同时，充分的信息交换可以增强供应商的应变能力。所以实施 JIT 采购，就要求供应商和制造商之间进行有效的信息交流。信息内容包括生产作业计划、产品设计、工程数据、质量、成本、交货期等。以沃尔玛和宝洁为例，双方合作后，成立了一个协作团队，共同控制商品的质量。双方以结盟的方式，通过计算机实现数据共享。借助数据库，宝洁除了能迅速知道沃尔玛物流中心自己所需的商品情况外，还能及时了解自己的产品在沃尔玛各店铺的销售量、库存量和价格等。如此，宝洁不仅能及时制定出符合市场需求的生产和研发计划，也能根据沃尔玛的库存情况做到连续补货，沃尔玛只需要决定商品的进货数量即可。反过来，沃尔玛向宝洁反馈市场和消费信息，直接指导宝洁调整产品结构，改进产品质量。双方形成一种双赢的合作联盟。

7. 送货的可靠性和特定的包装要求

由于JIT采购消除了原材料和外购件的缓冲库存，供应商交货的失误和送货的延迟必将导致企业生产线的停工待料。因此，送货的可靠性是实施JIT采购的前提条件，常取决于供应商的生产能力和运输条件。一些不可预料的因素，如恶劣的气候条件、交通堵塞、运输工具故障等，都可能引起送货延迟。此外，JIT采购对原材料和外购件的包装也提出了特定的要求。最理想的情况是，对每一种原材料和外购件，采用标准规格且可重复使用的容器包装，既可提高运输效率，又可保证交货的准确性。

三、JIT采购的实施步骤

JIT采购还必须遵循一定的科学实施步骤。从经验上来看，企业可按如下步骤实施JIT采购。

1. 创建JIT采购班组

JIT采购班组的作用是，全面处理JIT有关事宜，制定JIT采购的操作规程，协调企业内部各有关部门的运作，协调企业与供应商之间的运作。JIT采购班组除了企业采购供应部门有关人员之外，还要有本企业以及供应商企业的生产管理人员、技术人员等共同组成。一般应成立两个班组：一个是专门处理供应商事务的班组，负责培训和指导供应商的JIT采购操作，衔接供应商与本企业的操作流程，认定和评估供应商的信誉、能力，与供应商谈判，签订准时化供货合同，向供应商发放免检签证等；另一个是专门协调本企业各个部门的班组，负责JIT采购操作，制定作业流程，指导和培训操作人员，进行操作检验、监督和评估。这些班组人员对JIT采购的方法应有充分的了解和认识，必要时要进行培训。

2. 制定计划

企业要有针对性地制定采购策略，确保JIT采购有计划、有步骤地实施 。制定出具体的、分阶段改进当前传统采购的措施，包括减少供应商的数量、供应商的评价、向供应商发放签证等内容。在这个过程中，企业要与供应商一起商定JIT采购的目标和有关措施，保持经常性的信息沟通。

3. 精选少数供应商，建立伙伴关系

供应商和企业之间互利的伙伴关系，意味着双方充满了一种紧密合作、主动交流、相互信赖的和谐气氛，共同承担长期协作的义务。在这种关系的基础上，发展共同的目标，分享共同的利益。企业可以选择少数几个最佳供应商作为工作对象，抓住一切机会加强与他们之间的业务关系。

4. 进行试点工作

企业可以先从某种产品、某条生产线或是某些特定原材料的试点开始，进行JIT采购的试点工作。在试点过程中，取得企业各个部门的支持是很重要的，特别是生产部门的支持。通过总结试点经验，可为正式实施JIT采购打下基础。

5. 做好供应商培训，确定共同目标

JIT采购是供需双方共同的业务活动，单靠采购部门的努力是不够的，需要供应商的配合。只有供应商也对JIT采购的策略和运作方法有了认识和理解，才能获得供应商的支持和配合，因此，需要对供应商进行教育和培训。通过培训，大家取得一致的目标，相互之间就能够很好地协调，做好采购的准时化工作。

6. 给供应商颁发产品免检证书

在实施JIT采购策略时，核发免检证书是非常关键的一步。颁发免检证书的前提是供应商的产品100%合格。为此，核发免检证书时，要求供应商提供最新的、正确的、完整的产品质量文件，包括设计蓝图、规格、检验程序以及其他必要的关键内容。经长期检验达到标准后，所有采购的物资就可以从卸货点直接运至生产线使用。

7. 实现配合节拍进度的交货方式

JIT采购的目标是要实现这样的交货方式：当生产线正好需要某种物资时，该物资到货并运至生产线，生产线拉动它所需的物资，并在制造产品时使用该物资。

8. 继续改进，扩大成果

JIT采购是一个不断完善和改进的过程，需要在实施过程中不断总结经验教训，从降低运输成本、提高交货的准确性、提高产品质量、降低供应库存等各个方面进行改进，不断提高JIT采购的运作绩效。JIT采购效益非常好，操作也非常简单，但对企业管理基础和信息化建设基础要求较高，因此，国内许多企业尚未采用。但是作为一种先进的采购方法，由于能为企业带来显著的经济效益，JIT采购模式已经引起了越来越多国内企业的了解和重视，推广和应用JIT采购已成为国内企业发展的必然需要。

四、JIT 采购的应用环境

JIT采购是基于供应链管理环境下的采购方式。供应链是客观存在的，任何一个企业都不能孤立地存在。它需要原材料等的供应，也需要使用其产品的企业或客户；它需要市场，需要各种企业的支持。这些市场和企业联系到一起，便形成了一条长长的供应链。在供应链上的每一个环节都含有“供”和“需”两个方面。

第二节　MRP 采购管理

一、MRP 的含义及内容

1. 含义

物料需求计划(material requirement planning,MRP)。MRP 是指根据产品结构各层次商品的从属和数量关系,以每个商品为计划对象,以完工时间为基准倒排计划,按提前期长短区别各个商品下达计划时间的先后顺序的一种物资计划管理模式。MRP 是根据市场需求预测和顾客订单制定产品的生产计划,然后基于产品生成进度计划、组成产品的物资结构表和库存状况,通过计算机计算所需物资的需求量和需求时间,从而确定物资的加工进度和订货日程的一种实用技术。

MRP 采购主要应用于生产企业。它是生产企业根据生产计划和主产品的结构以及库存情况,逐步推导出生产主产品所需要的零部件、原材料等的生产计划和采购计划的过程。

2. 内容

MRP 的主要内容包括客户需求管理、产品生产计划、原材料计划以及库存记录。其中,客户需求管理包括客户订单管理及销售预测,将实际的客户订单数与科学的客户需求预测相结合即能得出客户的所需物资和需求量。

MRP 规定了采购品种、数量和采购时间等,计划比较精确、严格。

二、MRP 的主要思想

MRP 最早由 George Plossl 和 Joseph Orlicky 于 20 世纪 60 年代末期提出,而后由美国生产与库存管理协会倡导而发展起来。之前,企业的资库存计划通常采用订货点法,当库存水平低于订货点时,就开始订货。这种管理办法在物资消耗量平稳的情况下适用,但不适用于订单生产。由于计算机技术的发展,有可能将物资分为相关需求(非独立需求)物资和独立需求物资来进行管理。对于相关需求物资,应根据物料清单、库存情况和生产计划制定出物资的相关需求时间表,按所需物资提前采购,这样就可以大大降低库存。MRP 也是以需求分析为依据,以满足库存为目的,但它的市场响应灵敏度及库存水平比订货点方法有进步。

MRP 的主要思想是:

(1)打破产品品种台套之间的界线,把企业生产过程中所涉及的所有产品、零部件、原材料、中间件等,在逻辑上视为相同的物料。

(2)把所有物料分成独立需求和相关需求两种类型。

在MRP系统中,“物料”是一个广义的概念,泛指原材料、在制品、外购件以及产品。所有物料可分成独立需求和相关需求两类。

独立需求:若某种需求与对其他产品或零部件的需求无关,则称之为独立需求。它来自企业外部,其需求量和需求时间由企业外部的需求来决定,如客户订购的产品、售后用的备品备件等。其需求数据一般通过预测和订单来确定,可按订货点方法处理。

相关需求:对某些项目的需求若取决于对另一些项目的需求,则这种需求为相关需求。它发生在制造过程中,可以通过计算得到。对原材料、毛坯、零件、部件的需求,来自制造过程,是相关需求,MRP处理的正是这类相关需求。

例如,汽车产品的零部件与物料就具备相关需求,因为任意时刻汽车所需零部件与原材料的总量都是汽车生产量的函数。相反地,产成品汽车的需求则是独立需求——汽车并非其他任何东西的组成元件。

(3)根据产品的需求时间和需求数量进行展开,按时间段确定不同时期各种物料的需求。

三、MRP的基本原理

MRP基本的原理是,由主生产计划(master production schedule,MPS)和主产品的层次结构逐层逐个地求出主产品所有零部件的出产时间、出产数量。如果零部件由企业内部生产,需要根据各自的生产时间长短来提前安排投产时间,形成零部件投产计划;如果零部件需要从企业外部采购的,则要根据各自的订货提前期来确定提前发出各自订货的时间、采购的数量,形成采购计划。确实按照这些投产计划进行生产和按照采购计划进行采购,就可以实现所有零部件的出产计划,从而不仅能够保证产品的交货期,而且还能够降低原材料的库存,减少流动资金的占用。

MRP的逻辑原理如图7-1所示。由图可以看出,MRP是根据主生产计划、主产品的物料清单(bill of materials,BOM)和库存文件形成的。

主产品就是企业用以供应市场需求的产成品。例如,汽车制造厂生产的汽车,电视机厂生产的电视机,都是各自企业的主产品。

主产品的物料清单主要反应主产品的层次结构、所有零部件的结构关系和数量组成。根据这个文件,可以确定主产品及其各个零部件的需要数量、需要时间和它们相互间的装配关系。

主生产计划主要描述主产品及由其物料清单决定的零部件的出产进度,表现为各时间段内的生产量,有出产时间、出产数量或装配时间、装配数量等。

产品库存文件包括了主产品和其所有的零部件的库存量、已订未到量和已分配但还没有提走的数量。制定 MRP 的指导思想就是要尽可能减少库存。产品优先从库存物资中供应，仓库中有的，就不再安排生产和采购。仓库中有但数量不够的，只安排不够的那一部分数量投产或采购。

由 MRP 再产生产品生产计划和产品采购计划，根据产品投产计划和采购计划组织物资的生产和采购，生成制造任务单和采购订货单，交制造部门生产或交采购部门去采购。

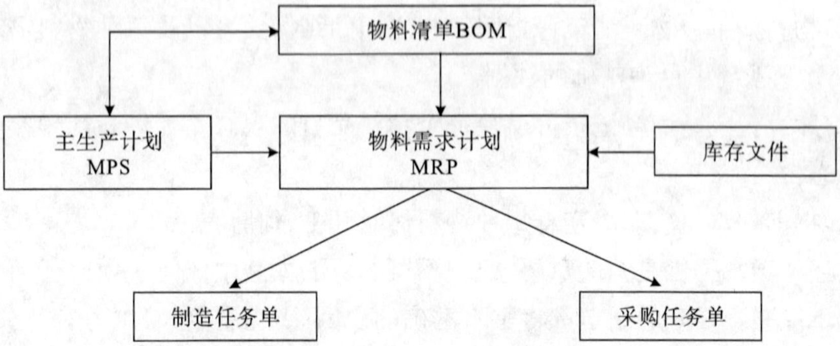

图 7-1　MRP 的逻辑原理图

四、MRP 的特点

1. 需求的相关性

在流通企业中，各种需求往往是独立的。而在生产系统中，需求具有相关性。例如，根据订单确定了所需产品的数量之后，由新产品物料清单即可推算出各种零部件和原材料的数量。这种可根据逻辑关系推算出物料数量的需求，即称为相关需求。不仅品种数量有相关性，需求时间与生产工艺过程的决定也是相关的。

2. 需求的确定性

MRP 的需求都是根据主生产计划、主产品物料清单和库存文件和各种零部件的生产时间或订货、进货时间精确计算出来的，品种、数量和需求时间都有严格要求，不可改变。

3. 计划的精细性

MRP 计划有充分的根据，从主产品到零部件，从需求数量到需求时间，从出厂先后到装配关系都作了明确的规定，无一遗漏或偏差。计划还规定和安排了所有的生产活动和采购活动。不折不扣地按照这个计划进行，能够保证主产品出厂计划的如期实现。

4. 计算的复杂性

MRP 计划根据主生产计划、主产品物料清单、库存文件、生产时间、采购时间，把主产品的所有零部件的需要数量、需要时间、先后关系等准确计算出来，其计算量是非常庞大的，特别是主产品复杂、零部件数量特别多的情况。所以，MRP 的产生和发展与计算机技术的发展有紧密的联系。

五、MRP 的基本条件数据

(1)主生产计划。主生产计划可指明在某一计划时间段内应生产出的各种产品和备件，是制定 MRP 的一个最重要的数据来源。

(2)物料清单。物料清单可指明物料之间的结构关系以及每种物料需求的数量，是 MRP 系统中最为基础的数据。

(3)库存记录。库存记录可反映每个物料品目的现有库存量和计划接受量的实际状态。

(4)提前期。提前期决定着每种物料何时开工、何时完工。

上述 4 项数据都是至关重要、缺一不可的。缺少其中任何一项或任何一项中的数据不完整，MRP 的制定都将是不准确的。因此，在制定 MRP 之前，必须保证这 4 项数据都是完整的、可靠的。

六、MRP 的基本计算步骤

一般来说，MRP 的制定是遵照先通过主生产计划导出有关物料的需求量与需求时间，然后再根据物料的提前期确定投产或订货时间的计算思路。MRP 基本计算步骤如下：

(1)计算物料的毛需求量。即根据主生产计划、物料清单得到第一层级物料品目的毛需求量，再通过第一层级物料品目计算出下一层级物料品目的毛需求量，依次一直往下展开计算，直到最低层级原材料毛坯或采购件为止。

(2)计算净需求量。即根据毛需求量、可用库存量、已分配量等计算出每种物料的净需求量。

(3)计算批量。即由相关计划人员对物料生产作出批量策略决定，不管采用何种批量规则或不采用批量规则，净需求量计算后都应该表明有否批量要求。

(4)计算安全库存量、废品率和损耗率等。即由相关计划人员来规划是否要对每个物料的净需求量作这三项计算。

(5)下达计划订单。即指通过以上计算后，根据提前期生成计划订单。物料需求计划所生成的计划订单，要通过能力资源平衡确认后，才能开始正式下达计划订单。

(6)再一次计算。MRP 的再次生成大致有两种方式，第一种是对库存信息重新计算，同时覆盖原来计算的数据，生成的是全新的 MRP；第二种则只是在制定、生成MRP的条件发生变化时，才相应地更新MRP有关部分的记录。这两种生成方式都有实际应用的案例，至于选择哪一种要看企业实际的条件和状况。

七、MRP的目标

(1)及时取得生产所需的原材料及零部件，保证按时供应用户所需产品。

(2)保证尽可能低的库存水平。

(3)计划企业的生产活动与采购活动，使各部门生产的零部件、采购的外购件与装配的要求在时间和数量上精确衔接。

MRP主要用于生产组装型产品的制造业。在实施MRP时，与市场需求相适应的销售计划是MRP成功的最基本的要素。但MRP也存在局限，即资源仅仅局限于企业内部，决策结构化的倾向明显。

八、MRP采购的基础条件

一般的采购活动都有以下几个步骤：资源调查、供应商认证、询价及洽商、生成请购单、下达采购单、采购单跟踪、验收入库、结算。实施MRP采购除了具有上述这些步骤外，还必须有一定的基础条件，最为重要的基础条件有两点。

1. 企业采用MRP管理系统

如果企业没有采用MRP系统，就谈不上进行MRP采购。不运行MRP系统，物料就不可能由相关性需求转换成独立性需求；没有MRP系统生成的计划订货量，MRP采购就失去了依据。对于复杂产品，物料相关性需求靠人工计算是不可能的。而若采用订货点方法进行采购，必然造成零部件配不齐或者原材料的大量库存，占用大量的流动资金。因此，可以说MRP系统与MRP采购是相辅相成的。如果企业采用了MRP系统，则它对需要购买的物料必然实行MRP采购管理，这样才能使它的MRP系统运行良好；而企业若实行MRP采购管理，则必然是企业实行了MRP管理，否则MRP采购如同空中楼阁，缺乏基础。实施MRP采购管理必须要有良好的供应商管理作为基础。在MRP采购中，购货的时间性要求比较严格，如果没有严格的时间要求，那么MRP采购也就失去了意义。

2. 企业有良好的供应商管理

如果没有良好的供应商管理，不能与供应商建立起稳定的客户关系，则供货的时间性要求很难保证。

除了上面的这些基础条件外，MRP采购同一般采购管理还有一点不同，就是物料采购确定或者物料到达后，需要及时更新数据库，这里不仅仅包括库存记录，还有在途的物料和已发订货单数量和计划到货量。这些数据都会添加到MRP系统中，作为下次运行MRP系统的基础数据。

第三节 采购与供应链管理

随着经济全球化的加剧，企业竞争也越来越激烈。从世界范围来说，典型企业的采购成本要占总成本的 60%，而中国的工业企业，各种物资的采购成本大多要占到企业成本的 70%以上，在钢铁工业中占 75%，在轻工业中占 80%，在有色金属工业中占 90%。因此，通过采购管理降低原材料成本是企业增加利润的一个极有潜力的途径。为了进一步降低成本，企业之间也纷纷建立了一条甚至多条供应链，而基于供应链的采购管理也成了当前研究的热点。

一、供应链及供应链管理

在全球化大市场竞争环境下，任何一个企业都不可能在所有业务上成为最杰出者，必须联合行业中其他上下游企业，建立一条经济利益相连、业务关系紧密的行业供应链，实现优势互补，充分利用一切可利用的资源来适应社会化大生产的竞争环境，共同增强市场竞争实力。进入 21 世纪以来，供应链管理逐渐成为企业增强竞争力的重要途径，供应链上各企业紧密合作，信息共享，快速响应顾客需求，实现共同目标，最大程度发挥供应链上各企业的核心竞争能力。

著名供应链专家马丁·克里斯托弗曾说过，市场上只有供应链而没有企业，真正的竞争不是企业与企业之间的竞争，而是供应链和供应链之间的竞争。这预示着 21 世纪的市场竞争将从企业之间的竞争上升到更高层次的“扩展的企业”——供应链之间的竞争。供应链是围绕核心企业，通过对信息流、物流、资金流的控制，从采购原材料开始，到制成中间产品以及最终产品，直到最后由销售网络把产品送到消费者手中，将供应商、零售商、最终用户连成一个整体的功能网络结构模式。供应链管理是一种集成的管理思想和方法，执行供应链中从供应商到最终用户的物流计划和控制等职能。

供应链管理关心的并不仅仅是物料实体在供应链中的流动，还包括战略供应商和用户合作伙伴关系管理。供应链管理是从大系统思想出发，研究跨越各个企业组织之间的相互协调、合作的伙伴，对资源进行重新整合，以达到双赢的目的。

二、供应链管理的意义

对企业而言，供应链管理意味着节约交易成本，降低采购成本，促进供应商管理，减少存货，提高劳动生产率和产品质量。供应链管理将成为企业新的重要的利润源，这是因为：

(1)供应链管理是企业核心化、虚拟化经营的前提，而核心化、虚拟化将会成为企业重要的商业模式与赢利模式。

(2)供应链管理是实现 JIT 采购的基础，而 JIT 采购是企业经营的重要理念，它的实施将会显著地降低企业运作成本。

(3)全球定点生产、采购和面向全球市场已成为一种流行的生产运作模式，有效的全球化供应链管理是其获利的关键。

(4)通过有效的供应链管理，可以达到“资源整合，优势互补”，实现供应链上各结点的共赢。

(5)随着企业经营的核心化，其外购量越来越大，采购环节将成为企业重要的成本控制点，有效的供应链管理可以显著地降低采购成本。

(6)通过有效的供应链管理策略，可以显著地降低产品配送成本与营销费用。

三、基于供应链的采购和采购管理特点

供应链采购是供应链内部企业之间的采购。供应链中企业与供应商合作，采购时只需向供应商及时传递产品需求信息及库存信息，供应商便会及时安排、调整生产，并按最优方式向企业供货，使供应链成本最小。

1. 供应链采购的特点

供应链采购与传统的采购相比，物资供需关系没变，采购的概念也没变。但是，由于供应链各个企业之间是一种战略伙伴关系，采购是在一种非常友好合作的环境中进行的，所以采购的观念和采购的操作都发生了很大变化。

(1)从采购性质看，供应链采购是一种基于需求的采购，是一种供应商主动型采购，也是一种合作型采购。

(2)从采购环境看，供应链采购是一种友好合作的环境，而传统采购是一种利益互斥、对抗性竞争环境。

(3)从信息情况看，供应链采购一个重要的特点就是供应链企业之间实现了信息联通、信息共享。

(4)从库存情况看，用户零库存，可以大大节省费用，降低成本，发挥核心竞争力，提高效率；供应商掌握库存自主权，可以根据需求变动情况，适时地调整生产计划和送货计划，既可以避免盲目生产所造成的浪费，也可以避免库存积压、库存过高所带来的风险。

(5)从送货情况看，供应链采购是由供应商负责送货，而且是连续小批量多频次地送货。

(6)从双方关系看，供应链采购活动中，买方企业和卖方企业是一种友好合作的战略伙伴关系，互相协调，互相配合，互相支持，所以有利于各个方面工作的顺利开展，可提高工作效率，实现双赢。

(7)从货检情况看,传统采购是一种对抗关系,常存在以次充好、低价高买,甚至伪劣假冒、缺斤少两的现象,所以买方货检的力度大,工作量大,成本高;而供应链采购中供应商的责任与利润相连,可实现自我约束,保证质量,所以可以免检,大大节约了费用,降低了成本。

2. 供应链采购管理的特点

企业采购管理是企业为了实现生产或销售计划,购入必需数量的商品或劳务所采取的一切管理活动。较传统采购模式,在供应链环境下,采购管理发生了深刻变化。

(1)库存采购向订单采购转变。在传统的采购中,采购就是为了补充库存。在供应链协调的环境下,采购活动是以订单驱动方式进行的。用户需求订单驱动制造订单,制造订单驱动采购订单,采购订单驱动供应商。这种准时化的订单驱动模式可以准时响应用户的需求,降低库存成本,提高物流速度和库存周转率,形成以订单为中心的供应链协调下的采购管理观念。

(2)采购管理向外部资源管理转变。传统采购模式中,采购只关注采购品的价格、交货期、质量等,对供应商的其他情况缺少了解,采购比较被动。在供应链环境下,采购部门进行的是主动采购,采购主要通过以下方法管理外部资源:①与供应商建立一种长期的、互利互惠的合作关系,以提高其解决问题的积极性;②通过提供反馈信息和教育培训支持,在供应商之间促进质量改善和质量保证;③参与供应商的产品设计和产品质量控制过程,使供应商的行动和整个供应链计划保持同步;④建立一种新的、多层次的供应商网络,并通过逐步减少供应商的数量,致力于与供应商建立合作伙伴的关系。

(3)交易关系向战略协作伙伴关系转变。传统采购模式下,供应商与采购方只是一种简单的交易关系,因而无法解决一些涉及全局性、战略性问题。而供应链环境下的采购注重与供应商建立战略协作伙伴关系。

(4)单一采购价格向综合采购成本转变。供应链模式下,企业关注的重点不再只放在原材料的价格上,而是重点考虑与采购发生相关的成本,包括交货期、质量、库存等短期成本以及和供应商关系变动的长期风险成本等。

四、基于供应链的采购管理

1. 建立高效的供应商网络

企业采购核心工作是供应商的选择,供应商的选择直接影响物资供应的质量、价格、交货期及售后服务。供应链集成下企业采购对供应商关系管理尤为重要,供应商关系管理的实质和核心目标就是要控制资源,控制风险,控制成本,建设高效的供应商网络。

(1)建立供应商准入制度。实行供应商资格预审制和供应商供应产品目录制,突出供应商的核心业务,建立健全能够确保供应资源、实力雄厚、多层次的供应商网络。

(2)加强对供应商的研究。对供应商主营业务进行细分,科学规避供应风险;按照物资的重要性与供应风险,将物资划分为一般物资、杠杆物资、瓶颈物资、关键物资,针对不同类别物资的供应商选取不同的评价重点,确保网络内供应商的质量和层次性。

(3)对供应商网络实行动态管理。按照"优化结构、动态管理、扶优汰劣"的原则,建立科学、量化渠道的标准,达到规范采购渠道、业绩引导订货、优化供应商结构、发展新型供应商管理关系的目的。对网络内的供应商进行常规考核,实行供应商分类管理,对供应商实行定期或不定期的实地考核,动态掌握供应商生产经营状况、质量保证体系执行情况、新产品开发、新技术应用、财务运行、售后服务、人事变动等情况。对网络内的供应商进行日常考核,由供应商管理部门组织,采购、价格、合同、质检部门负责对供应商实行动态考核、评价,供应商管理部门每月进行一次评价。每年第四季度,结合实地考察、日常考核情况,对本年度网络内的供应商进行综合考核,对综合评价为"差"的坚决予以淘汰,同时开发、补充潜在的优秀供应商,保持供应商网络结构稳定。

2. 建立需求管理工作机制

在供应链管理模式下,采购活动是以订单驱动方式进行的,因此,通过对需求的有效管理,可加强企业采购管理。企业物资采购的起点是用户对物资的需求,没有需求就没有需求计划,没有需求计划就不会有物资采购计划。物资需求是物资采购的基础和依据,是供应链的起点。只有准确的需求,才能保证供应链高速运转。使用部门提出物资需求。企业采购部门建立用户需求管理工作机制,沟通需求与采购的联系;研究物资消耗规律,提高物资消耗的预测和把握能力;密切跟踪过程,了解物资需求特点,摸清和掌握物资需求规律,提前介入需求形成过程,掌握第一手资料,为设计选型和需求计划编制提供资源状况、采购周期等信息,把握物资供应工作主动权;合理核定物资消耗定额,制定物资储备定额;推行标准化,统一标准,针对企业生产建设的特点,对主要物资形成统一的、规范的技术协议,形成规模经济量;建立信息平台,供应商、物资采购、需求计划、价格信息共享。物资供应部门加强与用户、生产、工程、技术、设备、机动等部门的沟通,主动协调需求管理存在的问题,帮助解决问题。

3. 对供应市场进行研究和分析

在供应链中,企业可通过相互协作为用户提供产品和服务或增值的信息,从而获利。物资资源是企业成功的基础,价格反映资源的稀缺程度。在供应链运行过程中，资源、价格成为相互协作共赢的基础。供应商关心的是销售价格，而采购不仅关心采购价格，更关心资源获得，期望以最优的成本提高物资资源的获取和控制能力。市场研究是采购价格控制的基础，研究市场现状及发展趋势，及时准确获取市场价格信息，有助于争取主动、把握时机、降低采购成本。采购部门的工作重点要放在市场的调查分析与预测、供需状况分析以及协调供应商与用户之间的合作上来，防止采购价格与市场价格发生重大偏离，造成供应链的中断；通过供应市场研究和分析，密切关注国际和国内市场行情，把握好物资所处的市场环境，了解市场供求变动情况和价格变动的规律，充分利用价格这个市场中“看不见的手”，调节资源配置，使企业物资资源得到有效的保障。

4. 制定物资采购策略

采购策略是为采购活动制定的行动方向与准则，其目的是以较小的采购总成本，实现安全、及时供应。供应链中不仅有供需双方之间的合作，还有多方间的合作。供应链中企业制定物资采购策略，一般从以下两方面来考虑。

(1)针对不同的物资类型、不同的供应商制定不同的物资采购策略。

对于一般类物资，采用批量整合策略，主要考虑如何最大限度地降低采购所需的时间和精力；可通过招标确定价格，签订框架协议，实现框架协议下订单采购。

对于杠杆类物资，采用成本管理策略，主要考虑尽可能地降低采购的价格和成本；可通过招标或竞争性谈判确定价格，既能减少采购成本，又能保证产品质量。

对于瓶颈类物资，采用价值管理策略，主要考虑的是供应商所提供的产品质量是否符合要求，以及能否在合约期限内保持供应的持续性；采购时，尽量给予供应商较优惠的条件，以保证其有高度的积极性，保证企业需要。

对于关键类物资，采用供应商运作整合策略，必须考虑供应商能否满足物资资源保证能力；可结合框架协议、竞争性谈判、联合采购等采购方式来实施。

(2)针对市场环境，制定物资采购策略。

对于买方市场条件下的物资采购，买方占优势，应采取低价策略，同时应对技术方案、质量标准严格要求，加强对供应商上游供应商的管理，保证物资质量，以实现低价格保证产品质量的目的。

对于卖方市场条件下物资采购，卖方占优势，应采取灵活多变的价格策略，卖方市场条件下物资一般是企业战略物资。通过对市场的研究、分析，预测价格走势；当价格继续上涨，在同期采取高价策略，抢占制高点，锁定资源；同期的价格最高点就是后期的价格最低点。

对于均衡市场条件下的物资采购，买卖双方势均力敌，应采取平衡价格策略。

5. 建立战略协作伙伴关系

随着供应链管理思想的发展，企业对供应商关系管理的认识发生了根本性的变化。通过与供应商建立长期紧密的业务关系，整合双方的资源和竞争优势，企业可提高核心竞争力，实现供应链上的共赢。建立战略协作伙伴关系是供应链管理模式下企业采购管理的重要特点之一。

框架协议采购是供应链集成下建立战略协作伙伴关系的重要形式，可发展培育关键物资的主力供应商队伍，优化供应商网络结构。通过一次性招标，可形成框架协议，在一定时期内实现框架协议下订单方式采购，减少重复性采购。

实行框架协议采购，对于供应商可提前锁定市场，把更多精力放在改进产品质量、提高服务水平上，以此降低其销售成本；对于采购商可提前锁定资源，把更多精力放在对需求规律、市场形势、采购策略和过程控制的研究上，以此提高保供降本能力，充分体现“供需是伙伴，合作求双赢”的经营理念。例如，某企业先后分五批对管道配件、油漆、电缆、防爆电器、轴承、阀门、焊接物资、小型钢材、压力表、仪表管阀件、热电偶、热电阻、液位计、原盐及化工三剂等物资实行框架协议采购，不仅实现了安全保供，而且大幅降低了采购成本。

总之，供应链管理是一种集成的管理理念和方法，突破了传统的生产管理模式仅仅着眼于局部优化的狭隘视野，从系统的角度对整条供应链进行业务流程的重组和优化，以实现供应链企业的同步化运作和效益最大化。基于供应链管理理论的采购管理是现代企业资源决策和提高核心竞争力的重要手段。该管理模式致力于通过优化企业采购业务流程，改善企业采购策略，科学管理企业库存，与供应商建立良好的协同合作关系，以达到降低成本、提高企业运营效益和效率的目的。供应链环境下，企业间由单一的竞争关系转变为共同利益下的协同合作关系。这也意味着，企业必须从供应链整体利益的角度对传统采购的单一竞争模式进行优化，从而协调整个供应链的流程运作，取得供应链整体效益的最大化。

第三篇

物资现场管理

第八章 工程项目物资现场策划

第一节 物资现场管理概述

一、物资现场管理的含义

物资现场管理是指基层项目物资部门对工程需用各种物资所进行的计划、采购、储存、使用、核算等一系列管理活动的总称。建筑物资是建筑的物质基础，物资的质量是工程质量的保障。不同工程项目、不同施工阶段，对物资的要求都有所不同；另外，物资的合理使用是项目管理的主要内容之一，直接影响到施工企业的经济效益。因此，加强物资现场管理，对提高工程质量、减少物资消耗、降低工程成本、提高企业经济效益有着重要的作用。

二、物资现场管理的基本内容

物资现场管理主要是指生产过程的管理，即物资进入施工现场后的管理工作，包括物资的进场验收、保管、储存、发放、使用、结算、盘点、回收、报废、核算等。物资现场管理是贯穿施工全过程的管理，从项目中标进场开始，一直到项目竣工交付才结束。

三、物资现场管理的特点

工程项目的物资现场管理工作具有特殊性、艰巨性和复杂性，主要表现在以下几个方面。

(1)建筑物资品种规格多样、消耗量大。由于建筑产品各不相同，技术要求各异，需用物资的品种、规格、数量及构成比例也随之不同。

(2)建筑物资的生产和供应受季节性影响，需要作适当储备，占用储备资金较多。

(3)建筑物资供应不均衡。建筑施工生产是按分部分项分别进行的，生产按工艺程序展开，施工各阶段用料的品种、数量都不相同，物资消耗数量时高时低。

(4)建筑物资供应工作涉及面广。在常用的建筑物资中，既有大宗物资，又有零星或特殊物资，物资货源和供应渠道复杂。

(5)建筑物资的来源不稳定。由于建筑施工场所不固定，因此建筑物资的供应没有固定的来源和渠道。

四、物资现场管理的地位

物资现场管理是基层整个项目管理的重要组成部分。由于物资成本约占工程总成本的50%左右，有的甚至更高，因此现场物资管理在整个项目管理中具有举足轻重的地位。基层物资主管和骨干要深知肩上的责任和使命。

五、物资现场管理的作用

(1)降低采购成本。通过实行物资计划管理和招标(比价)采购，可有效降低采购成本。

(2)减少物资保管损失，维护物资质量。通过加强仓储管理和保管保养措施，可有效维护物资质量，减少保管损失。

(3)降低物资消耗量。通过开展物资核算实行先算后用及限额发料，可促进物资节约，降低物资消耗使用量。

(4)树立企业良好形象。有效、规范的物资现场管理有助于树立企业良好形象，扩大企业知名度。

第二节 物资存储规划

物资存储规划一般是通过合理规划库区(对库存进行分类保管，建立保管秩序)，对物资进行定置管理，实现“物得其所，库尽其用”的管理目标。物资存储规则不仅直接影响进库作业的流畅性，还对进出库作业和保管作业的成本有一定的影响。

工程项目所用物资种类繁多，物资存储要分区分类规划。分区分类规划的基本原则如下：

(1)存放在同一货区的物品必须具有互容性，如碎石、河沙可存储在同一区的不同仓中，水泥、粉煤灰、矿粉可以存储在同一区的不同罐中，建筑钢筋、高线、工字钢等可以存储在同一区。

(2)保管条件不同的物品不应混放。

(3)作业手段不同的物品不应混放，油料、民爆器材要分别单独建库存放。

(4)灭火措施不同的物品决不能混放。

分区分类规划方法可以按照库存物品理化性质不同进行规划，或按库存物品的使用方向或按货主不同进行规划，抑或混合货位规划。即综合考虑按理化性质分类和按使用方向分类的优缺点，对通用物品按理化性质分类保管，专用物品则按使用方向分类保管。以铁路工程项目为例，需要建立砂石料存放区，水泥、粉煤灰、矿粉、减水剂等灌装存放区，建筑钢筋、型钢的存放区，土工格栅、土工布、土工膜、防水板、止水带等土工防水材料存放区，油料存放区，火工品存放区，金属预埋件、锚具等金属制品存放区等等。

第三节　搅拌站建设

在高速、重载铁路建设中，线路桥隧所占比例大已成为工程的显著特点。为减少环境污染、节约土地资源、实施集中化管理，项目建设单位会根据需要建设多个混凝土搅拌站。混凝土搅拌站的位置选取、设备配置、生产控制、内业管理等都将影响工程成本、进度和质量。混凝土搅拌站需按标准化进行建设。

一、位置选取

混凝土搅拌站应依据工程集中、交通方便、水电条件好、供应范围及运距合理、规模适中的原则建设。搅拌站位置宜选取距混凝土集中使用区段近、邻近既有道路的开阔地。进出搅拌站的道路要视野开阔，没有视觉死角，便于原材料进场和混凝土出厂。混凝土供应范围一般为 5～15 km。

注意：混凝土搅拌站是机械化施工程度较高的加工基地，扬尘、噪音等污染较为严重，选址时应尽量避免居住区、学校、种养基地等人员、牲畜较为集中的区域，尽量将对外影响因素降至最低限度。除此之外，道路要相对独立，否则可能发生严重的阻工事件。这种情况在项目上时有发生。

案例一：

某高铁项目在选址时，靠近内河码头，水路交通较方便，有利于砂石料的运输，也能够大大降低运输成本，整体布局较为合理。但站区进出道路是从居民区穿行，运输道路与居民房屋只有 7～8 m 的距离。受运输原材料的重载车辆的影响，部分房屋不同程度受损，墙体出现裂纹，房屋内地坪也出现了轻微塌陷。除此之外，车辆通行时产生的大量扬尘和噪音污染，也影响了周边居民的正常生活。为此，当地住户就房屋损坏及环境污染提出索赔。由于双方的期望值相差较大，短时间内难以达成共识，协商期间经常发生阻工事件，运输车辆无法通行。经过两个多月的艰苦谈判，项目部给予了合理的赔偿后又花巨资重新改道，运输才恢复正常。此次事件不仅造成了一定的经济损失，也在不同程度上影响了生产。

二、设备的配置要求

混凝土搅拌站设备的配置，以满足生产需要、保证混凝土连续供应为宜。施工单位应合理计算每座搅拌站供应区段内混凝土需求量峰值，搅拌机组的生产能力、搅拌车运输能力应满足生产高峰需求。一般情况下，混凝土搅拌站的实际生产能力应以其理论生产能力的 60%计算。如 JS120 搅拌站，理论生产能力为 120 m^3/h，实际生产能力为 72 m^3/h。根据设备计量精度，搅拌机组宜选取 JS180 型及以上规格，且应考虑每座搅拌站设双机组以提高设备运行的稳定性。搅拌机组应满足如下要求。

(1)设有自动计量的拌和系统。

(2)每个配料系统必须满足 4 种以上粗、细骨配料要求。

(3)所有的计量仪器必须经过权威检测机构标定后方可投入使用。

(4)拌和楼按全封闭设置，减少或防止灰尘污染。

(5)粉状物料筒仓应有除尘装置，并保证该装置能有效使用。

(6)符合其他安全要求。搅拌站应备有满足生产的发电机组，以便应急使用，保证施工现场混凝土供应的连续性。混凝土运输车、输送泵、输送泵车数量以满足生产为宜，一般每套混凝土机组配备不少于 10 台 10 m^3 以上的混凝土运输车辆(视运距及道路情况增减)。

三、场区建设

搅拌站的场区建设应做到统一规划、合理布局，生产和生活用房应分开建设。搅拌站占地面积应满足生产需要，一般不小于 10000 m^2(不含生活区和试验室)。场内材料堆放、拌和、车辆停放、垃圾堆放、办公等功能区域划分明确。搅拌站的所有场地应进行硬化并适当绿化，硬化承载力满足场内作业要求。场地硬化按照四周低、中心高的原则进行，面层排水坡度不应小于 1.5%。场地和道路排水畅通，场地四周设排水沟，排水沟用混凝土硬化，必要时敷设钢板或混凝土预制板，便于车辆通行。搅拌站内设置沉淀池和废弃物堆放场地，与搅拌站同期设计、施工、使用，保证工程废水、废弃物不对自然水系和农田造成污染。粗细骨料料仓挡墙的高度要满足不同材料能够完全隔离的要求，一般应在 2.0 m 以上。每种规格的粗骨料必须设置 2 个及以上储备料仓，料仓设有标识牌和样品箱，标识牌标明材料名称、产地、级配范围(粗骨料)、细度模数(细骨料)、检验日期和结果、拟用于哪一类混凝土结构物等内容。冬季施工时，应有保温及加热措施。粗细骨料料仓场应搭设风雨棚，遮挡阳光和雨。

案例二：按照 JS300 型规模搅拌机进行场区建造材料储备设施

(1)储备料仓。储备料仓不少于 12 个，每个料仓不小于 1000 t 的存放量。以三级配碎石为例，碎石料仓不少于 9 个(合格仓 3 个、待检仓 3 个、备用仓 3 个)，黄砂料仓不少于 3 个(合格仓 1 个、待检仓 1 个、备用仓 1 个)。

(2)储备罐。储备罐主要储存水泥、矿粉、粉煤灰等粉料，容积不小 200 t。搅拌机一个机组不少于 8 个储存罐，其中水泥 5 个(2 个合格罐、3 个储存罐)，粉煤灰 2 个(1 个合格罐、1 个储存罐)，矿粉罐 1 个(矿粉检测时间短，可在运输车辆上取样，合格后注入储存罐内)。搅拌机通常由两个机组组成，也就是说，每个大型搅拌站粉料储存罐达 16 个方能够满足粉料储备要求。以高峰时期每天生产2000 m^3 C40 混凝土为例，粉料配合比为水泥：粉煤灰：矿粉=275：80：85(kg)。每天水泥用量为 550 t，粉煤灰用量为 160 t，矿粉用量为 170 t。10 个水泥罐的有效储存量为 10×200×0.9(储存系数)=1800 (t)。为避免未检选用，水泥进罐检测三天后才能使用，储备的水泥 1800 t /3 d=600 t/d，大于 550 t/d 的用量，能够满足生产需要。

图 8-1 新建搅拌站效果图

四、安全生产和文明施工要求

1. 安全生产

搅拌站应牢固树立安全生产意识，建立健全各项安全生产管理制度，落实安全生产责任制，坚持“安全第一，预防为主，综合治理”的安全生产方针，积极开展安全教育培训，制定详细、可行的安全生产措施并全面落实，有效控制和减少各类生产安全事故，杜绝生产安全事故和道路交通事故。

安全生产的要求如下：

(1)所有电器设备按要求进行标准化安装，穿越施工道路的线路从硬化地面下预埋的管路穿过或架空越过。

(2)站内消防设施齐全，标志清晰。

(3)搅拌站需安装避雷装置，并经当地气象部门检定验收。

（4）搅拌站设备安装应平稳，配电应有接零、接地保护，水泥、粉煤灰等筒仓安装应保证在厂家设计的垂直度偏移范围内。

2. 文明施工

搅拌站应建立文明施工管理制度，落实文明施工责任制。按照国家和当地政府规定和要求，建立文明施工管理体系，落实文明施工责任制，增强文明施工意识，树立文明施工形象。

文明施工要做到施工组织有序，材料堆码整齐，设备停放有序，标志醒目，环境整洁干净，实现生产现场标准化、规范化管理。设置监督、举报电话和信箱，接受监督。站内设置醒目的安全警示标志、安全标语以及作业场所安全操作规程。标志还包括工程项目简介、质监举报电话牌、工程项目责任人员牌、安全生产制度牌、消防保卫制度牌、环境保护制度牌、工程创优牌、文明施工牌和工地施工总平面布置图等，应设置在搅拌站入口或其他明显位置。搅拌站出入口、拌和楼、控制室应设置禁止、警告、指令等标志。搅拌站运输车辆应做到不洒、不漏。临近市区作业，出入车辆应清洗车轮。运输车辆在搅拌站内统一指挥，定点停放。

第四节 特殊库房建设

一、库房建设的注意事项

（1）库房应合理选择地点，优先利用永久性仓库，布置地点应位于平坦、宽敞、交通方便之处，距各使用地点较近，还应考虑物资运入方式，遵循安全技术和防火规定。

（2）库房道路应整平，具有良好的排水系统及沉淀池，现场废水不得直接排放，场地有条件应适当绿化。

（3）油库、氧气库和火工品库等危险品仓库，应远离施工现场、居民区和既有设施，附近应有明显标志及围挡设施。易燃、易爆物品的仓库应设在地势低处，位于拟建工程的下风方向。

（4）应在醒目位置设置平面布置图、重大危险源公示牌、值班人员公示牌等。

图 8-2 警示标志

（5）各库房门口应设置分区标识牌，库房内应设置物资标识牌，易燃易爆处应设置禁止标志，存放氧气、乙炔等危险品的库房应设置禁止、明示标志，消防器材放置场所应设置提示标志。

(6)库房内消防设施符合防火防爆要求。

(7)各类电气设备、线路不得超负荷使用，线路接头应牢靠，防止设备、线路过热或打火短路。发现问题应及时联系修理。

二、危险品库

1. 火工品库

(1)施工现场的爆炸物品必须储存在公安机关批准并验收合格的临建炸药仓库。

(2)库区应与居民区、工厂、公共建筑保持安全距离并隔离，平面布置应合理，设置验收区、发货区以及贮药点至库区外保护对象的安全允许距离，应按保护对象的防护等级确定，炸药、雷管要分库设置，距离不小于 30 m，库内应设置自动报警装置。

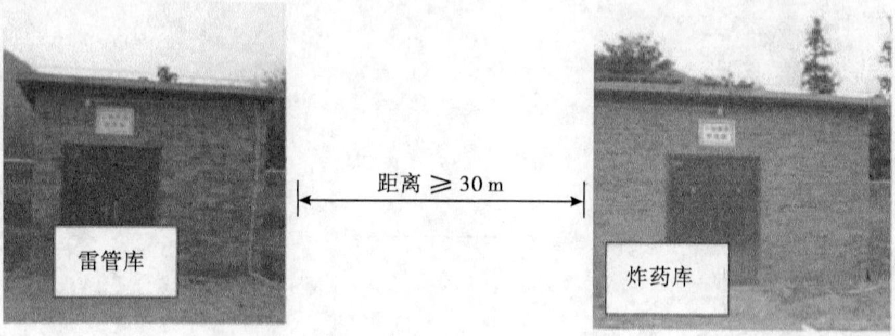

图 8-3 炸药与雷管分库设置

(3)库门应为外开式且开启灵活、关闭严密，库房应具有良好的通风、防爆、照明和防静电措施，必须符合防爆、防雷、防潮、防火、防鼠、防盗等要求。

(4)火工品库应有专人值守，库存量不得超过公安机关批准的容量，物品应堆放稳固，堆垛之间留有检查清点通道，通道宽度不应小于 0.6 m，堆垛边缘与墙的距离不应小于 0.2 m，垫高不小于 0.2 m，放置雷管时必须铺设胶质皮垫，火工品使用应坚持先进先出的原则。

(5)工作人员住房和看守房必须设在库外，看守房位置、高度以能观察周围情况为宜。

2. 油库

(1)油库应制定严格的油库安全管理制度、用火管理制度、外来人员登记制度。

(2)油罐应按设计规定装油，不能混装，夏季露天装轻质油料的油罐应有降温措施，周围应采用围墙或通透式围栏进行隔离。

(3)露天存放的桶装油料，应隐蔽、遮盖，桶身应倾斜，单口朝上，双口在同一水平线上，防止雨水侵入，垛位四周应设排水沟。

(4)油库应划分消防区域，制定消防预案，设置消防工具和器材，并定期检查维护。

(5)油罐区内禁止存放危险品、爆炸品和其他易燃物资。

(6)库区、库房应保持清洁整齐，秩序良好，做到设备无锈蚀，地面无油迹。

3. 氧气瓶和乙炔瓶专用仓库

施工现场必须设置氧气瓶、乙炔瓶危险品专用仓库，采用可移动式房屋，并在外表做明显标志。屋棚采用阻燃板搭设(150 cm×120 cm×200 cm)，屋檐宽30 cm，屋墙上部散热孔高40 cm。使用过程中应注意：

(1)氧气瓶和乙炔瓶分开立放，其安全距离为5 m，距离明火10 m以上。

(2)使用运输小车进行氧气瓶和乙炔瓶的位置转移。

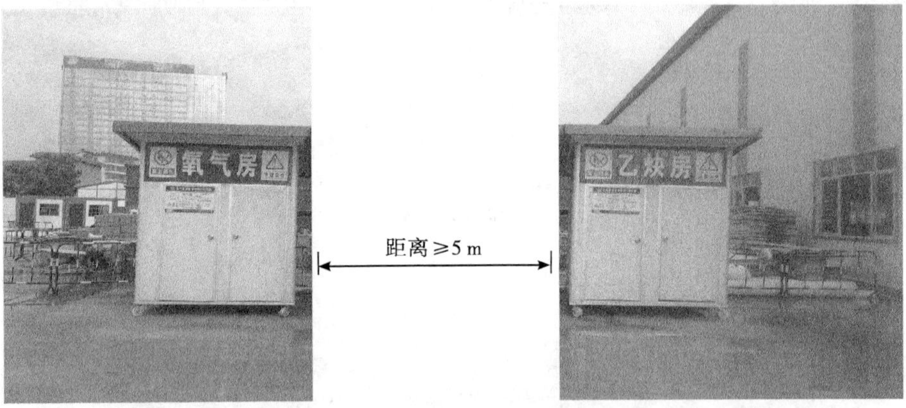

图8-4 氧气、乙炔瓶专用可移动式房屋

图8-5 运输小车

4. 其他危险品库

(1)硫黄、石蜡等锚固材料应设专门库房存放，电灯应用防爆灯，做好防火、防爆措施，且应远离生活区。

(2)润滑油料应专门设库房存放。

三、应急物资库房

根据工程项目安全管理的需要，施工现场应增设应急物资库房标准化建设。应急物资库房采用彩钢瓦活动板房，地面采用 C20 砼铺设，库房内自行选用组合式活动货架，根据物资种类，自由拼装摆放，货架上张贴添加物品标签，便于规范存放和管理。

图 8-6　应急物资库房

第五节　钢筋加工

钢筋工程是结构工程的重要组成部分，钢筋加工质量的好坏直接影响到结构的安全。钢筋集中加工可有效控制质量，提升钢筋成品、半成品质量，也可降低安全风险，提升经济效益。

一、钢筋加工的现状

我国目前的钢筋加工主要在各施工现场分散进行，占地多，物资管理难度大，现场加工主要是人工配合传统简单设备。这种传统的加工方式机械化程度低，生产效率低，劳动强度大，加工质量和时间进度难以控制，无法实行钢筋定尺。物资利用率低、安全隐患多、占地面积大、噪音大等弊端难以克服，在很大程度上制约了工程质量的提高，对推行自动化、信息化、标准化、集约化、现代化生产形成了严重阻碍。

据调查，我国早在 20 世纪 80 年代末 90 年代初便形成了钢筋集中加工配送产业，但因成本过高，市场频现“瘦身钢筋”，导致钢筋集中加工产业链中断。进入 21 世纪后，随着市场规模不断扩大，劳动力市场萎缩，人工成本越来越高，工程事故越来越多，钢筋集中加工又重新被政府和企业提出。目前，我国环保要求不断提高，为减少城市施工道路占用，减少道路破坏，减少城市拥堵，减少扰民噪音，青岛、重庆、北京、河北等地出现了一批由民营企业和国有企业成立的钢筋集中加工工厂。集中加工正逐步被市场认同，集中加工产业在行业中的重要性也在逐步提升。

二、钢筋集中加工的优点

1. 提高工程质量，降低工程成本

传统分散加工具有场地硬化面积大、临水临电管线及配电箱用量多、作业防护棚面积大等诸多问题，增加了钢筋分散加工的成本投入。建筑工程采用钢筋集中加工后，钢筋堆放和加工场地由分散变为集中，实现了集中管理、统筹规划，减少了场地硬化、临水临电、作业防护棚等设施的投入。钢筋集中加工还可以节省原材料。许多裁剪下来的短钢筋可以分品种、分型号、分长度整理堆码，便于再次加工利用，最大限度地减少了原材料的浪费。通过在钢筋集中加工厂设置专用吊运设备，能显著提升吊运设备的使用率，减少吊运费用。

2. 节约资源，保护环境

钢筋分散加工难以控制噪声和污染，生产过程中会产生强烈的噪声和粉尘，环境污染严重，且大量使用人工操作，废品率较高，资源浪费现象严重。钢筋集中加工可以有效解决上述问题，既可以保护环境，又可以节约资源。

3. 利于集约化、专业化发展

钢筋集中加工配送改变了长期以来生产效率低下的人工操作生产模式，实行专业化分工、规模化经营，符合企业集约化、专业化发展的要求，使建筑施工企业由劳动密集型向专业化施工管理转变，符合建筑施工企业改革的需要。

4. 便于新技术和新工艺的推广

采用钢筋集中加工，便于钢筋加工新技术和新工艺的应用，能实现钢筋加工的半自动化和自动化。钢筋分散加工易形成各自为战的局面，一些新技术和新工艺得不到有效的交流和学习。而钢筋集中加工可使现场操作人员能便捷地交流学习钢筋加工新技术、新工艺。钢筋分散加工受加工场地条件和加工数量所限，不具备先进加工设备的使用条件。而钢筋集中加工可使用数控钢筋调直机、数控钢筋弯曲机、钢筋网成型机、钢筋笼成型机等先进加工机械设备，提高了钢筋加工的效率，实现了钢筋加工的半自动化和自动化。

5. 更有利于施工现场安全文明施工

施工单位使用钢筋加工配送中心提供的成型钢筋，减少了现场加工管理工作，同时减少了钢筋加工制作时带来的噪音及环境污染，消除了焊接、切割钢筋时的各种安全隐患，不仅解决了扰民问题，还使现场施工更安全更环保。

6. 解决施工占地难的问题

采用钢筋集中加工与配送，从原材料进场、下料、加工到生产成品，完全在钢筋加工配送中心，施工现场只需提供较小存储场地即可，从而解决了施工现场征地难、拆迁难的问题，减少租地费用和道路迁改费用，减少城市因占地占道造成的道路拥堵，减少现场多次倒运问题以及种种费用支出。

三、大力宣传和推广应用

由于我国在钢筋加工配送方面起步较晚，尚未形成完整系统的规范和标准，设计软件也比较滞后，因此推广起来还有一定的难度。针对这种情况，生产企业如果看好这个市场，就应该积极地与建设主管单位、建筑设计研究单位等相关单位和部门多多沟通与联系，以取得他们的支持和帮助，出台相应的行业标准和规范，为钢筋加工配送的发展创造有利条件。同时，国家应该针对钢筋集中加工出台相应政策，出台相应定额，规范设计，规范建筑市场，给钢筋集中加工产业提供生存的沃土。

四、铁路施工现场工厂化加工

铁路工程施工特点是点多线长。一个标段的施工里程一般为 30～70 km，大标段可超过 100 km。一个标段设一个项目经理部(或指挥部)，下属若干个实体分部。一般以分部为单元建造钢筋加工厂，主要加工桥梁钢筋笼、承台、墩帽、连续梁、箱梁、T 梁、隧道底板、仰拱、二衬和小型预制构件等。

近几年来，钢筋加工标准化在铁路、公路项目中的应用越来越广泛，线下线上工程基本都实行了工厂化作业，尤其是梁场和小型预制构件，其硬件和软件标准已达到了一定的水平，但还有很大的提升空间。部分有远见的铁路施工企业已开始在其管辖的铁路项目上建造较大型的现代化钢筋加工厂，这些厂房为半永久性或永久性(工程结束后可面向市场)，对全线本管段钢筋进行集中加工，由原来分部(工区)各自为政整合后进行规模化加工，将成品供应到各分部(工区)施工点，也可以将服务延伸到其他标段项目分部。

1. 厂房的选址

钢筋加工厂的建设应满足生产、安全、经济和便于管理的要求，整体布局要求合理，应坚持“因地制宜，综合利用，节约资源，绿色环保”的原则。钢筋加工厂建设应符合国家强制性标准、建设方和本工程项目标准化等相关管理办法规定，还应体现节约用地、节省投资、环保节能、规划合理、经济实用的原则。

钢筋加工厂选址应尽量选择地势平坦，临近道路主线，且交通便利，便于原材料进场及场内生产的半成品、成品运至施工现场，缩短钢筋制成品运距，满足及时供应的要求。

在加工区域可设置钢筋存放区、加工区、半成品存放区、成品存放区、废料堆放区及生活区等六大区域，以及用水、用电、环境卫生、排水等 4 套基础设施。也可租用当地闲置的厂房进行改造，以达到使用标准，既经济又环保。

图 8-7 加工车间大样图

2. 坚持标准化建设原则

(1)以专业化、信息化、机械化、工厂化为支撑，确保在场地建设、设备使用、钢筋加工工艺、钢筋安装工艺等 4 个方面实现标准化。

(2)钢筋场地的面积符合生产要求，并配备合格的配套生产设备和经过培训的施工操作人员。

(3)生产场地选择合理，交通方便，水电路通畅，便于进行集中加工和管理。

(4)加工厂实行封闭管理，厂内设置监控探头，大门口设置值守人员。

(5)加工厂内实行分区管理和操作，场内设置清晰的标志标线和明显的标示标牌。

(6)加工厂采用彩钢棚搭建，且采取必需的防护措施，确保坚实、牢固。

(7)场地内全部进行混凝土硬化处理，四周排水通畅，符合安全、环保、文明施工等方面的有关要求。

3. 钢筋加工厂各区域标准化施工要求

图 8-8 钢筋加工厂效果图

(1)钢筋加工厂的大门。钢筋加工厂的大门采用电动卷闸大门,长 8 m,高 2 m。门口配备专门的值班人员,制定专门的管理制度。

图 8-9　钢筋加工厂的大门

(2)围墙。钢筋加工厂实行封闭管理,外围采用砖砌围墙,高 2 m,厚0.24 m,内外以砂浆抹面,刷白色涂料,出入口处配备专职保卫人员。

(3)彩钢棚。钢筋棚采用单层轻钢结构,立柱采用 HN446×199×8×12 热轧 H 型钢,间距 6 m,通过预埋地脚螺栓安装,屋面檩条采用 C140×50×20×2.3C 型钢,屋面采用彩钢瓦,棚架柱高 10 m,场内布设 2 台桁吊。

图 8-10　彩钢棚

(4)配电和消防设施。钢筋加工厂厂内设置专门的配电室,并配备300 kV·A的发电机一台。线路统一规划设计,穿管布设。场内配置消防桶、消防沙等。

(5)氧气、乙炔瓶布设。氧气瓶和乙炔瓶集中存放,使用时采用专门的手推车运送。两瓶距离不得小于 5 m,且与动火作业点距离不得小于 10 m。

(6)钢筋大样展示。各种原材料、半成品或成品按其检验状态与结果、使用部位等进行标识。在加工制作区悬挂各种钢筋的大样设计图,标明尺寸、部位,确保下料机加工准确。

(7)视频监控系统。钢筋加工厂四周及内部布设视频监控系统,进行场内外全覆盖监控。

(8)钢筋加工厂的分区布设。钢筋加工厂分为原材料存放区、半成品存放区、原材料加工区、小型设备停放区、成品待检区等。

(9)物流通道。结合整个钢筋加工厂的布置情况,在厂区中间,设置纵向贯通的物流通道(宽 6 m),确保运输车辆进出方便。

(10)标志、标牌、标线。钢筋加工厂主要进行钢筋的切割、焊接等工作,场所内设置禁止和警告标志。作业人员在施工过程中应戴好安全防护用具,严格按照操作规程作业。

(11)设备配置。机械设备根据加工钢筋数量情况宜选择先进的数控设备,各种机械设备应悬挂安全操作规程和设备标识牌。配备的设备主要有钢筋笼滚焊机、钢筋断切机、钢筋调直机和钢筋弯箍机。

(12)场地硬化及排水。加工厂物流通道采用 25 cm 厚 C25 混凝土,其他场地采用 10 cm 厚 C20 混凝土进行硬化处理。场外周边设置排水沟。

(13)生活区建设。参照拌和站和实验室的相关标准执行。

(14)信息化。加工厂门口设置信息化管理工作室,配备电脑及相关的信息化管理制度,对钢筋的成品及半成品进行二维码标识,直接追踪相关的使用部位,控制工程质量。

4. 安全生产和文明施工

(1)场内各种机械加工设备均挂设机械设备标识牌和安全操作规程牌,电气设备挂设“当心触电”警示牌;加工厂的进口处挂设“施工重地,闲人免进”警示牌。

(2)临时用电符合《施工现场临时用电安全技术规范》(JGJ 46)的规定,线路在钢筋加工厂两侧设两路独立的用电线路。厂内用电采用三级配电,在各作业区分别设置一处用电配电箱。所有布设的固定线路采用绝缘橡胶管进行绝缘。各作业区用电回路分开设置,加设断路器和漏电保护器;电力作业人员持证上岗,按规定正确佩戴、使用劳动防护用品;夜间施工时,现场设有满足施工安全要求的照明设施。

(3)所有棚外电气设备、配电箱、开关箱加锁,且有防雨措施,挂设“当心触电”警示牌。

(4)各种气瓶有标准色标或明显标志,分别存放,不得暴晒,并用标识牌标识清楚,旁边设置“危险作业，请勿靠近”警示牌；各气瓶间距大于 5 m，与明火距离大于 10 m 且采取隔离措施，气瓶装有防震圈和安全防护帽，并设置“禁止烟火”标志牌。

(5)加工机械经机电、安全部门检查验收合格后方可使用，且应形成验收合格记录，以备检查。

(6)加强培训。对新进厂施工管理人员和作业人员一定要做到全覆盖培训，特殊工种要做到 100%持证上岗，确保施工安全。

(7)钢筋加工厂充分考虑必要的防台风措施。

(8)原材料及成品、半成品的堆放应符合标准。

原材料堆放区：钢筋、钢绞线等按照不同规格型号分类垫高存放，并挂牌标识，原材料离地 40 cm，下部支点保证钢筋不变形，保持干燥。原材料采用篷布等覆盖，并作相应标识，按型号、类别登记造册，以便查询。

成品、半成品堆放区：对于加工完成的半成品、成品钢筋，按其检验状态与结果、使用部位进行标识，分类存放。成品、本成品存放区通风良好，垫高堆放，离地 40 cm，下部支点以保证成品、半成品不变形为原则，采用托架存放。易于滑落的材料堆放捆绑牢固，高度不得超过 1.5 m。半成品、成品加工制作均在台座上完成，台座在已经硬化的场地上制作。

原材料、成品和半成品等各功能区之间应留设 2 m 宽的人行通道。

钢筋、钢管等金属材料应具有产品合格证，并按规定存放，避免与酸、碱等腐蚀性介质接触。钢筋加工厂应设置废料区，废料池上面加盖，严禁随手丢弃厂内钢筋头等杂物。经检验合格的成品钢筋尽快运往工地安装使用，不得长期存放。冷拉调直的钢筋和已除锈的钢筋须注意防锈。不同型号的钢筋成品不得堆放在一起，防止混号和造成成品钢筋变形。

五、钢筋加工的未来

1. 人工成本越来越高

随着社会发展进步，人们的生活水平不断提高，生活质量不断改善，法制意识和安全意识不断提高，更重视身体健康，大量劳务人员将逐步退出高强度劳动行业，人工成本将逐步提高，产品成本相应增加，企业负担越来越重。

2. 机械化程度越来越高

目前，科技越来越发达，信息化、机械化发展日新月异。随着 21 世纪国际经济发展和政策的不断变化，国内外企业的竞争已从恶性的价格竞争发展为科技含量的竞争，机械化成本不断降低，机械化应用不断发展。不论在任何行业，未来发展中机械替代人工都将是一种必然趋势。

3. 环保要求越来越高

随着工业化和城市化的发展，环境问题日渐严重，影响了我国经济与社会的进一步发展。环境问题是以牺牲环境为代价的经济发展的必然产物。国家经济发展到一定程度时，必将更重视经济的稳定发展和长远发展，环境治理越来越严格。社会发展离不开基础建设，当然离不开资源。资源节约将是人类继续生存的关键。钢筋集中加工可以大量减少资源浪费，减少城市道路占用和破坏，减少污染，达到低碳环保的效果。

第九章 物资验收和质量管理

第一节 物资验收的基本要求

物资验收是现场物资管理人员依据进料凭证、技术证件、合格证、质量标准等,借助于检验合格的计量器具以及其他检验手段,按一定的程序对入库物资进行数量和质量验收工作的总称。

物资验收入库是储存活动的开始,是划清企业内部与外部物资购销经济责任的分界,可防止进料中的差错和事故,并对运输、采购等工作进行监督,是物资进入现场的“关口”。严格的检查验收可以防止出现数量和质量差错,杜绝不合格的物资入库。

物资验收工作的基本要求是:准确、及时、严肃。

一、准确

物资验收人员要对入库物资的品种、规格、型号、质量、数量、包装、价格及成套产品的配套性认真验收,做到准确无误;执行合同条款的规定,如实反映验收情况,切忌主观臆断和偏见。

二、及时

物资验收人员要对到达的物资及时验收,不得拖拉,在规定时间内验收完毕,并填写验收记录,组织入库。验收时发现问题要及时提出,并协助处理,不得办理入库。

三、严肃

物资验收人员要有高度的责任感、严肃认真的态度、无私的精神,严格遵守验收制度和手续,对验收工作负全部责任。

总之,物资验收工作要把好“三关”,做到“三不收”。“三关”是质量关、数量关、单据关;“三不收”是凭证手续不全不收、规格数量不符不收、质量不合格不收。

第二节 验收的一般流程

一、验收准备

人员准备：质量验收/存货单位技术人员、装卸搬运人员。

资料准备：有关凭证、资料（技术标准、订货合同等）。

器具准备：检验工具（衡器、量具），并校验准确。

货位准备：存放地点，堆码苫垫材料。

设备准备：大批量，必须装卸搬运机械配合，申请调用。

二、凭证核对

材料验收时，核对凭证要将下列单证逐一核查、比对，资料齐全、相符后方能进行实物检验，否则不予验收。

货主方面的凭证：入库通知单、订货合同副本和接收货物的凭证。

供货单位方面的凭证：质量证明文件、装箱单、磅码单和发货明细表等。

承运单位方面的凭证：货物运单（包括普通记录和货运记录）。

三、实物验收

根据入库单和有关技术资料对实物进行数量和质量的验收。

1. 数量验收

验收人员应采取与供货单位一致的计量方法进行验收，数量验收的计量方法有过磅计重、理论换算、量方求积等。根据供货单位的信誉度、包装状况、批量大小、规格整齐程度，采用抽验和全验。

具体方法：计件、检斤、检尺和检尺求积。

2. 质量验收

质量验收是对产品的外观质量和内在质量进行检查测定，以验证其是否符合产品质量标准或合同的要求。一般情况下，物资管理人员只负责外观质量检查，内在质量应会同技术人员共同验收。

具体方法：外观检验和测试仪器检验。

四、入库办理

物资验收合格后，验收人员按实收数及时填写“验收记录”（验收单或验收小票），双方签字确认，并加盖验收专用章。填写“进场/入库物资验收登记簿”（见附录四)，办理入库手续。"验收记录"是采购人员与仓库保管人员划清经济责任界限的凭证，也是随发票报销及记账的依据。填写"验收记录"和"进场/入库物资验收登记簿"时必须统一名称、统一计量单位，并和原发票核对一致，以便查核。

五、问题处理

验收中，若出现不合格的物资，应该及时填写"不合格物资验收记录"(见附录五)，同时按不同情况与供应商协商交涉处理。

1. 数量方面的问题

(1)数量短缺在规定误差范围内的，可按原数入账。

(2)数量短缺超过规定误差范围的，做好验收记录，交主管部门会同货主向供货单位交涉。

(3)数量多于订货量的，做好验收记录，交主管部门会同货主退回多发数，或补发货款。

(4)合同中对磅差有明确规定的，依据合同处理；合同中无明确规定的，钢材及金属制品的数量短缺在合理磅差范围内的，按实收数列账，超过合理磅差应向供货单位交涉处理，或补足或退款。关于进口物资的磅差处理按照国家质量监督检验检疫总局有关规定办理。

2. 质量方面的问题

(1)质量不符合规定时，应及时向供货单位联系，一般情况下做退货或换货处理，也可在征得供货单位同意后代为修理，或在不影响使用前提下降价处理。

(2)货物规格不符或错发时，应做好验收记录并交给主管部门办理换货。

(3)验收有差异的物资应加以标识，单独存放，妥善保管，不得入账，原则上不得使用。

3. 凭证方面的问题

(1)证件未到或不齐时，应及时向供货单位索取，到库货物应作为待检验货物存放在待检区，待证件到齐再进行验收。

(2)证件未到之前，不能验收，不能入库，更不能发料。

第三节　验收及检验试验的方式方法

为了保证建设工程的质量，按照国家标准、行业标准及规范等其他行政法规规定：工程用原材料、构配件、半成品必须在使用前对其进行检验、验收，检验、验收合格后方可使用。因此，施工单位物资部门在原材料、构配件、半成品进场使用前应对其外观、规格、型号、数量和质量证明文件等进行验收，并按标准规定的要求会同试验人员、监理单位取样进行检验,必要时监理要见证取、送样及试验全过程。原材料检验、验收分数量验收和质量检验两部分。

一、数量验收

数量验收按下列方式进行:

(1)对用于工程的原材料,应按进场的批次和现行有关标准、规范分批次进行检验、验收。

(2)数量验收分为计量(检尺检斤)验收、计数验收。

针对不同种类的物资,可采用计重、计件、理论计算等方法验收数量。砂子、石子、白灰、水泥、外加剂、钢绞线、油料、商品混凝土等,应过磅验收;橡胶支座、锚具等应点数验收;木材应检尺验收;钢材除盘卷交货的需过磅验收外,其他均检尺验收。

对于砂石料、级配碎石、AB组填料、道砟等的验收,须有两人及两人以上共同验收,并做到一车一票。验收时,必须配备插尺进行量方或过磅计量。卸在施工现场的物资,由物资人员及施工班组参与共同验收,填制“工地物资验收登记簿”。砂石料、级配碎石等进搅拌站使用的物资,应采用过磅方式验收,开具“大堆料过磅验收单”,同时填制“物资验收登记簿”。

钢材验收时,无论合同规定的是检尺计量还是过磅计量,都需要过磅复核。如经现场过磅复核后,误差在规定范围内,经办人员和施工班组有权领料人才能共同验收;如超过规定范围,需现场查找原因,并提出解决方案,做好记录,双方签字后才可当场开具物资验收交接单。对数量短缺以及与采购计划不符的物资,应及时与供应商联系查找原因,及时办理退货、换货、索赔等事宜。进场验收符合规定标准的物资,结算时收回供应商的“物资验收单”,审核供应商发票,填制“收料单”和“工地物资验收登记簿”等单据及台账。项目分部物资部长应及时审核“收料单”,检查进场物资品种规格、单价等是否与合同、计划、发票及“物资验收单”一致,审核无误后签字确认。

(3)对采用计数检验的项目,应按抽查点数符合标准规定的百分率检查。

二、质量验收

项目部物资人员对进场物资初验合格后,通知实验人员检测,按相关批次要求填制“检验/试验委托单”(见附录六),并建立“物资送检台账”(见附录七)。委托单交接时,需要交接人员同时办理交接手续,做好记录。对初验不合格的物资,物资人员有权直接退料并做好记录。对已进场无产品质量证明文件的物资、外观质量有明显缺陷的物资,要及时获取试验报告。经理化检验或试验不合格的物资应给予标识,单独存放,禁止发放和使用。

(一)物资取样

物资取样原则:样本具有真实性和代表性。

常规取样应注意取样数量、取样部位、批次划分、标准选用以及特殊样品的要求。

(二)各部门对应职责

物资部门:原材料进场后按批次填写委托单并签字。

作业队:钢筋焊接;机械连接;路基填筑,每压实层(制件填委托单)。

工程部门:对取样代表性负责,并在委托单上签字(取样人)。

试验室:接收委托单及样品,及时进行检测并反馈结果,对检测结果负责。

(三)几种主要物资的验收方法

1. 钢筋

每批钢筋由同一牌号、同一炉罐号、同一规格、同一交货状态组成,每 60 t 为一个验收批(不足 60 t 也为一批),超过 60 t 的部分每增加 40 t(或不足 40 t 的余数),增加一个拉伸试验试样和一个弯曲试验试样。钢筋在运输、贮存过程中应防止锈蚀、污染,避免压弯,进场后必须全数检尺或过磅,并对其外观质量进行验收,钢材表面不得有锈蚀、油污、弯曲、划痕、麻点等缺陷,若发现不合格现象不得进场。此外,还应核对质量证明书、品种规格、数量、炉(罐)号和出厂日期等。在外观检查合格的每批钢筋中任选两根,先在钢筋或盘条的端部至少截去 50 cm,然后每根钢筋各截取两段 50 cm 试件,分别做拉伸试验(含抗拉强度、屈服点、伸长率)和冷弯试验。

建筑钢筋应符合现行国家技术标准,用于铁路梁体的建筑钢筋应符合 TB/T 3432 — 2016《高速铁路预制后张法预应力混凝土简支梁》。

2. 水泥

(1)袋装水泥。每 200 t 为一批,不足 200 t 按一批计。在车上或入库后点袋计数,同时对袋装水泥进行抽检。进场水泥必须有水泥生产厂提供的全项指标的质量证明书,验收人员应核对生产厂名、强度等级、出厂日期、出厂编号、数量、包装和质量证明书等,检查是否受潮结块。每批次随机从袋装水泥堆放处取不少于 20 kg 样品进行检验。

(2)散装水泥。同厂家、同品种、同编号、同生产日期且连续进场的散装水泥,每 500 t 为一验收批,核对出厂磅单计量净重,同时重新过磅检验毛重(卸车时要卸净,压力表为零,管口无粉料表明卸净),最后过磅回皮重检验净重。进场检验同袋装水泥。

取样方法：按 GB 12573 进行。取样应有代表性，可连续取，也可从 20 个以上不同部位取等量样品，总量至少 14 kg。

3. 粉煤灰

连续供应、相同等级的粉煤灰，每 500 t 为一验收批，每批取试样一组（不小于 1 kg）。进场时应核验生产厂的质量合格证件及检测报告，检查是否受潮结块。

取样方法：散装粉煤灰取样，从不同部位取 15 份试样，每份 1～3 kg，混合拌匀后按四分法缩取出 1 kg 送试（平均样）。

4. 矿粉

连续供应、相同等级的矿粉，每 200 t 为一验收批。进场时应核验生产厂的质量合格证件及检测报告，检查是否受潮结块。

取样方法：按 GB 12573 进行。取样应有代表性，可连续取，也可从 20 个以上不同部位取等量样品，总量至少 20 kg，混合均匀后按四分法缩取出比试验所需量大一倍的试样（平均样）。

5. 外加剂

以聚羧酸减水剂为例，同厂家、同品种、同编号的减水剂每 50 t 为一批，不足 50 t 时也按一批计。采用过磅计量，同时对其进行抽检。减水剂每一批号取样量不少于 5 kg。

检测项目：固含量、密度、pH 值、水泥净浆流动度、减水率、泌水率比、凝结时间差、抗压强度比、含气量、氯离子含量和碱含量等。

6. 碎石

以同产地、同规格分批验收，每 400 m^3 或 600 t 为一个验收批，不足数量时也按一个验收批进行验收。进场时先目测是否有泥团、木棍、乱草、冰雪等杂物，针片状含量是否过多，以及级配是否合适。外观检测合格后进待检仓，再进行取样，送至试验室检验。

取样方法：在料堆上从 5 个不同的部位抽取大致相等的试样 15 份（料堆的顶部、中部、底部），每份 5～40 kg，然后缩取出 40 kg 或 80 kg 送检。

检测项目：筛分析、表观密度、含水率、吸水率、堆积密度、紧密密度、含泥量、泥块含量、针片状含量、压碎指标、硫酸盐及硫化物含量、碱活性和粗集料坚固性等。

7. 砂

以同产地、同规格分批验收，每 400 m^3 或 600 t 为一个验收批，不足数量时也按一个验收批进行验收。进场时先目测是否有泥团、木棍、乱草、冰雪等杂物混入，细度是否合适，以及卵石是否过多。外观检测合格后进待检仓，再进行取样，送至试验室检验。

取样方法:在料堆上从 8 个不同部位抽取等量试样(每份 11 kg),然后用四分法缩取出 20 kg。

检测项目:筛分析、表观密度、吸水率、堆积密度、紧密密度、含水率、含泥量、泥块含量、有机物含量、硫酸盐及硫化物含量、碱活性、氯离子含量和云母含量等。

8. 油料

油料验收应进行过磅复核,加油车由驻地出发前应过磅记重,加完油回到驻地后再次过磅,打印磅单,对当日的加油记录进行对照核算,同时每半个月对加油计量器具进行校核,并做好记录,保证计量准确。油料入库前,应对油料取样封存,以便油品质量出现问题时查找原因。

三、委托检验

委托检验是指企业为了对其使用的原材料、零部件和生产、销售的产品质量监督和判定,委托具有法定检验资格的检验机构进行检验。检验机构依据标准或合同约定对产品检验,出具检验报告给委托人,检验结果一般仅对来样负责。

1993 年,伴随着《中华人民共和国产品质量法》的出台,我国确立了以监督抽查为主的质量监管政策,在保障产品质量、维护消费者权益方面起到了不可或缺的作用。然而,随着社会的进步和经济的发展,产品的丰富程度和人民的消费要求有了前所未有的提高,使得以监督抽查为主的国家质量监管工作遭遇了很大的困难。特别是在经济欠发达地区,由于财政困难,无法为监督抽查工作提供专项资金支持,质量监管工作很难实施到位。一方面,政府、企业、人民群众对于产品质量的要求有了前所未有的提高;另一方面,地方财力等原因使得以监督抽查为主的质量监管体系出现了很大的问题。在这样一个大的背景下,全国各地如雨后春笋般出现了大量委托检验机构。在一段时间内,这些检测机构的出现,为保证政府监管、维护消费者权益、提高企业质量意识找到了一个很好的契合点,既保证了产品质量,促进了社会平稳健康发展,又避免了政府质量监管方面财政投入不足的尴尬。委托检验机构是国家在质量监管政策、方式方法上的一个尝试,希望将质量责任由政府监管监督抽查为主转向以企业自觉委托检验为主。

委托检验不同于监督抽查和执法检查,是企业的自主自愿行为。随着社会的发展和进步,人们对于产品的要求已不仅仅限定于外观和耐用性,而是将环保、健康、节能等作为选择产品的主要依据。委托检验是产品质量检验的一种重要方式,不仅有效地利用了政府资源,提高了仪器设备利用率,也为企业加强质量控制、促进科技研发、增强产品竞争力提供了强有力的技术支持,成为当前商品贸易过程中企业规避风险经常采取的手段和做法。

委托检测的注意事项：①检测单位资质应符合要求；②填写委托单时应标明产地、型号规格、进场时间、批号、代表数量和出厂时执行的标准，并附带出厂合格证的复印件。

第四节 主要物资标准对比

一、标准

1. 标准分类

按照标准化对象，通常把标准分为技术标准、管理标准和工作标准三大类。

(1)技术标准。技术标准是针对标准化领域中需要协调统一的技术事项所制定的标准，包括基础标准、产品标准、工艺标准和检测试验方法标准，以及安全、卫生和环保标准等。一般物资的质量检测标准就是属于此类标准。

(2)管理标准。管理标准是针对标准化领域中需要协调统一的管理事项所制定的标准。

(3)工作标准。工作标准是针对工作的责任、权利、范围、质量要求、程序、效果、检查方法和考核办法所制定的标准。

2. 我国标准的层级

《中华人民共和国标准化法》将中国标准分为国家标准(以下简称“国标”)、行业标准(以下简称“行标”)、地方标准、企业标准四级。国家标准由国务院标准化行政主管部门制定；行业标准由国务院有关行政主管部门制定；企业生产的产品没有国家标准和行业标准的，应当制定企业标准，作为组织生产的依据，并报有关部门备案。

我国的国家标准代号分为 GB 和 GB/T。国家标准的编号由国家标准的代号、国家标准发布的顺序号和国家标准发布的年号(发布年份)构成。GB 代号国家标准含有强制性条文及推荐性条文，当全文强制时不含有推荐性条文；GB/T 代号国家标准为全文推荐性。强制性国标是保障人体健康、人身、财产安全的标准和法律及行政法规规定强制执行的国家标准；推荐性国标是指生产、检验、使用等方面，通过经济手段或市场调节而自愿采用的国家标准。但推荐性国标一经接受并采用，或各方商定同意纳入经济合同中，就成为各方必须共同遵守的技术依据，具有法律上的约束性。截至 2019 年 6 月 25 日，现行的国家标准有 36587 项，即将实施的国家标准有 1316 项，已经废止的国家标准有 18605 项。

3. 常用标准的代号

(1)强制性国家标准：GB。

(2)推荐性国家标准:GB/T。

(3)建材行业标准:JC。

(4)建筑行业标准:JG 和 JGJ。

(5)交通行业标准:JT 和 JTJ。

(6)水利行业标准:SL 和 SLJ。

(7)铁路运输行业标准:TB 和 TBJ。

(8)冶金行业标准:YB 和 YBJ。

(9)地方标准:DB。

(10)企业标准:QB。

这 10 类标准是从事工程材料质量检测工作过程中常遇到的标准。

二、物资质量检测选用标准的原则

1. 用户所指定的检测标准

首先应该选择检测用户所指定的检测标准。如果用户没有指定检测标准,那么我们应该选择现行有效的标准。需要注意的是,如果用户指定了已经作废的标准,我们也是可以用的,但是一定要求用户在委托时填写清楚,并签字确认,出具检测报告时加以备注即可。

2. 选择现行有效的检测标准

(1)根据产品的适用范围、配套标准来确定。什么是适用范围或配套标准呢?下面举例说明。比如,检测砂、石的现行有效标准有 GB/T 14684—2011《建设用砂》、GB/T 14685—2011《建设用碎石卵石》和 JGJ 52—2006《普通混凝土用砂、石质量及检验方法标准》。其中,行业标准的适用范围为一般工业与民用建筑和构筑物中普通混凝土用砂和石的质量要求和检验,而国家标准的适用范围为建筑工程中混凝土及其制品和普通砂浆用砂、石。不难看出,国家标准的适用范围比行业标准要大。如果检测的砂、石是用在工民建工程中的普通混凝土,那么我们就用行业标准进行检测。

国家标准及行业标准都是可以使用于混凝土中的,需要分析砂、石的配套标准及检测砂、石的用途。如果检测砂、石是用于配制混凝土,而配制混凝土的标准为 JGJ 55—2011《普通混凝土配合比设计规程》,此标准中已明确规定了所用原材料的检测标准是行业标准。如果检测的砂、石是用于其他方面,那么就需要查看在其他的标准中有没有对原材料作出规定。如已规定,我们根据规定进行选择;如没有规定,那我们就要根据我们所检测的样品的用途及其标准的适用范围来进行选择。

(2)根据检测标准的分类及层级来确定。有时从产品的用途及适用范围也难以作出区分,那有没有其他的方法呢?当然是有的。我们可以根据检测标准的分类及层级来确定。首先要确定一下产品是用于哪个行业,是建筑行业、公路行业、水运行业、水利行业还是铁路运输行业。产品用于哪个行业,就优先采用哪个行业的标准。

我国标准有国家标准、行业标准、地方标准和企业标准四级。其中,国家标准是基础;行业标准、地方标准是在国家标准的基础上,结合自身需求制定的某些指标严于国家标准,或某些指标多于国家标准的标准。建筑施工企业的标准包括设计文件、验收标准和施工规范,物资标准首先要以设计文件为准,其次以验收标准、施工规范为准。当无国家标准,或无行业标准,或国家标准未及时更新跟不上技术发展时,企业可制定企业标准。无现行国家标准、行业标准时,可引用企业标准,引用前须经设计部门批复同意。

(3)根据产品标准来选择检测标准。这个最为简单,也最好理解。不过在此需要先明确一下什么是产品标准,什么是检测标准。检测工作过程中,我们可以把标准分成两类,即产品标准和检测标准。产品标准是规定产品性能、技术参数的标准,而检测标准往往是具体的检测方法的标准。当然也有二合一的标准,其中既有产品技术参数,也对其检测方法做出规定。若产品标准中规定了在检测时应采用的标准,则应按规定执行。但值得注意的是,产品标准中所规定的引用标准不一定正确。如果在标准中有“使用本标准的各方应探讨使用下列标准最新标准的可能性”这样的规定,则说明在产品标准有效期内,有可能所引用的检测标准会有新标准先于产品标准出现,此时就要使用最新的检测标准了。

三、现行有效的检测标准

1. 钢筋(含焊接与机械连接)力学性能检测

GB/T 701—2008《低碳钢热轧圆盘条》

GB 1499.1—2017《钢筋混凝土用钢 第1部分:热轧光圆钢筋》

GB 1499.2—2018《钢筋混凝土用钢 第2部分:热轧带肋钢筋》

GB 13014—2013《钢筋混凝土用余热处理钢筋》

GB/T 13788—2017《冷轧带肋钢筋》

GB/T 228.1—2010《金属材料 拉伸试验 第1部分:室温试验方法》

GB/T 228.2—2015《金属材料 拉伸试验 第2部分:高温试验方法》

GB/T 232—2010《金属材料 弯曲试验方法》

GB/T 238—2013《金属材料 线材 反复弯曲试验方法》

JGJ/T 27—2014《钢筋焊接接头试验方法标准》

JGJ 18—2012《钢筋焊接及验收规程》

JGJ 107—2016《钢筋机械连接技术规程》

2. 水泥物理性能检测

GB 175—2007《通用硅酸盐水泥》

GB/T 2015—2017《白色硅酸盐水泥》

GB/T 3183—2017《砌筑水泥》

GB/T 1346—2011《水泥标准稠度用水量、凝结时间、安定性检验方法》

GB/T 1345—2005《水泥细度检验方法 筛析法》

GB/T 17671—1999《水泥胶砂强度检验方法(ISO 法)》

GB/T 2419—2005《水泥胶砂流动度测定方法》

GB/T 8074—2008《水泥比表面积测定方法 勃氏法》

3. 砂、石常规检测

JGJ 52—2006《普通混凝土用砂、石质量标准及检验方法标准》

GB/T 14685—2011《建设用卵石、碎石》

GB/T 14684—2011《建设用砂》

4. 混凝土、砂浆强度检测

GB/T 50080—2016《普通混凝土拌合物性能试验方法标准》

GB/T 50081—2002《普通混凝土力学性能试验方法标准》

GB/T 50082—2009《普通混凝土长期性能和耐久性能试验方法标准》

GB/T 11969—2008《蒸压加气混凝土性能试验方法》

JGJ 55—2011《普通混凝土配合比设计规程》

JGJ/T 98—2010《砌筑砂浆配合比设计规程》

JGJ/T 70—2009《建筑砂浆基本性能试验方法标准》

JC 860—2008《混凝土小型空心砌块和混凝土砖砌筑砂浆》

JC 861—2008《混凝土砌块(砖)砌体用灌孔混凝土》

四、铁标和国标的对比

目前,就铁路运输行业标准(以下简称“铁标”)和国家标准的对比(见附录八)来看,铁标的要求高于国标,是针对高性能混凝土的,如现浇梁、预制梁混凝土等C50及以上的混凝土;但铁标使用的范围不是很广,大都使用在普铁、高铁或城市轨道的设计、施工和运营当中,涉及面相对窄,适用的材料不多。

五、铁标和欧标的对比

开展海外工程时,要考虑当地的质量标准。下面以盆式橡胶支座为例,对中国铁标与欧洲标准(以下简称“欧标”)进行对比。

《铁路桥梁盆式橡胶支座》(TB/T 2331－2004)是中国铁路运输行业广泛采用的基础标准。《客运专线桥梁盆式橡胶支座暂行技术条件》和《客运专线桥梁盆式橡胶支座暂行技术条件补充规定》则是基于标准 TB/T 2331－2004,为中国客运专线桥梁盆式橡胶支座制定的特殊标准性文件,是中国客运专线铁路用盆式橡胶支座必须遵守的强制性规定。

盆式橡胶支座欧洲标准 EN 1337－5:2005(Structural bearings－Part 5:Pot bearings)属于 EN 1337 标准(Structural bearings)的一个部分。EN 1337 标准已经被欧洲高速铁路(德、法、意)、韩国、中国台湾普速铁路和高速铁路所采用,被中国铁路客运专线借鉴,经过多年的工程实践检验。

虽然铁标 TB/T 2331－2004 借鉴了欧标 EN 1337 的一些要求和内容,但是两者针对的管理制度不同,设计理念不同,盆式橡胶支座发展的历史、工业基础及实际情况有所不同,因此,盆式橡胶支座铁标和欧标之间有很多不同之处。

1. 标准适用范围

TB/T 2331－2004 对其适用范围做了详细规定,如竖向承载力、转角、位移、温度、水平承载力等,而 EN 1337－5:2005 仅对温度、转角和橡胶垫直径进行了限制。

橡胶垫是盆式橡胶支座的核心零件,也是设计的源头,其主要功能是传递竖向承载力和转动功能,因此标准的适用范围以橡胶垫直径作为判断标准更合理。

2. 支座竖向承载力

目前市场使用的最大盆式橡胶支座竖向承载力已超过 65000 kN,超出 TB/T 2331－2004 规定的范围。如果橡胶垫的许用压应力按 30 MPa 计算,则 EN 1337－5:2005 的竖向承载力适用范围为小于等于 53014 kN,仍然远小于 65000 kN。显然,从竖向承载力来看,这两个标准目前都已经无法适应盆式橡胶支座的应用需求。

3. 其他标准参数

(1)转角。TB/T 2331－2004 规定了最小转角要求,而 EN 1337－5:2005 规定了最大转角要求。

(2)位移。TB/T 2331－2004 对位移的要求很细致,EN 1337－5:2005 则对此没有提及。这两个标准都没有将位移规定死,可根据实际需要确定。

(3)适用温度。两个标准的最低适用温度相同。但是,TB/T 2331－2004 的最高适用温度比 EN 1337－5:2005 高 10 ℃,适用温度范围更广。

(4)滑动元件摩擦系数。对滑动元件摩擦系数的要求,EN 1337－5:2005 更为严格,验证的过程比较复杂,而 TB/T 2331－2004 的规定则相对简单,更具有可操作性。

第五节　验收过程中应注意的问题

一、进场验收的盲点

(1)物资验收的时间。物资采购到货以后，就需要对物资进行及时验收，最好在物资进场时立即进行。所以，约定验收时间非常必要，以免物资进场时，另一方没有时间对物资进行验收，影响施工进度。

(2)物资验收时，合同中规定的验收人员必须到场，并负起验收的责任。

(3)验收程序必须严格。验收人对合同中规定的每一个约定都应该进行必要的检查，如物资质量、规格、数量等。

(4)合同中规定的验收人应在验收单上签字。如果检查结果合格，验收人应该在验收单上签字。

二、送检程序的盲点

随着我国企业逐步建立现代供应链体系后，产业链上的各道工序被分割，其中存在的种种问题也深藏在各个环节之中。外部监管越来越难发现其中的问题，容易造成监管上的盲区。

2017 年的西安地铁"问题电缆"事件正是因为验收制度失灵，使用环节把关形同虚设。建设单位、施工单位及工程监理单位未认真履行责任，在线缆进场验收等方面没有严格执行有关管理规定，缺乏及时清除不合格物资的有效机制。个别干部、职工收受钱物，与供应商串通，违规默许其自行抽取样品、送检样品、领取检验报告，导致多个检验把关环节"失灵"，"问题电缆"在地铁工程建设中畅通无阻。

第六节　物资质量管理

物资是构成工程产品的一部分，物资质量的高低会直接影响整体工程质量。物资质量管理就是为使物资的质量达到规定要求所进行的计划、组织、协调、控制等活动的总称。这就要求企业要建立、健全一套完整的物资质量管理体系，加强物资工作人员的质量意识，在物资供应的全过程中进行监控管理，以实现安全、及时、经济供应，保障工程顺利进行。

一、供应链质量管理

供应链质量管理是对分布在整个供应链范围内的产品质量的产生、形成和实现过程进行管理，从而实现供应链环境下产品质量控制与质量保证。构建一个完整有效的供应链质量保证体系，确保供应链具有持续而稳定的质量保证能力，能快速响应用户和市场的需求，并提供优质的产品和服务，是供应链质量管理的主要内容。

供应链质量管理的策略主要有：

1. 协同研发、创新

协同研发、创新即邀请供应商参与产品研发和创新过程。这将大大加快制造企业的创新活动，从而使产品质量更优。此外，制造商也可协助供应商改进原材料和包装。供应链企业之间的合作研发是供应链管理中广泛采用的方法，有上、下游企业之间的合作，也有竞争对手之间的合作，而且越来越强调竞争对手之间的合作。

2. 重建制造商与供应商的关系

以产品为中心的供求关系正逐渐变成以服务为中心的供求关系。由于供应链企业的最终目的是要使整条供应链有利于保证质量，因此，供应链质量管理将尽可能提供产品所需的服务，而非产品本身。

3. 加强对顾客需求的研究

在供应链管理中，对顾客需求的研究是一项十分重要的活动。顾客需求是供应链质量管理的重要输入，是新一轮质量改进的起点。为了使顾客满意，必须不间断地广泛收集、获取顾客的需求信息，缩小与顾客之间的“质量差距”。

4. 充分共享有效质量信息

质量信息是供应链质量管理的重要内容。在供应链质量管理中，供应链上下游企业的质量信息量大而复杂，呈现出动态、多参数、多源头等特点。质量信息不仅来源于产品的设计、检测、销售等部门，而且向产品的整个生命周期和社会延伸，成员企业间在质量活动上的协同必须建立在对质量信息的有效处理之上。因此，质量信息的处理技术不仅要能够对动态的过程参数进行有效的分析，而且还要与状态的识别、诊断与控制紧密结合。

5. 改善组织氛围，提升人员素质

供应链质量管理活动涉及不同的组织和人员，和谐的组织和高素质的员工是成功实现质量管理工作的保证。有效的人际关系是质量管理的基础，它对增强员工的质量责任感和关心质量的积极性有重要的影响。

6. 零缺陷质量管理技术

供应链环境下的零缺陷质量管理需要得到先进制造模式的支撑，包括零缺陷设计、制造、管理、信息等流程。许多先进制造技术、零缺陷质量管理技术都是基于信息技术基础之上的，因此，信息技术在整个供应链的零缺陷质量管理中扮演着十分重要的角色。

二、TQM

全面质量管理(total quality management, TQM)是以产品质量为核心,以全员参与为基础,目的在于通过让顾客满意和本组织所有成员及社会受益而达到长期成功的一套科学、严密、高效的质量管理体系,可提供满足用户需要的产品的全部活动,是改善企业运营效率的一种重要方法。

(一)发展历程

从1961年费根鲍姆提出全面质量管理的概念开始,世界各国对它进行了全面深入的研究,使全面质量管理的思想、方法、理论在实践中不断得到应用和发展。概括地讲,全面质量管理的发展经历了以下4个阶段。

1. 日本从美国引入全面质量管理

1950年,戴明博士在日本开展质量管理讲座,日本人从中学习到了这种全新的质量管理的思想和方法。到1970年,质量管理已经逐步渗透到日本企业的基层。

2. 质量管理中广泛采用统计技术和计算机技术

从20世纪70年代开始,日本人开始将质量管理当做一门科学来对待,并广泛采用统计技术和计算机技术进行推广和应用,全面质量管理在这一阶段获得了新的发展。

3. 全面质量管理的内容和要求得到标准化

1986年,国际标准化组织(International Organization for Standardization, ISO)对全面质量管理的内容和要求进行了标准化,并于1987年3月正式颁布了ISO 9000系列标准。我们熟悉的ISO 9000系列标准实际上是对原来的全面质量管理研究成果的标准化。

4. 质量管理上升到经营管理层面

随着质量管理思想和方法往更高层次发展,企业的生产管理和质量管理被提升到经营管理的层次,"质量管理是企业经营的生命线"这种观念逐渐被企业所接受。

(二)工作程序

美国质量管理学家戴明提出了全面质量管理的基本方法和工作程序,他认为质量管理工作程序包括计划(plan)、实施(do)、检查(check)和处理(action)。四个阶段周而复始运转,简称"PDCA循环"。

1. 计划阶段

计划阶段包括4个步骤。

(1)分析现状,找出质量问题。

(2)分析质量问题,找出影响质量的因素。

(3)根据影响因素制定措施,提出改进计划,并预计计划效果。

(4)制定对策。有了好的方案,其中的细节也不能忽视。计划的内容如何完成好,需要将方案步骤具体化,逐一制定对策。

2. 实施阶段

实施阶段是根据预计目标和措施,有组织地执行和实现质量控制。

3. 检查阶段

检查阶段是对计划执行情况进行检验,并发现不足之处。

4. 处理阶段

处理阶段包括两个步骤:总结成功经验和失败教训,并将成功经验标准化,提出失败的预防措施。对未能解决的问题,应转入下一个循环环节,作为下期考虑的目标。

PDCA 循环的特点是:按顺序进行,靠组织力量推动,周而复始,不断循环;大环套小环,整个企业的质量管理活动是大环,各部门、科室是独立的小环;螺旋式上升,质量管理不是停留在原地,而是不断总结和提高。

(三)基本要求

1. 全过程的要求

产品质量只是企业生产的最终体现,而它的保证却是通过从市场调研、开发设计、生产制造到销售服务全过程实施有效控制而实现的。

2. 全企业的要求

质量管理的职能是分布在各个管理阶层、各个职能部门的,因此 TQM 要求企业各个管理阶层、各个职能部门担负起本阶层、本部门的质量管理责任。

3. 全员参加的要求

因为产品质量是企业各个部门、各个环节和各类职工的全部工作质量的综合反映,所以 TQM 要求上至企业最高领导,下至一线操作员工,人人都应关心产品质量,参加各种质量管理活动。

4. 管理方法的要求

影响产品质量的因素既有物的因素又有人的因素,既有技术的因素又有管理的因素,既有企业内部的因素又有企业外部的因素,因此推行 TQM 的企业应区别各种因素,因人制宜、因时制宜、因事制宜,采用多种管理技术和方法进行有效控制。

三、六西格玛管理

(一)发展历程

西格玛为希腊字母 σ 的译音,在统计学中用于表示工艺流程中的变化性。传统的公司中,一般品质要求已提升至 3σ,即产品的合格率达 99.73%,只有 0.27% 为次货。

随着人们对产品质量要求的不断提高和现代生产管理流程的日益复杂化,企业越来越需要更高的质量管理标准,以保持在市场竞争中的优势地位。

六西格玛(6σ)概念作为品质管理概念,最早是由摩托罗拉公司的比尔·史密斯于 1986 年提出,其目的是设定一个目标:在生产过程中降低产品及流程的缺陷次数,防止产品变异,提升品质。20 世纪 90 年代,杰克·韦尔奇在通用电气公司的实践中进一步提升和丰富了六西格玛管理。他总结了全面质量管理的成功经验,提炼了其中流程管理技巧的精华和最行之有效的方法,使六西格玛管理成为一种提高企业业绩与竞争力的管理模式。该管理方法在摩托罗拉、通用电气、戴尔、惠普、西门子、索尼、东芝、华硕等众多跨国企业的实践中,被证明是卓有成效的。

(二)实施程序

1. 辨别核心流程和关键顾客

随着企业规模的扩大,顾客细分日益加剧,产品和服务呈现出多标准化,人们对实际工作流程的了解越来越模糊。获得对现有流程的清晰认识,是实施六西格玛管理的第一步。

(1)辨别核心流程。核心流程是对创造顾客价值最为重要的作业环节,如吸引顾客、订货管理、装货、顾客服务与支持、开发新产品或者新服务、开票收款流程等,直接关系顾客的满意程度。

(2)界定业务流程的关键输出物和顾客对象。在这一过程中,应尽可能避免将太多的项目和工作成果堆到"输出物"栏目下,以免掩盖主要内容,抓不住工作重点。

(3)绘制核心流程图。在辨明核心流程的主要活动的基础上,将核心流程的主要活动绘制成流程图,使整个流程一目了然。

2. 定义顾客需求

(1)收集顾客数据,制定顾客反馈战略。缺乏对顾客需求的清晰了解,是无法成功实施六西格玛管理的。即使是内部的辅助部门,如人力资源部,也必须清楚了解其内部顾客——企业员工的需求状况。

(2)制定绩效指标及需求说明。顾客的需求包括产品需求、服务需求或者两者的综合。对不同的需求，应分别制定绩效指标。

(3)分析顾客各种不同的需求并对其进行排序。确认顾客的基本需求，这些需求必须予以满足，否则顾客绝对不会产生满意感；确认顾客的可变需求，在这类需求上做得越好，顾客的评价等级就越高；确认顾客的潜在需求，如果产品或服务的某些特征超出了顾客的期望值，则顾客会处于喜出望外的状态。

3. 辨别优先次序，实施流程改进

对需要改进的流程进行区分，找到高潜力的改进机会，优先对其实施改进。如果不确定优先次序，企业多方面出手，就可能分散精力，影响六西格玛管理的实施效果。业务流程改进遵循五步循环改进法，即 DMAIC 模式。

(1)定义(define)。辨认需改进的产品或流程，确定项目所需的资源。定义阶段主要是明确问题、目标和流程，需要回答以下问题：应该重点关注哪些问题或机会？应该达到什么结果？何时达到这一结果？正在调查的是什么流程？它主要服务和影响哪些顾客？

(2)测量(measure)。定义缺陷，收集此产品或过程的表现作底线，建立改进目标；找出关键评量，为流程中的瑕疵建立衡量基本步骤。相关人员必须接受基础概率与统计学的训练，学习统计分析软件与测量分析课程。为了不造成员工的沉重负担，一般让具备六西格玛实际推行经验的人带着新手一同接受训练，帮助新手克服困难。对于复杂的演算问题，可借助计算工具，以节省时间。

(3)分析(analyze)。分析在测量阶段所收集的数据，以确定一组按重要程度排列的影响质量的变量；通过采用逻辑分析法、观察法、访谈法等方法，对已评估出来的导致问题产生的原因进行进一步分析，确认它们之间是否存在因果关系。

(4)改进(improve)。优化解决方案，并确认该方案能够满足或超过项目质量改进目标；拟定几个可供选择的改进方案，通过各种形式广泛征求意见，从中挑选出最理想的改进方案付诸实施。实施六西格玛改进，可以是对原有流程进行局部的改进；在原有流程问题较多或惰性较大的情况下，也可以进行流程再设计，推出新的业务流程。

(5)控制(control)。确保过程改进一旦完成能继续保持下去，不会返回到先前的状态。根据改进方案中预先确定的控制标准，在改进过程中，及时解决出现的各种问题，使改进过程不至于偏离预先确定的轨道，出现较大的失误。

4. 扩展、整合六西格玛管理系统

当某一六西格玛管理改进方案实现了减少缺陷的目标之后，如何巩固并扩大这一胜利成果就变得至关重要了。

(1)提供连续的评估以支持改进。在企业内广泛宣传推广该改进方案，以取得企业管理层和员工的广泛认同，减少进一步改进的阻力；将改进方案落实到通俗易懂的文本资料上，以便于执行；实行连续的评估，让企业管理层和员工从评估结果中获得鼓舞和信心；任何改进方案都可能存在着需要进一步改进之处，对可能出现的问题，应提前制定应对的策略，并做好进一步改进的准备。

(2)定义流程负责人及其相应的管理责任。采用六西格玛管理方法，就意味着打破了原有的部门职能的交叉障碍。为确保各个业务流程的高效、畅通，有必要指定流程负责人，并明确其管理责任，包括：维持流程文件记录、评估和监控流程绩效、确认流程可能存在的问题、启动和支持新的流程改进方案等。

(3)实施闭环管理，不断向六西格玛绩效水平推进。六西格玛改进是一个反复提高的过程，五步循环改进法在实践过程中也需要反复使用，以形成一个良性发展的闭环系统，不断提高品质管理水平，减少缺陷率。此外，从部分核心环节开始实施的六西格玛管理，也有一个由点到面逐步巩固改进成果、扩大改进范围的过程。

四、ISO 9000 族标准

1987 年，ISO 9000 族标准正式发布以后，我国在原国家标准局部署下组成了全国质量保证标准化特别工作组。1988 年 12 月，我国正式发布了等效采用 ISO 9000 族标准的 GB/T 10300《质量管理和质量保证》系列国家标准，并于 1989 年 8 月 1 日起在全国实施。1992 年 5 月，我国决定等同采用 ISO 9000 系列标准，发布了 GB/T 19000—1992 系列标准。1994 年我国发布了等同采用 1994 版 ISO 9000 族标准的 GB/T 19000 族标准。2000 年至 2003 年我国陆续发布了等同采用 2000 版 ISO 9000 族标准的国家标准，包括：GB/T 19000、GB/T 19001、GB/T 19004 和 GB/T 19011。2003 年以后，为实现与国际标准的对接，我国陆续发布了等同采用 ISO 9000 族标准的国家标准。

(一)ISO 9000 族标准简介

ISO 9000 族标准包括：4 个核心标准、1 个支持性标准、若干个技术报告和宣传性小册子。

1. 核心标准

ISO 9000：《质量管理体系 基础和术语》，最新版本是 ISO 9000：2015，我国对应的国家标准是 GB/T 19000—2016。

ISO 9001：《质量管理体系 要求》，最新版本是 ISO 9001：2015，我国对应的国家标准是 GB/T 19001—2016。

ISO 9004：《追求组织的持续成功 质量管理方法》，最新版本是 ISO 9004：2018，我国尚没有对应的国家标准，最新的国家标准是 GB/T 19004—2011，对应的是 ISO 9004：2009。

ISO 19011:《管理体系审核指南》,最新版本是 ISO 19011:2018,我国尚没有对应的国家标准,最新的国家标准是 GB/T 19011－2013,对应的是 ISO 19011:2011。

2. 支持性标准和文件

ISO 10012《测量控制系统》

ISO 10006《质量管理 项目质量管理指南》

ISO 10007《质量管理 技术状态管理指南》

ISO/TR 10013《质量管理体系文件指南》

ISO 10014《质量经济性管理指南》

ISO 10015《质量管理 培训指南》

ISO/TR 10017《ISO 9001:2000 统计技术指南》

(二)ISO 9000 标准的质量管理原则

ISO 9000:2015 提出的七项质量管理原则是:

(1)关注顾客。把顾客的满意作为核心驱动力。

(2)领导作用。以强有力的方式全面推行。

(3)全员参与。保证所有人员的工作都纳入到标准体系中去。

(4)过程方法。通过维持每项工作的标准来保证总体质量目标的实现。

(5)改进。使 ISO 9000 体系成为一项长期的行之有效的质量管理措施。

(6)循证决策。使标准体系更具有针对性和可操作性。

(7)关系管理。将本企业标准体系的要求传达到上游供应商,并通过上游供应商的标准体系加以保证。

(三)ISO 9000 标准的质量管理基础

ISO 9000:2015 提出的质量管理基础是:

(1)质量管理体系的理论说明。

(2)质量管理体系要求和产品要求。

(3)质量管理体系方法。

(4)过程方法。

(5)质量方针和质量目标。

(6)最高管理者在质量管理体系中的作用。

(7)文件。

(8)质量管理体系评价。

(9)持续改进。

(10)统计技术的作用。

(11)质量管理体系与其他管理体系的关注点。

(12)质量管理体系与优秀模式之间的关系。

五、现场物资质量管理

(一)物资质量的重要性

质量是企业的生存之本,物资成本在工程项目成本中占比较高,物资质量的好坏直接影响工程质量的优劣。加强项目物资质量的管理,为工程建设提供符合设计要求的物资,是保证工程质量的基础和保障。

(二)全员参与物资质量管理

物资质量管理贯穿于整个物资管理流程中,涉及多个部门,需要项目相关部门共同参加,共同管理。

(1)项目经理:作为物资质量的第一管理者和第一负责人,项目经理要充分认识物资质量的重要性,在质量和成本之间要做好权衡,在保证质量的情况下合理降低成本。

(2)工程部:作为项目的技术部门,工程部要准确提出物资的质量标准和要求,并及时提供给物资部门。

(3)成本(工经)部门:在核算项目成本时,不能一味追求质优价廉,过于压低物资成本。市场经济下商品质量是“一分钱一分货”,讲求的是价格与质量的匹配,不能打破市场规律采购物资;否则,易引发物资质量问题。

(4)物资部:作为物资管理的主责部门,物资部要从源头、进场验收、保管和发放等环节加强物资质量管理;积极开展市场调查,掌握市场资源情况、价格变动情况、价格与质量关系情况等;组织相关部门策划质量管理方案,制定质量控制措施,定期召开质量分析会,及时分析存在的质量问题,提出解决方案,确保物资质量保持稳定。

(5)实验室:作为物资质量管理的主责部门,实验室是物资质量管理最重要的参与者和管理者,要严格按照物资试验检测管理制度管控物资质量;按批次取样检验,严格按照检测操作规程开展检测,出具真实的检测报告。

(6)施工班组:作为最终用料部门,施工班组要把好最后一道关口,物资到达和使用前要认真核对规格型号和使用部位,严防错领、错用;装卸和搬运时要轻拿轻放,防止造成物资损伤;对丁需要暂存的物资,要根据其储存方式合理储存。

(7)其他部门:涉及物资质量管理的其他部门要积极配合主责部门做好物资

质量管理工作。

(三)全过程开展质量管理

1. 物资质量标准

工程部门要依据工程设计要求提出物资质量标准,并明确适用的标准,有特殊质量要求的,要及时提出。

2. 市场调查

要对生产商(供应商)的质量管理体系、质量管理措施和能力进行调查,优先选择质量信誉好、质量管理能力强、有完整质量管理体系的供应商。

3. 招标和签订合同

招标文件中要对投标者的质量管理能力等设置准入条件,比如要求有ISO 9000证书等要求,防止投标者以不合理低价中标,组织供应不合格物资。招标文件和合同中要明确质量标准和要求,并严格执行。

4. 采购

要加强源头控制,物资人员要经常深入生产厂家或储存地进行巡查,检查其生产原料、生产设备、工艺、质量控制措施、检验检测、保管储存是否符合要求,发现问题要及时督促改正。特别是发现物资质量有波动时,要安排专人驻厂监造,并对其生产原料和成品取样抽检,确保质量稳定、合格。

5. 进场验收

物资验收主要包括外观质量验收、资料验证、数量验收。验收人员按照物资合同约定的计量方式、验收时间、物资技术标准及允许偏差范围等进行验收。国家或行业对物资验收另行规定的,还应满足其规定。验收人员要严格按标准验收,按批次及时取样检验,杜绝未检先用。不合格物资绝不能入库使用。为防止供应商用少量合格物资掩盖不合格物资,如粉煤灰、矿粉,应制作特殊取样工具进行深层取样。

6. 储存保管

验收合格的物资进场后要妥善保管,否则易变质,影响使用。保管要求如下:

(1)管库人员应按理化性能、包装状况等划区存放进库(场)物资,选择适宜的堆码储存方式,合理苫垫,做到堆码整齐、稳固,预留必要的进出通道。

(2)凡具有保质期限的物资,保管人员应注明有效保管期限。发料时实行“先进先出”原则,并在保质期限内发出使用。

(3)管库人员对各种储存设施应做好日常检查、维护与保养,定期检修,确保设施正常安全使用。

(4)管库人员要经常清点、检查库存物资,严格执行物资盘点制度,填写库存物资清查(自点)记录,保持“账账相符、账物相符”。盘点出现问题或物资丢失、损坏应及时书面报告。

(5)管库人员应妥善保管物资,防止库存物资发生变质、锈蚀、损坏、霉烂、虫蛀等问题,维护其使用价值。保管不善造成的不合格物资,应隔离存放并加以标识,及时上报处置。

(6)甲供物资应单独存放、标识和建账。保管不善造成的不合格物资,应隔离存放并加以标识,及时上报建设单位。物资进场后要按要求进行存放,做到库容整洁、分类堆码、标志清晰,做好苫盖和防潮措施。物资人员要经常开展物资质量巡查,查看现场物资质量状况、验收记录和保管状态。巡查中如发现不合格物资要及时清理出场,如有未按批次要求检验、未按规定存放和保管等现象,要及时纠正、整改。

(7)发放与使用。项目经理部应建立有权领料制度。领料签字人必须为协作队伍法定代表人或其书面授权人。授权书应经工经部门审核确认,物资管理部门存档备查。受施工现场的储存条件限制,应根据现场实际需要进行物资发放,减少在施工现场的储存。物资到达使用现场时应尽快使用,必须临时储存时,要按保管要求进行储存保管。发放和使用前要认真核对规格型号和使用部位,严防错发、错领、错用。

(四)物资质量管理措施

(1)明确责任,狠抓落实。项目部要细化招标、源头控制、合同履约、进场检验、储存保管、发放使用和监督检查等各个环节的质量责任和落实措施,明确每个环节的责任人和监管人,做到每个环节有人负责,每项措施有人落实、有人检查,实行“责任倒追”制度,确保物资质量责任落实到位。

(2)积极开展质量活动。结合项目实际,采取各种方式宣传物资质量的重要性,组织物资质量知识培训、学习,开展知识竞赛和质量管理合理化建议等活动,提高全体员工质量意识和质量管理素质。

(3)加强巡查,及时发现问题。物资人员要定期开展物资源头和现场的巡查,及时发现存在的问题,制定并落实整改方案,严防物资未检先用,严防不合格物资用于工程实体。

(4)建立质量追溯体系。根据 ISO 9001 标准要求,建立物资追溯台账,掌握每一笔物资的来源、质量文件、复检报告和使用部位,做到每个环节可追溯。

(5)加强对供应商的考核。足额收取供应商的履约保证金和质量保证金,建立合格供应商名录,只在合格供应商名录内选择供应商。同时建立质量黑名单,将屡次发生质量问题或对质量问题整改不积极、不到位的供应商列入黑名单,拒绝其参与投标。

(6)持续改进。市场和资源在不断变化，质量标准和要求也不是恒定不变的，因此项目物资质量管理水平也要积极提升。物资部应定期开展市场调查，掌握物资市场和资源状况，定期召开质量分析会，分析质量管理中存在的问题，提出解决方案，结合市场调查结果，根据市场、资源、标准的变化及时调整管理策略和措施。

第十章　物资储存与发放管理

第一节　物资储存的基本要求

现场物资仓储保管，应根据现场物资的性能和特点，结合仓储条件进行合理的储存与保管。进入施工现场的物资，必须加强库存保管，保证物资完好，便于装卸搬运、发料及盘点。

一、物资存放场所

1. 库房

库房又称封闭式仓库，是指四周有墙壁，上有屋顶，有窗户和门，可以完全将库内空间与室外隔离开来的建筑物。

由于库房可隔热，防潮，遮风挡雨，因此所存物资多是怕风吹日晒雨淋，对温湿度及有害气体比较敏感的材料，如镀锌板、镀锌管、薄壁电线管水泥、胶黏剂、溶剂、防冻剂和电线电料等。

由于库存物资的储存保管是暂时性的，需经常进行收发，库房内有大量搬运、堆码和收发作业活动，所以要求库房应为以上作业提供方便。

2. 料棚(货棚)

料棚(货棚)是指只有屋顶，四周有一至三面围墙，但未完全封闭起来的构筑物，能遮挡日光，但温度、湿度与外界基本一致。只设防雨顶棚，加简易围墙的，称为简易库房，可存放不适合露天存放的物资，用于保管易受雨雪、日照影响、但不易受温湿度影响的物资，如中小型钢材、耐火材料、优质木材。

3. 露天料场(货场)

露天料场(货场)是指露天的，但地面经过一定处理的存料场地。一般要求比周围地势稍高，地面干燥、不返潮，排水良好，场地四周应设有排水沟，场地内无积水，地面应夯实，最好采用混凝土进行地面硬化，无杂草和垃圾，远离烟尘和排放有害气体的场所，保持交通方便并配备适宜的物资搬运、装卸、计量等作业设备。露天料场(货场)可存放不易受天气、温湿度变化及日照影响的可露天存放的物资。

二、物资堆码

(一)堆码的基本要求

(1)合理。合理分类,合理间距;大不压小,重不压轻,缓不压急,不围不堵,先进先出。

(2)牢固。不偏不斜,稳定牢固。

(3)定量。垛形一样,尺寸一样,数量一样且为整数,过目知数。

(4)整齐。垛形、垛高、垛距标准化、统一化;排放整齐,垛边横竖成列,垛不压线;外包装一律朝外。

(5)节约。尽可能堆高;妥善组织,一次作业到位;合理使用苫垫材料。

(6)方便。垛形、尺度、堆垛方法方便堆垛、搬运、装卸作业;垛形方便理数、查验物品;方便通风、苫盖等作业。

(二)货垛设计

1. 货垛的“五距”要求

“五距”是指墙距、柱距、垛距、顶距和灯距。即货垛不能倚墙靠柱,相互间不能挤压得太紧,不能与屋顶和照明设备相连无间,必须保留适当的距离。

(1)墙距的设置主要是为了防止墙壁的潮气对货物的影响,方便开关库窗、检点货物和通风散潮。外墙距是指货物离有窗户的墙体的距离,一般为 0.3~0.5 m;内墙距是指货物离没有窗户的墙体的距离,一般为 0.1~0.2 m。

(2)柱距的设置主要是为了防止立柱潮气影响货物,以及保护建筑物安全,一般为 0.1~0.3 m。

(3)垛距是指货垛间的必要距离,主要起通风、散热和方便进出等作用,通常以支道作为垛距。库房垛距一般为 0.5~1 m,货场垛距一般不少于 1.5 m。

(4)顶距是指货垛堆放的最大高度与库房、货棚屋顶间的距离。顶距的设置主要是为了满足装卸、搬运、通风、散热、消防、收发和查点等需要。

多层库房顶距:底层和中层一般为 0.2~0.5 m,顶层一般为 0.5 m 以上。

平房库顶距:一般为 0.2~0.5 m。

(5)灯距是指货垛顶部与照明灯之间的距离。灯距的设置主要是为了防止火灾。灯距严格规定不得少于 0.5 m。

2. 堆码设计

(1)垛基。垛基是货垛的基础,也称为垫垛,是指在货物堆垛前,在预定的货位地面位置上,使用衬垫材料进行铺垫。

常见的衬垫材料有枕木、钢轨、货板架、木板、钢板、花岗石、帆布、芦苇片、水泥块等。

(2)垛形。垛形是指货物在库场码放的外部轮廓形状。

按垛底的平面形状，垛形可分为矩形、正方形、三角形、梯形、半圆形、环形等；按货垛的立面形状，垛形可分为矩形、正方形；三角形、梯形、半圆形，还可组成矩形-三角形、矩形-梯形、矩形-半圆形等复合形状。

仓库常见的垛形有平台垛、起脊垛、立体梯形垛、行列垛、井形垛和梅花形垛。

①平台垛：在底层以同一个方向平铺摆放一层货物，然后垂直继续向上堆积，每层货物的件数、方向相同，垛顶呈平面，垛形呈长方体。

②起脊垛：实质上是平台垛的变形，其下部的堆垛方法与平台垛一样，堆垛到一定高度时，以压缝的方式逐层收小，将顶部收尖成屋脊形。

③立体梯形垛：在最底层以同一方向排放货物的基础上，向上逐层同方向减数压缝堆码，整个货垛呈下大上小的立体梯形形状；垛形极为稳固，可以堆放得较高，仓容利用率较高；可与平台垛结合使用，即底部数层采用平台垛方式，到一定高度后采用立体梯形垛；适用于包装松软的袋装、桶装、筐装、卷形、捆包货物。

④行列垛：将每票货物按行(列)的方式进行排放，每行(列)一层(数层)高，垛形呈长条形；长条形的货垛使每个货垛的端头都延伸到通道边，可以直接作业不受阻挡，但每垛货量较少，垛垛之间都需留空，垛基小，不能堆高，占用面积大，库场利用率低；适用于批量较小的货物。

⑤井形垛：以一个方向铺放一层货物后，以垂直方向铺放第二层货物，逐层交错堆放，货物横竖隔层交错，垛顶呈平面；垛形稳固，但层边货物容易滚落，需要捆绑或收紧；适用于长条形的钢材、钢管及木材等货物。

⑥梅花形垛：将每一排(列)货物排成单排(列)，第二排(列)货物每件都依次紧靠在第一排(列)的两件之间卡位，以后每排(列)依次卡缝排放；对于能够多层堆码的货物，堆放在第二层以上时，应将每层货物压放在下层的三件货物中间，四边各收半件，形成立体梅花形垛；货物摆放紧凑，能充分利用货物之间的空隙，提高仓容利用率；适用于需要直立存放的大桶装货物。

(3)货物堆存的基本方法。

①散堆法：是指在确定货位后，直接使用堆扬机等机械，将货物堆高，并达到设定的高度，适用于露天存放的没有包装的大宗散货(如煤炭、矿石等)或库内少量存放的谷物、碎料等。

②货架存放法：采用货架存放，货物互不挤压，可以保证货物本身的性能，提高存储货物的质量，适用于小件、品种规格多、包装简易(脆弱)、不便堆垛的货物。

③堆垛法：主要针对有包装的货物和裸装的计件货物，可提高仓容利用率。

堆垛法主要有以下 10 种形式(表 10-1)。

表 10-1　堆垛法的 10 种形式

名称	堆码方式	特点	适用范围
重叠式(直堆法)	逐件、逐层向上重叠堆码,一件压一件	方便作业、计数,但稳定性较差	袋装、箱装、箩筐装货物,以及平板、片式货物等
纵横交错式	每层货物都改变方向向上堆放	较为稳定,但操作不便	管材、捆装、长箱装货物
仰俯相间式	将货物仰放一层,再反一面俯放一层,仰俯相间相扣	极为稳定,但操作不便	上、下两面有大小差别或凹凸的货物,如槽钢、钢轨、箩筐等
压缝式	将底层并排摆放,上层放在下层的两件货物之间。如果每层货物都不改变方向,则形成梯形形状;如果每层都改变方向,则类似于纵横交错型	/	/
通风式	相邻的货物之间都留有空隙,以便通风;层与层之间采用压缝式或者纵横交错式	/	需要通风量较大的货物堆垛
栽柱式	码放货物前在货垛两侧栽上木桩或者钢棒,形如 U 形货架,然后将货物平码在桩柱之间,几层后用铁丝将相对两边的柱拴联,再往上摆放货物,形如 H 形货架	操作较方便	棒材、管材等长条状货物
衬垫式	隔层或隔几层铺放衬垫物,衬垫物平整牢靠后,再往上码	/	不规则、且较重的货物,如无包装电机、水泵等
直立式	货物保持垂直方向码放	/	不能侧压的货物,如玻璃、油毡、油桶、塑料桶等
宝塔式	与压缝式堆垛类似,但压缝式堆垛是在两件物体之间压缝上码,宝塔式堆垛则在四件物体之中心上码,逐层缩小	/	电线电缆等
托盘堆垛	货物直接在托盘上存放,从装卸、搬运入库直到出库运输,始终不离开托盘	提高机械作业的效率,减少搬倒次数	/

(三)垫垛

垫垛是指货物码垛前,在预定的货位地面位置,使用衬垫材料进行铺垫。

1. 垫垛的目的

垫垛的目的包括:①使地面平整;②堆垛货物与地面隔离,防潮气和积水,垛底通风层通风排湿;③地面杂物、尘土与货物隔离;④泄漏物收集和处理;⑤使重物的压力分散，避免损害地坪。

2. 垫垛的材料

垫垛的材料包括枕木、废钢轨、货架板、木板和钢板等。

3. 垫垛的基本要求

垫垛的基本要求包括：①强度适宜；②同向整齐；③间距适当，面积相同，不伸出货垛外；④高度适宜（露天为 0.3～0.5 m，库房为 0.2 m）。

（四）苫盖

苫盖是指采用专用苫盖材料对货垛进行遮盖。

1. 苫盖的目的

苫盖的目的为防尘、防晒、防雨、防风、防自然损耗。

2. 苫盖的材料

苫盖的材料有帆布、芦席、竹席、塑料膜、铁皮铁瓦、玻璃铁瓦、塑料瓦。

3. 苫盖的方法

苫盖的方法有就垛苫盖法、鱼鳞式苫盖法和活动棚苫盖法。

4. 苫盖的基本要求

(1)选料合理。防火，无害，对货物无不良影响；成本低廉，不宜损坏，耐用；没有破损和霉烂。例如，易燃易爆货物仓库不得使用芦席、油毡纸等易燃料；苫盖时间较长的垛可用两层席子，中间夹一层油毡纸。

(2)苫盖要牢固。苫盖物外用绳索、绳网绑扎或者采用重物镇压，以防被风掀开。

(3)苫盖接口要紧密。苫盖的接口要有一定深度的互相叠盖，不能迎风叠口或留空隙；苫盖必须拉挺、平整，不得有折叠和凹陷，防止积水。

(4)苫盖的底部与垫垛平齐。苫盖的底部不得腾空或拖地，应牢固地绑扎在垫垛外侧或地面的绳桩上，衬垫材料不得露出垛外，以防雨水渗入垛内。

(5)注意材质和季节。夏季注意防水，冬季注意防风雪。

（五）常用物资的堆码

1. 钢材堆码

钢材类堆码采用 12 m 长工字钢台架，台架底部采用 I 22 工字钢，每 3 m 设置一道竖向长 80 cm 的 I 10 工字钢立柱，以区分规格。

钢材的储存下垫高度不小于 20 cm，不同等级、牌号、规格及生产厂家应分批、分别堆放，标识清楚，以便识别。

图 10-1 钢材堆码

2. 主要物资基地堆码

基地内要下垫方木(100 mm×100 mm),并保证原材料归类整齐。各类施工物资的尺寸、形状、规格各不相同,所以必须按照工地的特定条件进行合理的堆放,堆放点必须竖立物资标识牌,采取物资堆放标准化管理。

图 10-2 铺轨基地物资堆放

3. 主要物资库房堆码

库房内要下垫方木(100 mm×100 mm),方木之上铺竹胶板,竹胶板上再用地板革铺满,用铁钉钉牢。主要存放物资有支座、锚具、泄水管等。

图 10-3　主要物资仓库堆码

4. 轨料库房物资堆码

依据物资计划，做好物资进场、验收、入库、发放管理。卸车采用库外龙门吊卸车后，通过人工拆除大件包装，再利用装载机运至库内，分类别及批号，采用"五五化"堆码，下垫托盘以防潮；每个存放区都应有明确标识牌，以了解进料时间及数量等详细信息；仓库每批次收发货后，应进行整理整顿，清洁清扫；不同品种物资做到分开存放，便于发放及有效管理。

图 10-4　轨料库房堆码

5. 辅助材料库房堆码

辅助材料存放在白色铁质货架(2 m×60 cm×2 m，三层)上，每个货架只存放同类材料，材料规格、种类以料库标签注明区分。

库房料签采用带三个数字轮的蓝色塑料卡，卡里可以插入白色卡片，需填写物资名称、规格型号和编号。

图 10-5　辅助材料库房堆码

6. 加工厂内半成品堆码

半成品根据各规格定做专用台架，台架底部采用 I 22 工字钢，每 2 m 设置一根 1 m 长的 I 10 工字钢立柱，以区分规格。台架每 1.5 m 设置一列，采用打包机对同种规格、数量进行捆扎打包，整体装卸、运输。

钢筋笼采用移动式台架堆码，底部采用I22 工字钢作为纵向支撑，上部采用 10 mm圆弧形钢板，每 2 m 一排，设置 10 排，采用骑缝式堆码，堆码高度不大于 3 m。

图 10-6　加工厂内半成品钢筋打包

图 10-7　加工厂内半成品堆码

7. 工地半成品堆码

工地半成品采用移动式 H 形台架堆码，支撑采用 I 16 工字钢，长 100 cm，总高 80 cm，垫高 30 cm。

工地钢筋笼采用移动式台架堆码，底部采用 I 16 工字钢作为纵向支撑，上部采用圆弧形型钢，每 4 m 一排，采用骑缝式堆码，堆码高度不大于 3 m。

图 10-8　工地半成品堆码

8. 管片堆码

管片堆放场地必须夯实平整(施工堆场必须浇捣混凝土),场地周围必须有排水措施,不得积水。

管片必须堆放在钢制基座上,堆放的高度不得超过 3 块,管片间的垫木上下一致。钢支座长 2.37 m,宽 0.8 m,高 0.47 m,底部为长方形结构,与管片接触面为弧形构造,弧度与管片弧度一致,接触面两端贴有橡胶软木衬垫,放置管片时可以很好地保护管片不被磕碰,防止管片破损。

管片应排列整齐,纵距、横距、安全通道不得小于 1 m,篷布必须叠放整齐,垫木集中堆放,安全通道必须畅通。

图 10-9　管片堆码

三、物资标识

物资经进场验收后,为了有效明确其名称、规格型号,必须进行合理堆码并做明确的标识。标识的意义在于让所有使用者明确所标识物资的质量、数量、状态，防止不合格产品投入生产。

1. 物资标识的范围

所有构成工程主体的原材料及半成品、库存辅助材料、库房材料。

2. 物资标识的内容

项目部所有标识牌全部要按统一规格、型号制作。标识牌内容必须涵盖：产品名称、规格型号、出厂批号（炉号）、检验状态（质量状态）、进料日期、生产厂家、生产日期、使用部位。填制标识牌时，应对照检验报告单，逐项填写，并随时更新。

对物资检验状态的标识有以下四种：①未检验和试验记为“待检”；②已检验和试验，待确定状态记为“待确定”；③已检验和试验，合格状态记为“合格”；④已检验和试验，不合格状态记为“不合格”。

3. 物资标识的规定

（1）物资标识牌颜色要求白底、蓝框、黑字，书写要求清楚、整洁，标识牌应置于醒目的位置，辅助材料库、火工品库等物资标识采用料签。

（2）各类进场物资的标识应根据性能、状态，按类别统一设计和规定。未经标识的物资不得发放和投入使用。

（3）对环境和职业健康安全有影响的物资还应有警示标识。

（4）外协队伍物资标识牌由项目部统一制作，有偿发放使用。对不按规定堆码、无标识或标识不明显的外协队伍，物资部门可责令其整改。对不服从管理的外协队伍，物资部门可根据具体情况给予一定的经济处罚或指派他人帮助整改，费用由原承包的外协队伍承担。

4. 标识牌

（1）原材料标识。原材料标识牌采用铝塑板材质，尺寸为50×70 cm，白底，蓝框，黑字。标识内容包括：材料名称、生产厂家、规格型号、进场数量、进场日期、检验状态等信息。注意保持板面干净，每日更新。

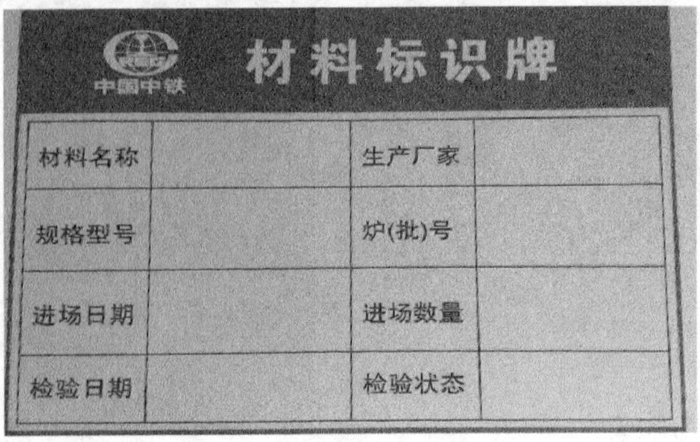

图 10-10　材料标识牌

(2)半成品标识牌。半成品标识牌尺寸为 300×500 mm，单根支撑高 800 mm，上半部分为蓝底白字，下半部分为白底黑字，分别对材料名称、规格型号、检验状态及使用部位等进行标注。

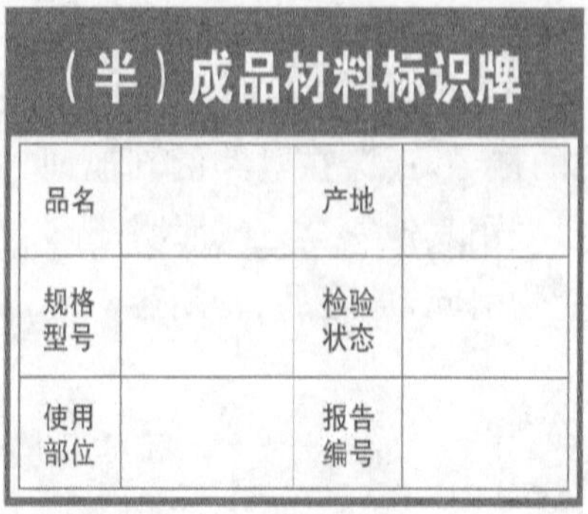

图 10-11　半成品材料标识牌

图 10-12　钢筋半成品标识牌

5. 二维码

(1)原材料二维码。原材料二维码内容包括原材料的规格型号、生产厂家、供应商厂家、进场日期、验收人员、验收状态、使用部位、存放位置、质保单图片、送货车辆信息、进场数量、炉(批)号，信息齐全，便于管理人员及时了解原材料的动态，能确保材料可追溯。

(2)半成品二维码。半成品二维码内容包括半成品的加工日期、加工数量、规格型号、尺寸图纸、使用部位、加工人员、验收状态及钢筋半成品的出库等相关记录，能有效地掌握半成品的加工信息以及使用部位，确保加工可追溯，使用可追溯。

四、仓库消防

(一)仓库消防的基本知识

1. 燃烧三要素

火的发生必须具备三要素：可燃物、助燃物、着火源。可燃物是指能与助燃物发生燃烧反应的物质，包括一般植物性物料、油脂、煤炭、硫黄等。助燃物是指支持燃烧的物质，包括氧气和氧化剂。着火源是指物质燃烧的热能源(明火源、其他热能源)，是仓库防火管理的核心。从三要素理论来看，只要缺少一个燃烧条件，燃烧就不会发生。

2. 火灾的种类

火灾可分为普通火灾、油类火灾、电气火灾和爆炸性火灾。对火灾进行分类是为了有效防止火灾，有针对性地灭火。

(1)普通火灾。普通火灾由普通可燃固体(如木料、棉花、化纤和煤炭等)引起，虽然燃烧扩散较慢，但较深入，易重燃，可用水灭火。

(2)油类火灾。油类火灾由引火性液体及固体油脂引起。由于这些物质具有流动性，且轻于水，因此油类火灾不可用水灭火，可使用泡沫灭火器和干粉灭火器。注意：矿物油存放于专用油库，独立包装食用油存放于普通仓库。

(3)电气火灾。电气火灾由电气线路故障引起，其特征是火场中还有供电存在，有人员触电的危险。另外，由于供电系统的传导，还会在电路的其他地方产生电火源。因此，火灾发生时，应迅速切断供电，采用其他安全方式照明。

(4)爆炸性火灾。爆炸性火灾由爆炸性货物引起，危险品、密闭容器会加剧火势，扩大燃烧范围，容易造成人身伤害。

(二)防火与灭火方法

1. 防火方法

(1)控制可燃物。减少或不使用可燃物，对可燃物做难燃处理。例如，建筑中使用不燃、难燃电气材料；使用难燃材料包装、苫盖；通风，排出可燃气体；洒水，减少可燃物扬尘。

(2)隔绝助燃物。隔绝助燃物的方法有封闭、充注惰性气体、抽真空、浸泡不燃液体等，也可在表面涂刷不燃漆、涂料等，避免物件与空气直接接触。

(3)消除着火源。消除着火源是防火的核心，是灭火的基本方法。

2. 灭火方法

(1)冷却法。将温度降低到燃点以下。例如，使用大量冷水、干冰降温。

(2)窒息法。使火场附近的氧气含量降低，不能继续燃烧。窒息法包括：封闭窒息法(如将燃烧间密闭)、充注不燃气体窒息法(如充注二氧化碳、水蒸气等)和不燃物遮盖窒息法(如用黄沙、惰性泡沫、湿棉被等覆盖着火物)。

(3)隔绝法。减少或隔离可燃物，避免火势扩大。隔绝法是灭火的基本原则，可减少货物受损，控制火势。火灾发生时，首要工作就是将火场附近的可燃物搬离，或者用难燃材料隔离。

(4)化学抑制法。通过干扰、抑制游离基，中断燃烧的链反应。

(5)综合灭火法。同时采取各种方式灭火，如隔离法(搬离货物)与封闭窒息法(灭火剂)同时进行，隔离法与冷却法同时进行，封闭窒息法(封闭库房)与冷却法(库外喷水降温)同时进行。但是，要注意避免互相干扰。例如，采用泡沫灭火时，不能用水冲；酸性灭火剂不能与碱性灭火剂共同使用。另外，还得防止造成人员伤害。例如，释放惰性气体时，必须先将现场人员撤离。

(三)常用消防器材

常用消防器材有消防水、消防沙土和灭火器等。其中，灭火器可根据容器内盛装的灭火剂分为泡沫灭火器、二氧化碳灭火器和干粉灭火器。

表 10-2　常用消防器材

<table>
<tr><th colspan="2">名称</th><th>作用</th><th>适用范围</th><th>备注</th></tr>
<tr><td colspan="2">消防水</td><td>冷却、窒息和冲击火焰</td><td>普通火灾</td><td>①最常用的灭火剂；
②不适用于电气火灾、油类火灾、轻于水且不溶于水的液体和碱金属的火灾</td></tr>
<tr><td colspan="2">消防沙土</td><td>覆盖镇压，吸附液体，阻止流动</td><td>小面积火灾，氧化剂、酸碱性物质和遇水燃烧物质的火灾，液体火灾</td><td>廉价易得</td></tr>
<tr><td rowspan="3">灭火器</td><td>泡沫灭火器（如化学灭火器、空气灭火器）</td><td>覆盖可燃物表面，阻隔空气</td><td>油类火灾和普通火灾</td><td></td></tr>
<tr><td>二氧化碳灭火器（如干冰灭火器）</td><td>冷却和窒息</td><td>油类火灾、普通火灾和电气火灾</td><td>①二氧化碳及时气化，不留痕迹，不会损坏物品；
②使用过程中应注意防止人体冻伤或窒息</td></tr>
<tr><td>干粉灭火器（如碳酸氢钠干粉灭火器）</td><td>覆盖窒息，减少液体流动</td><td></td><td>易清洁，无污染</td></tr>
</table>

（四）仓库防火措施

（1）建立健全各种必要的防火规章制度（上墙，责任到人）。

（2）设立醒目的“严禁烟火”“严禁吸烟”标志，不准带入火柴、打火机等火种。

（3）严格管理电源。仓库照明开关和安全装置应设在库外。危险品仓库要设置防爆灯具。对电气设备要经常检查，防止因电气设备故障而引起火灾。下班离开前要锁闭门窗，切断电源。

（4）危险品、爆炸品要单独存放，搬运时要轻拿轻放，严防震动、摩擦、撞击、倒置。所有工具必须是不产生火花的工具（木制），不准穿着带铁钉的鞋靴进入库内。

（5）根据仓库布局和储存物资的性质，在适当的地点设置木桶、沙箱、灭火器以及各种消防用具，仓库区应设置消火栓。

（6）定期组织消防演习，熟悉应知必会的消防和救护知识。

第二节 物资运输与装卸

一、物资运输

(一)物资运输管理的任务

物资运输管理的基本任务是:根据客观经济规律和物资运输四原则,对物资运输过程进行计划、组织、指挥、监督和调节,争取以最少的里程、最低的费用、最短的时间、最安全的措施,完成物资在空间的转移,保证工程需要。具体任务是:

1. 贯彻“及时、准确、安全、经济”的原则组织运输

(1)及时。及时是指用最少的时间,把物资从产地运到施工、用料地点,及时供应使用。

(2)准确。准确是指在整个运输过程中,防止发生各种差错事故,做到不错、不乱、不差、准确无误地完成运输任务。

(3)安全。安全是指在运输过程中保证物资质量完好,数量无缺,不发生受潮、变质、残损、丢失、爆炸和燃烧事故,保证人员、物资、车辆等安全。

(4)经济。经济是指经济合理地选择运输路线和运输工具,充分利用运输设备,降低运输费用。

“及时、准确、安全、经济”四原则是互相关联、辩证统一的关系,在组织物资运输时,应全面考虑,不要顾此失彼。只有正确全面地贯彻这四原则,才能完成物资运输任务。

2. 加强物资运输的计划管理

做好货源、流向、运输路线、现场道路、堆放场地等的调查和布置工作,会同有关部门编制物资运输计划,认真组织物资发运、接收和必要的中转业务,做好装卸配合,使物资运输工作在计划指导下协调进行。

3. 建立和健全以岗位责任制为中心的运输管理制度

明确运输工作人员的职责范围,加强经济核算,不断提高物资运输管理水平。

(二)运输方式

目前,我国有 5 种基本运输方式。采用不同的运输工具,能适应不同情况的物资运输。在组织物资运输时,应根据各种运输方式的特点,结合物资的性质、运输距离的远近、供应任务的缓急及交通地理位置来选择使用。

1. 铁路运输

铁路是国民经济的大动脉。铁路运输是我国主要的运输方式之一，与水路运输和各种短途运输相结合，可形成一个完整的运输网。

铁路运输的特点：运输能力大，运行速度快；一般不受气候季节的影响，连续性强；管理高度集中，运行比较安全准确；运输费用比公路运输低；如设置专用线，大宗物资可以直达使用区域。铁路运输是远程物资的主要运输方式，但始发和到达作业费用比公路运输高，物资短途运输不经济。

2. 公路运输

公路运输基本上是地区性运输。地区公路运输网与铁路、水路运输及其他运输方式相配合，构成全国性的运输体系。

公路运输的特点：运输面广，灵活机动，快速，装卸方便。公路运输是铁路运输不可缺少的补充，是现代重要的运输方式之一，担负着极其广泛的中、短途运输任务，但由于运费较高，不适宜长距离运输。

3. 水路运输

水路运输在我国整个运输活动中占有重要的地位。我国河流多，海岸线长，通航潜力大，因此，水路运输是最为经济的一种运输方式。沿江、沿海的企业用水路运输建筑物资，是很有利的。

水路运输的特点：运载量较大，运费低廉；由于受地理条件的制约，直达率较低，往往需中转换装，因此装卸作业费用高，运输损耗也较大；运输的速度较慢，物资在途时间长，易受枯水期、洪水期和结冰期的影响，准时性、均衡性较差。

4. 航空运输

航空输运速度快，能保证急需。但飞机的装运量小，运价高，不能广泛使用，只适宜远距离运送急需的、贵重的、量小的或时间性较强的物资。

5. 管道运输

管道运输是一种新型的运输方式，有很强的优越性。其特点是运送速度快、损耗小、费用低、效率高，适用于输送各种液、气、粉、粒状的物资。目前，管道运输在我国主要用于运输石油和天然气。

(三)合理组织运输的途径

合理组织物资运输，是指物资运输要按照客观的经济规律，用最少的劳动消耗、最短的时间和里程，把物资从产地运到生产消费地点，满足工程需要，实现最大的经济效益。

货源地点、运输路线、运输方式、运输工具等都是影响运输效果的主要因素，要组织合理运输，应从这几方面着手。在物资采购过程中，应该就地就近取材，组织运距最短的货源，为合理运输创造条件。

合理组织运输的途径，主要有以下四个方面。

1. 选择合理的运输路线

根据交通运输条件，与合理流向的要求，选择里程最短的运输路线，最大限度地缩短运输的平均里程，消除各种不合理运输，如对流运输、迂回运输、重复运输、倒流运输等和违反国家规定的物资流向的运输方式。组织建筑物资运输时，要采用分析、对比的方法，结合运输方式、运输工具和费用开支进行选择。

2. 采取直达运输和"四就直拨"

直达运输就是把物资从交货地点直接运到用料单位或用料地点，减少中转环节的运输方法。"四就直拨"是指四种直拨的运输形式，在大、中城市、地区性的短途运输中采取"就厂直拨、就站（车站或码头）直拨、就库直拨、就船过载"的办法，把物资直接拨给用料单位或用料工地，可以减少中转环节，节约运转费用。

3. 选择合理的运输方式

根据物资的特点、数量、性质、到货时间、运距和运价，选择合理的运输方式，以充分发挥其效用。例如，大宗物资运距在 100 km 以上的远程运输，应选用铁路运输。沿江、沿海大宗物资的中、长距离运输，宜采用水运。一般中距离运输以汽车为宜，条件合适也可以使用火车。

4. 合理使用运输工具

合理使用运输工具，就是充分利用运输工具的载重量和容积，发挥运输工具的效能，做到满载、快速、安全，以提高经济效益。其方法主要有下列几种。

(1)提高装载技术，保证车船满载。不论采取哪一运输工具，都要考虑其载重能力，保证装够吨位，防止空吨运输。铁路运输的车种有棚车、敞车、平车等，要使车种适合货种，车吨配合货吨。

(2)做好货运的组织、准备工作。做到快装、快跑、快卸，加速车船周转。事先要配备适当的装卸力量、机具，安排好物资堆放位置和夜间作业的照明设施。实行经济责任制，将装卸运输作业责任到人，快装、快卸，缩短车船停留时间，提高运输效率。

(3)改进物资包装，加强安全教育，保证运输安全。一方面，要根据物资运输安全的要求，进行必要的包装，采取安全防护措施；另一方面，对装卸运输工作应加强管理，防止野蛮装卸，加强对责任事故的处理。

(4)加强企业自有运输力量管理。按月下达任务指标，做好运行记录，实行油料定额供应和单车核算，实行奖励办法，以充分发挥其运输效能。

二、物资的装卸

1. 物资装卸工作

物资的装货和卸货必须贯彻“及时、准确、安全和经济”的物资运输原则。这是因为，做好物资装卸是完成物资采购、运输和供应任务的保证，是提高企业经济效益和社会效益的重要环节。物资装卸应做好以下工作。

(1)平时应掌握运输、资源、用料和装卸有关的各项动态，做到心中有数，做好充分准备。

(2)随时收听天气预报，注意天气变化。

(3)准备好麻袋、纸袋，以便换装破袋，收集散落物资；做好堵塞铁路货车漏洞等准备工作。

(4)随时准备好货场、货位和仓位，以便装卸物资。

(5)做好车、船动态的预报工作，并形成记录。

(6)装货前，检查车、船的完整性，要求没有破漏，车门、车窗齐全，做好车、船内的清扫等工作；装货后，检查车、船装载是否装足物资数量。

(7)卸货前，检查车、船装载情况；卸货后，检查车、船内物资是否全部卸清。

2. 延装或延卸

发生延期装货和延期卸货时，应查明原因。若属于人力不可抗拒的自然原因(包括停电)和运输部门责任的，应在办理物资运输交接时，在运输凭证上注明延期的原因。若属于发货人或收货人责任的，应按实际装卸延期时间支付延期装货或延期卸货费用。

为避免发生延装或延卸，一般可采取如下措施。

(1)收、发料人员严格执行岗位责任制，应在现场督促装卸工人做好物资装卸工作。

(2)收、发料单位应与装卸单位相互配合，安排好足够的装卸力量，做到快装快卸，如有条件，可签订装卸协议，明确责任，保证车、船随到随装，随到随卸。装卸机械要定期保养和维修，建立制度，保持机械设备完好。

(3)码头、货位、场地应经常保持畅通，防止堵塞；调派车、船时，应在装卸地点的最大装卸能力范围内安排，不能过于集中，否则易造成延装或延卸。

第三节　物资储存保管作业及方法

一、物资储存保管

物资储存保管是指对物资进行合理储存和科学管理，保证库存物资完整无损。合理储存是将物资按一定的原则存放在适宜的场所和位置;科学管理即对物资实体和物资信息进行有效的管理。

1. 物资储存保管的基本任务

根据物资的性能和特点,结合当地的自然条件,充分利用仓库设施,采用科学的管理方法,保证物资在储存过程中不因物资本身性质的变化以及自然因素和人为因素的影响而造成数量的浮多短少、品种规格的混淆、质量性能的降低和损坏,使物资完整无损、安全合理地储存在仓库之中,以便及时、齐备、质量良好地供应施工生产。

2. 物资的合理储存和保管

(1)物资存放的场所应根据物资的理化性能、存放时间、收发作业频次、批量、防火安全、装卸条件等因素合理分配。

(2)物资保管环境必须保持整洁、美观。各类仓库都应设置职责纪律、平面示意图、十防措施(防锈、防腐、防潮、防雷、防震、防火、防爆、防盗、防机械损伤、防虫鼠害)、物资动态等有关标志。

(3)物资保管场所应合理布局,最大限度地提高利用率。

(4)物资存放应分类、分批次保管,尽量遵循先进先发的原则。

(5)物资存放要做到正确、整齐、安全、稳固、合理苫垫、过目知数、查点方便、标志明显。堆码时要尽量采取"五五化堆码法"。该法以"五"为基本单位,堆成总量为五的倍数的垛形,如梅花五、重叠五等。

(6)存放于料场的物资均应有下垫,防止地面潮气的侵袭;有些物资还应有上盖,防止雨、雪、露的侵袭和阳光的照射。

(7)管库人员在物资储存保管过程中,应严格执行《物资保管规程》和《物资仓库技术管理规定》,减少库存物资的损耗。

二、钢材的储存保管

钢材储存保管应设置存放专区(钢材应靠近加工厂),按厂名、级别分规格分层有序排列,整齐堆垛。露天存放时,必须加高垛底垫层,垛底垫层高度为 30～50 cm,垛高以 1.2～1.5 m 为宜,立标牌识别,合理苫盖,防止受潮、暴晒和雨淋,并做到先进先发。

三、水泥的储存保管

1. 袋装水泥的储存保管

置于库内存储,按品种、标号、进场日期分别堆垛,每垛 10 袋,垛底的防潮垫层距离地面高度不小于 20 cm,垛堆与墙壁距离不小于 50 cm;垛底地面应高于周围地面，库房周边要有排水沟，库内地面不得有积水，应做到经常检查，特别是雨雪天气。袋装水泥自出厂日期起，有效存放期为3个月，超过期限的水泥视为过期水泥，必须进行复查全检试验，并按复验结果使用。

2. 散装水泥的储存保管

设置散装粉剂罐仓进行存储，不同品种、不同厂家和强度等级的粉剂不得混装。散装粉剂罐仓为专用密闭容器，容器内要清理干净，不得留有杂物和积水。散装水泥自出厂日期起，有效存放期为3个月，超过期限的水泥视为过期水泥，必须进行复查全检试验，并按复验结果使用。

四、减水剂的储存保管

减水剂自出厂日期起，有效存放期为6个月，超过期限的外加剂必须进行物理性能复查全检试验，并按复验结果使用。减水器储存时，要用专用容器。

五、砂石料的保管

砂石料储存保管要求存料场地相对平坦，排水畅通，地面全部硬化，定期检查有无聚集成堆的石粉，并及时清除。各类物资不得混存，料仓应清洁无积水。对要求比较高的砂石料，还需水洗、过筛，经检验合格的砂石须存储在全封闭的料仓内。进料时要及时打堆。冬季对过筛冲洗的砂石，要采取加盖篷布、煤炉加热等防冻措施，冻结砂石不能使用。

六、线上料的储存保管

1. 钢轨的储存保管

(1)钢轨存放在露天料场，按不同类型、长度、级别分别堆垛。堆垛时，一层轨头向上，一层轨头向下，颠倒扣置，或轨头一律向上分层立放，层间垫以木板，垛底垫以间隔相等的条石、枕木或旧水泥轨枕等。间隔大小视地面荷载量而定，以勿使钢轨弯曲和下沉为原则。每垛高不超过1.2 m，宽以2.5 m为宜。

(2)为避免钢轨久存锈蚀，应做到先进先发。

(3)钢轨在装卸搬运过程中不得抛掷，以免造成弯曲或碰伤。

2. 道岔的储存保管

(1)道岔及配件应集中存放在露天料场的垫木上。成组道岔应区别钢轨类型、道岔号数、左右开，将辙叉、导轨、转辙器三部分依次按组集中堆放，堆高以3层至6层为限。层间横向隔以木板，至少3排。

(2)未装配的零小件，应分别按组集中包装，存入库房或料棚内。较大配件，如导轨、鱼尾板、垫板、滑床板等，则应分别按组存放在道岔附近。拉杆存入料棚，其按组存放者，应在包装上或用木牌标明道岔本体名称、规格以及配件的名称、编号和数量。

(3)对于保管中的道岔，其岔心、翼轨喉部两侧各 0.5 m 处，尖轨自尖轨端起至 2 m 处，拉杆以及连接的活动部分，应涂石墨和中性废机油混合物(各 50%)。其他配件的保养与钢轨配件相同。

(4)维修使用的零散道岔配件，应分别堆码保管；零星小件一般应存入料棚，并定期检查进行养护。

第四节 物资发放的原则

一、现场物资发放的原则

物资发放是物资储存保管与物资使用的界限，是仓储管理的最后一个环节。物资发放应遵循先进先出、推陈储新、及时、准确、节约、面向生产、为生产服务、保证生产正常进行的原则。

(1)先进先出，推陈储新。尽快使用有保管期限的物资，并且保证质量完好。

(2)及时。及时审核发料单据上的各项内容是否符合要求，及时核对库存物资能否满足施工要求；及时备料、安排送料、发放；及时下账改卡，并复查发料后的库存量与下账改卡后的结存数是否相符；及时回收利用剩余物资(包括边角废料、包装物)。

(3)准确。按发料单据的品种、规格、质量、数量进行准确的备料、复核和点交；准确计量，以免发生差错：准确地下账、改卡，确保账、卡、物相符；准确掌握送料时间，既要防止与施工活动争场地，避免物资多次转运，又要防止因物资供应不及时而使施工中断，出现停工待料现象。

(4)节约。对于有保存期限要求的物资，应在规定期限内发放；对于回收利用的物资，在保证质量的前提下，先旧后新；坚持能用次料不发好料，能用小料不发大料，坚持交旧换新、交旧发新。

二、限额发料

(一)限额发料的方式

限额发料是依据物资消耗定额，有限制地供应物资的一种方法，就是指工程项目在建设施工时，必须把物资的消耗量控制在操作项目的物资消耗定额之内。限额发料主要有以下 4 种方式。

1. 按分项工程限额发料

按分项工程限额发料是指按分项工程，分工种对工人班组实行限额发料。其优点是实施用料限额的范围小，责任明确，利益直接，便于操作和管理。缺点是容易出现班组在操作中考虑自身利益而不顾与下道工序的衔接，以致影响整体工程或承包范围的总体用料效果的现象。

2. 按分层分段限额发料

按分层分段限额发料是指按工程施工段或施工层对混合队或扩大的班组限定物资消耗数量，按段或层进行考核。这种方法是在分项工程限额发料的基础上进行了综合。其优点是对限额使用者直接、形象，较为简便易行，但要注意综合定额的科学性和合理性。这种方式尤其适合于工程按流水作业划分施工段的情况。

3. 按工程部位限额发料

按工程部位限额发料是指以施工部位物资总需用量为控制目标，以分承包方为对象实行限额发料。这种做法实际是扩大了的分项工程限额发料。其特点是分承包方内部易于从整体利益出发，有利于工种之间的配合和工序搭接，各班组互创条件，促进节约使用，但这种方法要求分承包方必须具有较好的内部管理能力。

4. 按单位工程限额发料

按单位工程限额发料实际是扩大了的工程部位限额发料方法，以项目经理部或分包单位为对象，以单位工程物资总消耗量为控制目标，从工程开始到完成为考核期限。其优点是工程项目物资消耗整体上得到了控制，但因考核期过长，应与其他几种限额发料方式结合起来，才能取得较好效果。

（二）限额发料的依据和实施程序

1. 限额发料的依据

限额发料的依据主要有三个：①物资消耗定额；②物资使用者承担的工程量或工作量；③施工中必须采取的技术措施。

由于物资消耗定额是在一般条件下确定的，在实际操作中应根据具体的施工方法、技术措施及不同物资的试配翻样资料来确定限额发料的数量。

限额领料数量＝计划实物工作量×物资消耗施工定额—技术组织措施节约额

2. 限额发料的实施程序

限额发料的实施程序分为以下 7 个步骤。

（1）限额发料单的签发。根据不同用料者所承担的工程项目和工程量，采用限额发料单或其他形式。查阅相应操作项目的物资消耗定额，同时考虑该项目所需采取的技术节约措施，计算限额用料的品种和数量，填写限额发料单或其他限额凭证。

(2)限额发料单的下达。将限额发料单下达至物资使用者生产班组并进行限额发料的交底,交代使用部位、完成的工程量及必须采取的技术节约措施,提示相关注意事项。

(3)限额发料单的应用。物资使用者凭限额发料单到指定的部门领料,物资管理部门在限额内发放物资,每次领发数量和时间都要做好记录,互相签认。物资成本管理、物资采购管理等环节,也可利用限额发料单开展本业务工作,因此限额发料单可一式多份,同时发放至相关业务环节。

(4)限额发料的检查。在物资使用过程中,应对影响物资使用的因素进行检查,帮助物资使用者正确执行定额,合理使用物资。检查的内容一般包括:施工项目与限额发料要求的项目的一致性,完成的工程量与限额发料单中所要求的工程量的一致性,操作工艺是否符合工艺规程,限额发料单中所要求的技术措施是否实施,工程项目操作时和完成后作业面的物资是否余缺。

(5)限额发料的验收。限额发料单中所要标明的工程项目和工程量完成后,由施工管理、质量管理等人员,对实际完成的工程量和质量情况进行测定和验收,作为核算用工、用料的依据。

(6)限额发料的核算。根据实际完成的工程量,核对和调整应该消耗的物资数量,与实际物资使用量进行对比,计算出物资使用量的节约和超耗。

(7)限额发料的分析。针对限额发料的核算结果,分析物资节约和超耗的原因,总结经验,汲取教训,制定改进措施。如有约定合同,则可按约定的合同,对用料节超进行奖罚兑现。

第五节 物资发放作业要求

一、发放依据

物资发放应按照"先进先发,推陈储新"的原则进行。

(1)以正式的发料凭证和手续为准,不得越权发料。严格实行限(定)额发料制度,坚持无工号、无去向不发料,超计划、无计划不发料。擅自超限额发料,由发料人承担责任。

(2)发料数量应当按日登记"分工号主要物资限额供应台账",做到日清月结,以便控制物资消耗。

(3)发料单据应明确填写以核算单位划分的用料工号、领用单位、物资的规格、型号、数量等内容。领料人一单一签,他人不得代签。

(4)物资出账应坚持具实出账和及时出账的原则。具实出账是指严格按支出方向出账,禁止多出、少出或按领导意图出账。及时出账是指当月支出必须当月出账,禁止提前出账或拖后出账。

二、领料程序

用料申请人根据现场施工需要,编制物资用料申请计划,经审批后到物资管理部门领料。

物资部经办人核对确认领料人的资格和物资申请计划审批意见,对照“分工号限额供应台账”核对物资累计领用数量是否超过计划总量等情况。如果在限额数量内,则及时填写发料单并按申请单上的规则型号发料;如果超过限额数量,经项目经理批准后方可发料。

发料时认真填写发料单,发料单要求内容翔实,明确物资的名称、规格型号、数量、领用单位、使用工号、领用日期等内容。领用人须当场签字,不得代签、补签。

三、外协队领料管理

1. 签订劳务合同

外协队伍进场后,工经部门应及时通知其办理授权委托书。具体确认过程为:工经部门按程序签订劳务合同后,根据劳务合同内容,对相关部门进行劳务合同交底,交底内容中需要明确合同签订人、劳务内容、具体物资提供方式(外协队伍自购、项目部无偿限额提供、项目部有偿提供)、具体物资名称等相关内容。合同签订人需要到物资部办理领料授权委托书。委托书需要附委托人与授权人身份证复印件,并现场签字留存。

2. 有权领料人制度

外协队伍用料必须是有权领料人签字、领用。有权领料人是指外协队伍法定代表人或法定代表人授权委托人。法定代表人领料前需提供身份证明归档,法定代表人授权委托人领料前需提供法定代表人和被授权委托人身份证明,以及法定代表人书面出具的授权委托书。在实际工作中要注意以下几点:

(1)授权委托书必须由法定代表人和被授权委托人亲笔签名,并附法定代表人和被授权委托人身份证明。

(2)授权委托书必须加盖与劳务合同中一致的公章。

(3)授权委托书中法定代表人所授权委托的权限和内容要齐全,包括领用甲方物资,使用甲方水电、机械,办理与甲方的签认工作。

3. 限额发料

物资部门进行发料时要严格按照劳务合同约定,按计划限额发放应无偿提供的物资。对外协队伍的施工用料进行动态管理，及时掌握现场物资的消耗情况。超限额部分发料必须提出书面报告，报请项目经理批准后方能发料，并及时进行核算扣款。严禁劳务队伍对外处理或销售施工用料或剩余物资。

第六节 物资盘点

仓库和料场保存的物资，品种、规格繁多，收发频繁，计量与计算的差错，保管中的损耗、损坏、变质、丢失等种种因素，都可能导致库存物资发生数量与账、卡不符、质量下降等问题。只有通过盘点，才能准确地掌握实际库存量，摸清质量状况，发现物资保管中存在的各种问题，了解物资储备定额执行情况和呆滞、积压数量，以及利用、代用等挖潜措施执行情况。

一、盘点工作内容

盘点工作内容即六查：

(1)查数量。检查库存物资数量是否正确，保证账、卡、物三相符。

(2)查质量。检查库存物资是否有异变、受潮、发霉、锈蚀、干裂、破损、挥发等情况，必要时重新鉴定质量状况。若发现问题，应及时上报相关部门，按相关规定和要求处理。

(3)查保管条件。检查堆垛是否稳固安全，苫垫是否严密通风，苫垫物是否失效，库内卫生是否符合要求，库房是否漏雨，料场是否积水长草，门窗是否牢固等。

(4)查计量工具。检查验收和保管使用的计量工具是否准确，使用和维护是否合理，是否超过法定有效期。

(5)查安全。检查防火安全系统是否有效，安全措施是否制定及执行情况，灭火消防设施、照明线路安全性能是否良好。

(6)查技术。检查管库人员的业务技术掌握情况。

二、盘点工作要求

(1)三清:数量清，质量清，账表清。

(2)三有:盈亏有原因，事故差错有报告，调整账表有依据。

(3)三对口:账、卡、物、资金对口一致。

三、盘点方法

1. 定期盘点

工程项目一般每月对库房和料场保存的物资进行全面、彻底盘点，以达到有物有账，账物相符，账账相符。由于清查规模较大，必须做好组织准备工作。

(1)划区分块，统一安排盘点范围，防止重复或漏查。

(2)校正盘点用计量工具，统一设计印制盘点表，确定盘点截止日期、报表日期。

(3)安排各现场、车间办理已领未用物资的“假退料”手续，清理半成品、在产品和产成品。

(4)对于尚未验收的物资，具备验收条件的应抓紧验收入库。

(5)代管物资应有特殊标志，不包括在自有库存中，另列报表，便于查对。

盘点步骤：①按盘点规定的截止日期及划区分块范围、盘点范围，逐一认真盘点，数据要真实可靠；②以实际库存量与账面结存量逐项核对，编报盘点表；③结出盘盈或盘亏差异。

盘点中出现的盈亏等问题可按照“盘点中问题的处理原则”进行处理。

2. 永续盘点

对于库房内每日有变动的物资，当日应复查一次，即当天对库房收入或发出的物资，核对账、卡、物是否对口；每月查库存物资的一半；年末全面盘点。这种连续进行抽查盘点的方法，能及时发现问题，即使出现差错，当天也容易回忆，便于清查，可以及时采取措施。这是保证“三对口”的有效方法，但必须做到当天收发、当天记账和登卡。

四、盘点中问题的处理原则

盘点时要对实际库存量和账面结存量进行逐项核对，并同时检验物资质量、有效期，安全消防及保管状况，编制盘点报告。

(1)盘点中数量出现盈亏时，若盈亏量在企业规定的范围之内，可在盘点报告中反映，不必编制盈亏报告，经业务主管审批后，据此调整账务；若盈亏量超过规定范围，除在盘点报告中反映外，还应填写“盘点记录表”，经领导审批后再行处理。

(2)库存物资发生损坏、变质、降等级等问题时，填报“盘点记录表”，并通过有关部门鉴定损失金额，经领导审批后，根据批示意见处理。

(3)库房被盗或遭破坏时，对丢失及损坏物资数量及相应金额，应作专项报告，经保卫部门认真查核后，按上级最终批示处理。

(4)出现品种规格混串和单价错误时，在查实的基础上，经业务主管审批后按“盘点记录表”的要求进行调整。

(5)若库存物资一年以上没有发出，则列为积压物资。

五、盘点流程

物资盘点是物资现场管理的重要内容，项目部要坚持月核算、季分析制度。下面以某建筑企业二级公司为例，介绍物资盘点流程。

每月固定的时间里，由主管物资的副经理组织相关部门（财务、物资、工经、工程）召开盘点会议，明确物资盘点工作内容，布置工作计划和任务安排。

项目部物资盘点小组成员到现场按外协队伍以及单项工号逐项清点库存物资、半成品及未使用成品物资的规格、型号、数量等。

物资部长收集汇总各盘点分组现场清点记录的基础数据，计算各队伍、各工点物资盘点结果，填写“盘点记录表”（必须有计算公式）。

物资盘点小组成员复核物资部长编制的“盘点记录表”，确认无误后签字，并由物资部长移交给财务部长。小组成员应重点复核盘点日期、数量、规格与实际监盘是否相符，若账、物不一致，应查明原因。

第七节 剩余物资、废旧物资及施工废弃物管理

一、剩余物资和废旧物资的管理

（一）剩余物资和废旧物资产生情况的分析

现场剩余物资和废旧物资是指已进入现场，由于某些原因而不再使用的那些物资。由于不再使用，往往容易忽视对它们的管理，造成丢失、损坏、变质。

剩余物资和废旧物资产生的原因主要有：①建设单位设计变更；②施工单位施工方案变更；③施工单位备料计划或现场发料控制中的问题。

（二）剩余物资和废旧物资的管理与处置

对施工现场剩余物资和废旧物资的处置，直接影响项目的成本核算，故要加强这方面的管理，坚持“先利用，后变卖”。

1. 剩余物资和废旧物资管理的内容

（1）在工程接近收尾阶段时，各项目经理部物资人员要经常检查、掌握剩余物资和废旧物资情况，预测未完施工用料数量，严格控制现场进料，尽量减少现场余料积压。

（2）剩余物资和废旧物资能否调出利用，往往受价格影响。为此企业或工程项目应建立统一的计价方法，合理确定调拨价格及费用核算方法，以利于剩余物

资的再利用。

(3)剩余物资和废旧物资应由项目物资部门负责,做好回收、整修、退库和处理。对于剩余物资,要及时回收入库和整修,以便再使用。对于工程项目不再使用的新品,应及时报上级供应部门,以便调出重新利用,避免长时间积压、呆滞或损坏。

(4)对于不再使用且已判定为废旧物资的,按照企业或工程项目相关规定的处理权限处置。处理回收的资金冲减工程项目成本。

(5)为推进剩余物资和废旧物资的修复利用,应采用鼓励措施,对修复利用好的工程项目、队组和个人应给予奖励。

2. 剩余物资和废旧物资的主要处置措施

(1)因建设单位设计变更,造成多余物资的积压,经监理工程师审核签字后,由项目物资部会同合同部与业主商谈,余料退回建设单位,收回料款或向建设单位提出积压物资经济损失索赔。

(2)对于工程的剩余物资,如有后续工程,应尽可能用到新开的工程项目上,由公司物资部负责调剂,冲减原项目工程成本。为鼓励新开项目,在保证工程质量的前提下,积极使用其他项目剩余物资和加工设备,将所使用其他工程的剩余、废旧物资作为积压、账外物资核算,给予所使用项目奖励。

(3)当项目竣工,又无后续工程时,剩余物资由公司物资部与项目部协商处理,处理后的费用冲减原项目工程成本。

(4)项目经理部在本项目竣工期内或竣工后承接新的工程,剩余物资需列出清单,经审核后,办理转库手续后方可进入新的工程使用,冲减原项目成本。

(5)工程竣工后废旧物资由公司物资部负责处理。公司物资部有关人员应严格按照国家和地方的有关规定进行。处理过程中,须会同项目经理部有关人员进行定价、定量。处理后,将所得费用冲减项目物资成本。

总之,项目收尾时,物资部应在合适的时点内对项目剩余物资进行分类清点,登记造册,记录其规格、数量、新旧程度等基本信息,编制废旧物资处置方案,上报项目废旧物资处置小组审核,经废旧物资处置小组审核后上报公司审批。公司根据项目上报处置方案、剩余物资的状况及其他项目生产情况,确定是否调拨、就地处理、降级使用等,项目按公司批复意见进行执行。

对于需就地处理的废旧物资,项目废旧物资处理小组应对项目周边相应的废旧物资市场进行调查,形成书面调查报告,根据公司废旧物资处理办法中限额处置权限进行处理。废旧物资处理完成后,物资部应及时制作“废旧物资处理台账”,并将处理结果上报公司。

二、施工废弃物的管理

(一)施工废弃物的界定

建设工程施工现场常见的施工废弃物有固体和液体两种形态,其中以固体废弃物为主。

1. 固体废弃物

(1)建筑渣土。例如:砖瓦、碎石、渣土、混凝土碎块、废钢铁、碎玻璃、废屑、废旧装饰材料等。

(2)散装大宗建筑物资的废弃物。例如:水泥、石灰、砂石料等。

(3)生活垃圾。例如:炊厨废物、废纸、生活用具、废电池、废日用品、废塑料制品、煤灰渣、粪便等。

(4)设备、物资等的包装材料。

2. 液体废弃物

施工现场液体废弃物主要指废水、液态有机物和固体废物随水流流入水体部分,包括泥浆、水泥、油漆、油类、混凝土添加剂、重金属、酸碱盐、非金属无机毒物等。

(二)施工废弃物的处置

1. 固体废弃物

固体废弃物处置的基本思想是,采取资源化、减量化和无害化处理,对固体废弃物产生的全过程进行控制。

(1)回收利用。回收利用是对固体废弃物进行资源化处理的重要手段之一。对于施工项目现场产生的有利用价值的固体废弃物,如钢筋头、木料边角余头等,要积极分类回收,统一交由物资回收部门,其回收款可冲抵工程成本。

(2)减量化处理。减量化是对工程产生的固体废弃物进行分选、破碎、压实、浓缩、脱水等处理,减少其最终处置量,降低处理成本,减少对环境的污染。在减量化处理过程中,也涉及和其他处理技术相关的工艺方法,如焚烧、热解等。其中,焚烧用于不适合再利用且不宜直接予以填埋处置的废弃物。

(3)稳定和固化。利用水泥、沥青等胶结材料,将松散的废弃物胶结、包裹起来,减少废弃物对环境的污染。

(4)填埋。填埋是固体废弃物经过无害化、减量化处理后集中到填埋场进行处置。

(5)现场包装品的处置。现场物资的包装品,如纸袋、麻袋、布袋、木箱、铁桶、瓷缸等，都有利用价值。施工现场必须建立回收制度，保证包装品成套、完整，提高回收率和完好率。对开拆包装的方法要有明确的规章制度，如铁桶不开大口，盖子不离箱，线封的袋子要拆线，黏口的袋子要用刀割等。要健全领用和回收的原始记录，对回收率、完好率进行考核。对用量大、易损坏的包装品，如水泥包装袋等，可实行包装品的回收奖励制度。

施工现场固体废弃物的管理和处置要符合现场安全管理、文明施工和环境保护的相关要求，要注意以下问题：

①除有符合规定的装置外，不得在施工现场熔化沥青，不得焚烧油毡、油漆及其他可产生有毒有害和恶臭气体的废弃物。垃圾焚烧处理应使用符合环境要求的处理装置，避免造成二次污染。

②禁止将有毒有害废弃物现场填埋，填埋场应有天然或人工屏障。尽量使需处置的废弃物与环境隔离，注意废弃物的稳定性和长期安全性。

③现场物资的包装品，尤其是装饰材料和设备的包装物，量大且大多为易燃材料，如包装纸板、隔离泡沫塑料等，极易形成火灾隐患，故应安排专人及时收集，分类处置，不可久存。

2. 液体废弃物

(1)禁止将有毒有害废弃物作土方回填。

(2)施工现场搅拌站废水、现制水磨石的污水、电石(碳化钙)的污水必须经沉淀池沉淀合格后再排放，最好将沉淀水用于工地洒水降尘或采取措施回收利用。

(3)若现场存放油料，必须对库房地面进行防渗处理，如采用防渗混凝土地面、铺油毡等。使用时，要采取防止油料跑、冒、滴、漏的措施，以免污染水体。

(4)对于施工现场的临时食堂，排放污水时可设置简易有效的隔油池，定期清理，防止污染。

(5)工地临时厕所、化粪池应采取防渗漏措施。中心城市施工现场的临时厕所可采用水冲式厕所，并采取防蝇灭蛆措施，防止污染环境。

(6)外加剂等化学试剂要妥善保管，置于库内存放，防止污染环境。

(7)严禁向市政排水管道排放液体废弃物。

第十一章　周转材料和小型机具管理

第一节　周转材料和小型机具的定义

一、周转材料

周转材料是指在施工中不构成工程主体，可周转使用，原则上数量不发生消耗的辅助性材料，其费用分期或分次摊入成本。

周转材料主要有：组合钢模、竹胶板、特殊加工的桥墩模型、预制梁模型、钢板桩、焊接钢管脚手架、钢管扣件、碗扣脚手架、盘扣脚手架、万能杆件、军用支墩、旧轨、槽钢、工字钢、顶铁、贝雷梁、横梁、钢丝绳（直径 30 mm 以上）、旧枕木、方木、杉杆（4 m 以上）、油罐、篷布（5～7 m）、橡套电缆（50 mm^2 及以上）等。

二、小型机具

小型机具是指价值不大，达不到组固标准，出库时一次性摊入成本的机械及器具。

小型机具主要有：张拉顶进设备、潜水泵、震动棒、震动器、橡套电缆（50 mm^2 以下）、起道机、螺旋顶镐（30 t 及以下）、带链滑车（5 t 及以上）、铁滑车、磅秤、油压千斤顶、手推平车、单轨手推车、电钻、弯轨器、轨缝调整器、油桶（200 L）等。

周转材料、小型机具作为辅助生产的劳动工具，在日常的施工建设中是必不可少的因素，种类繁多，用量较大，使用期短，收发频繁，易于损耗，管理的好坏直接将影响项目的生产进度、质量和效益。

第二节　周转材料和小型机具的配置

一、配置计划

项目工程技术部在项目进场一定时间内，编制项目周转材料、小型机具配置计划，并注明名称、规格、数量、进场时间、使用期限等，项目物资部据此编制周转材料、小型机具配置方案并上报公司，由公司相关部门审批。

二、配置原则

周转材料、小型机具的配置原则是，先内部调剂，后外部租赁（购置）。公司物资设备部根据项目部提报的周转材料、小型机具配置方案，在公司范围内组织有偿调剂或内部租赁，无法调剂和内部租赁时，经公司同意方可外租（购置）。

三、加工方案

需要加工定制的通用性周转材料、小型机具，须提前向公司提报购置计划申请。设计图纸需项目报经公司技术中心审核，或由公司技术中心出具设计图纸，经公司总工程师审批后方可定制。按物资集中招投标程序采购，必要时邀请技术中心专家参与招标评审。

第三节　周转材料和小型机具的进场验收

一、验收小组

周转材料、小型机具的进场由项目部负责组织验收。验收小组由工程技术部、安质部、物资部组成。

二、验收程序

对加工定制的周转材料、小型机具，验收分生产中、出厂前、进场时三步验收。

(1)生产中。派工程技术人员在生产初期对原材料、加工工艺、生产周期等进行判别，看是否符合合同和加工图纸的约定，是否满足生产需要。

(2)出厂前。出厂前进行试拼装并依次序在醒目位置标识清楚，对周转材料、小型机具的外形、尺寸进行初验。

(3)进场时。到场后由验收小组共同验收，质量要求必须满足合同约定的国家及行业相关标准。加工定制的周转材料进场验收数量时均要求过磅验收，合同约定以理论计算的，理论重量与实际重量误差参照国家相关标准。此外，外租及加工定制的周转材料验收的同时应收集周转材料的材质报告、设计图纸、合格证、使用说明、外检检测报告等技术文件和证书资料存档。

第四节 周转材料和小型机具的摊销和损耗管理

一、日常使用管理

(1)周转材料、小型机具必须设专人(兼职)管理。周转材料、小型机具的堆码应设置专门的区域并作标识。

(2)项目部的周转材料、小型机具应实行租赁制度。协作队伍应与项目部签订租赁协议,明确租赁单价、责任和义务、日常保管、赔偿标准、租金结算等内容。

(3)项目部应做好周转材料、小型机具的发放工作。协作队伍应由有权领料人到物资部申领并办理租赁业务,由物资部相关经办人员进行发放,并填制租赁发放单。项目物资部有权根据实际情况对所有周转材料、小型机具进行调配,调配时由物资部组织使用双方进行清点、交接、签认工作。未经项目部同意,协作队伍间严禁私自借用、挪用周转材料、小型机具。

(4)施工现场周转材料、小型机具要求摆放有序,堆码整齐,做好防腐、防蚀、防潮等工作。协作队伍不得随意更改周转材料、小型机具的外形尺寸,不得随意打眼、焊接、割锯等。因协作队伍自身原因造成的变形、破损,一律由协作队伍负责维修,费用自理,损坏无法修复的应按原值赔偿。

(5)施工结束后,由协作队伍负责运送回物资部指定地点,并负责清理工作,办理退租手续。

二、摊销及损耗管理

1. 摊销管理

项目部应根据公司相关规定,结合本项目实际特点,制定具体的摊销办法,对自有周转材料进行摊销处理。摊销方式包括:①按工程量比例分期摊销;②按工期分期摊销;③按使用年限分期摊销;④一次性摊销。

2. 损耗管理

钢模、钢管、支撑架、扣件等钢制料具按常规不设损耗。其他周转材料、小型机具按照公司及项目部相关规定执行。

第五节 周转材料和小型机具的报废处置

一、报废条件

凡符合下列条件之一的周转材料和小型机具,应当报废:

(1)国家明令淘汰报废的。

(2)主要结构和部件损坏严重,无法修复或修复费用过大、不经济的。

(3)无利用、改造价值的。

(4)耗能过大、环境污染超标,无法改造的。

(5)必须拆除且无利用价值的。

(6)因事故及意外灾害造成严重破坏,无法修复的。

二、报废程序

项目部报废周转材料、小型机具时应由相关部门组织评估小组进行评定,经评估小组确认后上报公司相关部门审批。

三、处置管理

项目部处置周转材料、小型机具时应遵循先内部调剂、后外部处理的原则,对于无利用价值或项目部之间无法调剂使用的周转材料、小型机具,应按公司的废旧物资处理办法进行。未经公司审批而擅自处理的,将追究项目部领导及相关经办人的责任。

第十二章　物资核算管理

第一节　物资核算的原则和范围

一、物资核算的原则

工程项目物资核算管理须遵循“月度核算、季度分析、竣工总结”和“全员、全过程、全覆盖”的原则开展。

二、物资核算的范围

(1)构成工程实体的主要物资。例如:钢材、钢绞线、砼(混凝土)、水泥、碎石、中砂、矿粉、粉煤灰、外加剂、石灰、砂砾、片石、土工材料、防水材料、预埋件、锚具等。

(2)不构成工程实体的辅助性主要物资。例如:油料、周转材料等。

(3)临建工程用物资。例如:钢材、水泥、商品砼、砂石料、施工便道及搅拌站建设用料等。

除上述物资外,项目经理部也可根据项目特点扩大核算范围。

第二节　物资核算的内容和目的

一、物资核算的工号

为统一核算标准与费用归集,物资核算首先对工程项目进行工号划分。

工程项目物资核算工号要结合工程项目实际情况进行统一考虑和划分,要与技术部门、财务部门、工经部门共同确定并保持一致。核算工号确定后,不能随意改变。如工程主体××大桥、××涵洞,临时工程如混凝土搅拌站(级配碎石拌和站)、小型预制构件厂、施工便道等均可作为独立核算单元加以划分。

二、工程实体性物资核算的内容和目的

构成工程实体的主要物资的核算主要包括价差、量差、费用三个方面。

1. 价差核算

价差核算主要是通过对已消耗物资采购均价、投标价(固定与浮动)、责任成

本预算中物资价进行对比，分析差异产生的原因及差异对工程项目成本的影响，制定增加正差、减少负差的措施。除此之外，价差核算还应包括对招投标文件中主材调差部分的测算和核算。

2. 量差核算

（1）按实际完成工程数量计算物资应耗数量与实际物资消耗数量对比，主要是分析主要物资盈亏原因并制定扭亏为盈措施。

（2）按外部劳务队伍验工计价计算物资应耗数量与实际消耗数量对比，主要是统计外部劳务队伍物资超耗及应扣款情况。

（3）按业主验工计价计算应耗与实际消耗对比，主要是统计有无虚量或其他原因造成的与业主验工计价不匹配的量差，并在此基础上分析审计风险，制定迎审应对措施。

3. 费用核算

严格按照物资的“采购－点收－发出－结存以及期末盘点”程序和方法进行。施工过程中实际消耗的各种物资、辅助材料、构件、半成品以及周转材料租赁费、自购周转材料的摊销等，均应按照规定的方法列入该项目的成本；工程项目结束后，按质论价收回或就地处理，所收款项冲抵项目成本。

三、辅助材料核算的内容和目的

不构成工程实体的辅助材料的核算，以油料核算为例，其核算内容主要包括油料单机消耗核算等，例如单机油料平均消耗＝单机消耗量/单机总产量，单机油料消耗差＝油料平均消耗－单机油料平均消耗。其目的主要是通过统计其实际消耗水平，判断是否超出正常值，并在此基础上分析原因，制定整改措施。

四、周转材料核算的目的

周转材料核算的目的主要是通过核算，分析亏损原因是客观因素还是管理偏差。客观因素主要包括：设计方案发生重大变更，因业主要求提前工期而加大投入及业主原因工期滞后造成周转材料投入浪费等。管理偏差主要分为技术方案偏差、非业主原因工期拖延及现场管理造成的浪费等。对客观因素造成的周转材料亏损，应注意积累资料，向业主提出索赔要求。

五、临建工程用料核算的内容

临建工程用料核算的内容主要包括量、费用对比分析。即根据临建工程项目特点，对消耗量较大种类物资与临建工程设计投入数量进行对比分析，对临建工程单项工程总体投入与责任成本投入进行对比分析。

第三节　物资核算的程序和流程

一、物资核算的程序

(1)工程项目对当期实际完成工程量进行收方，对现场物资进行盘点，盘点应确保与工程量收方时间同步。

(2)工程部门根据收方的实际工程数量计算物资设计需用量。

(3)物资管理部门依据设计需用量与损耗系数，计算应耗数量。

(4)物资管理部门根据发放记录及现场物资盘点结果，核算确定各作业队、单位工程、分工号物资实际消耗数量。

(5)物资管理部门将主要物资应耗数量与实际消耗数量对比，核算作业队、单位工程的物资节超数量及节超率。

(6)物资管理部门将主要物资实际消耗数量的同类物资加权均价与投标价、责任成本单价作对比分析。

二、物资核算的流程

1. 量差核算

(1)按实际完成工程数量核算。

基础台账：①物资总量计划；②工程部门提供单桩、单台、单墩等单工号或分工号已完工程需用物资统计表；③主要物资限(定)额进料台账；③月末盘点记录。

核算过程：①工程项目物资部门每月末核实已完工程量并根据“物资总量计划”或按“已完工程需用物资统计表”核对原材料应耗数量；②对库存原材料、半成品进行盘点，填制“月末盘点记录”；③计算实耗数量；④编制“主要物资盈亏统计表”；⑤分析原因，制定措施。

盈亏金额＝盈亏数量×实际采购价格，损耗率以上级单位制定的损耗率计。

(2)按外部劳务队伍验工计价核算。

基础台账：①外部劳务队伍计价单及提前、滞后计价统计表(工经部提供)；②外部劳务队伍限(定)额供应台账(领用台账)；③外部劳务队伍月末物资盘点表。

核算过程：①工程项目物资部门每月末按外部劳务队伍计价单及提前、滞后计价统计表核对原材料应耗数量；②对外部劳务队伍库存原材料、半成品进行盘点，填制“月末盘点记录”；③计算实耗数量；④编制“分外部劳务队伍主要物资核算表”；⑤分析原因；⑥对超耗部分按劳务施工合同扣款。

盈亏金额＝盈亏数量×合同约定扣款单价，损耗率以劳务施工合同中约定为准。

(3)按业主验工计价核算。

基础台账：①业主验工计价单及提前、滞后计价统计表（工经部提供）；②主要物资限（定）额进料台账；③月末盘点记录。

核算过程：①工程项目物资部门每月末按业主计价单及提前、滞后计价统计表核对原材料应耗数量；②对库存原材料、半成品进行盘点，填制“月末盘点记录”；③计算实耗数量；④编制“主要物资盈亏统计表”；⑤分析原因，制定措施。

盈亏金额＝盈亏数量×工程投标物资价格，损耗率以预算定额损耗率计。

2. 价差核算

基础台账：①月物资动态表；②工程中标物资价格；③物资采购（结算）价；④市场价格；⑤公司责任成本预算价格。

核算过程：通过计算每批物资进场的加权平均价，与工程中标物资价格、市场信息价格、公司责任成本预算价格对比，得出单价的差异。

项目物资盈亏金额＝当期实耗量×（工程中标物资价格/公司责任成本预算价格－物资采购加权均价），正为节约，负为亏损。

3. 费用核算

基础台账：①月材料动态表；②发料单；③扣款单。

核算过程：根据上期库存金额和当月进料数量计算材料收入，根据盘点数量确定当月消耗金额，最终计算支出成本费用(但不包括扣款金额)。

费用成本费用成本＝上期库存金额＋当期收入－库存金额－扣款金额

第四节　物资核算的方法

一、自建搅拌站原材料核算

基础台账：①工程项目物资部门按现场签认的“砼运输单”逐日填写砼供应台账与施工配合比（试验部门提供）；②搅拌站原材料进料台账；③月末盘点记录。

核算过程：①工程项目物资部门计算原材料应耗数量；②对库存物资进行盘点，填制“月末盘点记录”；③计算实耗数量；④编制“搅拌站主要物资核算表”；⑤分析原因，制定措施。

原材料应耗数量＝砼实际生产数量（砼供应台账）×试验部门提供的施工配合比×（1＋损耗率）

原材料实耗数量＝上月库存数量＋本月进场数量－本月库存数量

盈亏数量＝原材料应耗数量－原材料实耗数量

二、混凝土核算

基础台账:①工程部门提供单工号砼设计数量;②砼供应台账。

核算过程:①工程项目物资部门根据砼供应台账核实单工号砼实耗数量;②与单工号砼设计数量对比;③分别形成"按工程项目砼核算表"和"按外部劳务队伍砼核算表";④分析原因,制定措施;⑤对超耗部分按劳务施工合同扣款。

外购砼核算参照上述流程进行。

三、钢筋核算

基础台账:①钢筋加工厂进料台账;②已完成设计图纸实际工作量的钢筋数量(工程部提供);③月末盘点记录(包括钢筋加工厂内未发出的库存原材料及半成品、成品、施工现场存放的半成品、成品)。

核算过程:①工程项目物资部门根据工程部提供的已完成设计图纸实际工作量,核实单工号应耗数量;②根据库存情况计算实耗数量;③与工程部提供的应耗数量对比,计算盈亏;④分析原因,制定措施。

钢材应耗数量=工程部提供已完成设计图纸实际工作量的钢筋数量

钢材实耗数量=钢筋加工厂进料记录—月末钢筋加工厂内的库存原材料、半成品、成品—月末施工现场的库存半成品、成品

盈亏数量=钢材应耗数量—钢材实耗数量

四、钢筋集中加工核算

钢筋集中加工核算分为原材料加工核算与现场使用核算两部分。

1. 原材料加工核算

基础台账:①钢筋加工厂进料台账;②成品、半成品出库单(由工程部门技术员与物资部门材料员共同审核);③月末盘点记录(包括钢筋加工厂内未发出的库存原材料及半成品、成品)。

核算过程:①根据成品、半成品出库单与图纸设计计算应耗数量;②根据库存情况计算实耗数量;③与出库的应耗数量对比计算盈亏;④分析原因,制定措施。

钢材应耗数量=根据成品、半成品出库单与图纸设计计算的钢筋数量

钢材实耗数量=钢筋加工厂进料记录—月末钢筋加工厂内的库存原材料、半成品、成品

盈亏数量=钢材应耗数量—钢材实耗数量

2. 现场使用核算

基础台账:①成品、半成品出库单(由工程部门技术员与物资部门材料员共同

审核)；②月末盘点记录(包括领用未使用的在施工现场存放的半成品、成品)；③已完成设计图纸实际工作量的钢筋数量(工程部提供)。

核算过程：①工程项目物资部门根据工程部提供的已完成设计图纸实际工作量，核实单工号应耗数量；②根据库存情况计算实耗数量；③与工程部提供的应耗数量对比，计算盈亏；④分析原因，制定措施。

钢材应耗数量＝工程部提供已完成设计图纸实际工作量的钢筋数量

钢材实耗数量＝成品、半成品出库单计算的钢材数量－月末盘点领用的未使用的在施工现场的库存半成品、成品

盈亏数量＝钢材应耗数量－钢材实耗数量

五、油料单机核算

基础台账：①机械运转记录，由机械操作手或现场领工员逐日填写，现场负责人审核，或由机械 GPS 定位及油控系统自动生成；②加油记录，加油时由机械操作手、物资部经办人及现场负责人共同签字确认，或由机械 GPS 定位及油控系统自动生成。

核算过程：①根据“机械运转记录”计算当期单机油料应耗数量；②与实际油耗数量对比；③分析原因，制定措施。

单机油料应耗数量＝实际运转时间×定额油耗

定额油耗根据设备出厂额定定额、预算台班定额，结合工程项目现场对每台机械实际测定的油耗综合确定。

六、核算注意事项

(1)核算流程中所有基础台账登记的数据逻辑关系必须与收、发料单、盘点记录、物资动态表等基础数据一一对应。核算所引用的数据要与之相吻合，不得随意调整。核算工作必须实事求是。

(2)根据核算结果，分别对单位工程、各作业队(含外部劳务队伍)的消耗情况进行分析，提出节超奖惩兑现方案和消耗控制改进措施。

(3)工程项目物资成本经济活动分析应形成书面报告，及时上报相关单位。

(4)必须坚持执行月末盘点制度，保证准确、真实、全面。月末盘点不仅包括库房及料场的原材料库存，还应包括各工号、各工序所形成的中间库存，如原材料、在制品、半成品库存等。盘点过程中的信息搜集和数据整理应形成第一手原始资料。

(5)月末盘点还应强调时效性与统一性，要求物资盘点时间与工程量收方、计价时间保持一致，以便于各部门资料同步搜集、汇总，从而保证整个核算资料的准确性。

第五节　物资核算与成本分析

一、物资核算与分析的周期

(1)物资部门每月应编制物资消耗核算表，明确当期各工号物资消耗的具体情况，并对物资消耗核算表进行文字说明，分析节超原因，提出改进意见。

(2)每季度进行一次经济活动分析，结合每月的物资消耗核算，对本季度物资采购单价和物资消耗盈亏情况进行综合分析，按照经济活动分析的要求向财务部门提供相应的经济活动分析模块，对本季度的物资管理所取得的成效进行分析，提出下一步采取的措施。

(3)工程项目完工时，物资部门应对本项目部物资物资消耗情况、物资责任成本进行认真的综合分析(供应情况、消耗情况、盈亏情况、物资剩余情况、调拨处理情况、外协队伍供料核算情况、相关经验做法等)，并形成书面报告，呈报有关单位作为参考。

二、物资成本分析报告

物资成本分析报告应由文字说明与相关数据表格组成，格式如下：

一、概述

1. 本期完成的实物工作量(文字说明)。

2. 物资成本支出情况：本期消耗的主要物资数量及金额(文字说明)。

3. 盈亏情况。

二、物资消耗成本分析

主要针对对当期消耗成本影响较大的一些主要物资的节超情况进行分析和说明，并附“物资消耗核算表”。对各外部劳务队伍或实体，要单独分析其物资节超情况。

三、物资采购成本分析

主要分析当期市场价格的变动情况相对于基期所制定的物资责任成本价格的影响程度。

四、物资成本控制中存在的问题

五、采取的措施及提出的建议

三、案例分析

案例一：

某公司承接城市综合管廊施工，主要工程有基坑开挖、管廊结构施工、防水施工等。施工过程中基坑开挖，采用钢板桩、钢支撑、钢围檩作临时支护，利用大量砖渣及级配碎石填筑出土临时通道。施工过程中，项目经理每月组织物资部门对主要物资钢材进行盘点，每季度定期组织项目物资部门对物资进行核算，确保物资消耗过程可控。

1. 案例中应对哪些物资进行核算？

2. 项目部的物资核算的做法是否正确？为什么？

案例二：

某项目 2018 年二季度核算情况如下：钢筋进料总数量为 5034 t，采购金额为 1258.5 万元，陆续发放给张三施工队 3200 t、李四施工队 1834 t。月末盘点时张三施工队钢筋库存量为 840 t，李四施工队库存量为 210 t，当月月末工程部收方钢筋已完设计量 3904 t，当月张三施工队劳务结算数量为 2370 t，当月该项目向业主计价钢筋数量为 4210 t，计价单价(仅物资价)为 2700 元/t。公司给该项目下达的责任成本单价为 2300 元/t，钢筋损耗率为 1.5%；劳务合同中规定钢筋率为 1%，超耗扣款单价为 2200 元/t。请对该项目钢材从量、价、费用三方面进行核算。计算时不考虑提前滞后结算。

案例三：

某公司承担一高速公路项目，项目主要工程有钻孔桩、承台、墩柱、盖梁、预制梁和连续梁施工。项目自建一座搅拌站，开累供应项目砼 5400 m^3。其中，桩基用 C25 水下砼 2700 m^3，C20 承台用砼 1030 m^3，C30 墩柱及盖梁用砼 870 m^3，C50 预制梁及连续梁施工用砼 800 m^3。施工过程中，因搅拌机故障，借用相邻标段 C25 水下砼 460 m^3，在当地商品站购买 C20 承台用砼 120 m^3；相邻标段在 C50 连续梁浇筑时，由于搅拌站产量供应不上，由此项目供应砼 320 m^3。

项目将桩基砼发包给张三施工队，合同约定钢筋、砼损耗率为 1% 和 5%，承台、墩柱、盖梁发包给李四施工队，合同约定钢筋、砼损耗均为 1%；预制梁和连续梁分包给王五施工队，约定钢筋、砼损耗率为 1% 和 0%。公司下达责任成本时规定的损耗率为钢筋 2%，桩基砼 7%，其他部位砼 2%，水泥 1%，碎石 2%，中砂 4%，减水剂 2%。

项目物资部按计划供应搅拌站原材料、钢材等材料，见表 12-1～12-6。

表 12-1　钢筋供应情况表

日期	材料名称及规格	单位	数量	备注
……	钢筋	t	560	开累
12 月 18 日	钢筋	t	80	
12 月 19 日	钢筋	t	125	
12 月 22 日	钢筋	t	64	

表 12-2　水泥供应情况表

日期	材料名称及规格	单位	数量	备注
……	水泥	t	1900	开累
12 月 18 日	水泥	t	178	
12 月 19 日	水泥	t	143	
12 月 20 日	水泥	t	98	
12 月 22 日	水泥	t	72	

表 12-3　碎石供应情况表

日期	材料名称及规格	单位	数量	备注
……	碎石	t	6379	开累
12 月 18 日	碎石	t	126	
12 月 19 日	碎石	t	135	
12 月 20 日	碎石	t	113	

表 12-4　黄砂供应情况表

日期	材料名称及规格	单位	数量	备注
……	黄砂	t	3974	开累
12 月 19 日	黄砂	t	169	
12 月 20 日	黄砂	t	187	

表 12-5　减水剂供应情况表

日期	材料名称及规格	单位	数量	备注
……	减水剂	t	22	开累
12 月 19 日	减水剂	t	7	

表 12-6　各施工队钢筋领用情况表

日期	领用单位	材料名称及规格	单位	数量	备注
……	张三	钢筋	t	300	开累
……	李四	钢筋	t	180	开累
……	王五	钢筋	t	80	开累
12 月 18 日	张三	钢筋	t	80	
12 月 19 日	张三	钢筋	t	18	
12 月 19 日	李四	钢筋	t	85	
12 月 19 日	王五	钢筋	t	22	
12 月 22 日	李四	钢筋	t	34	
12 月 22 日	王五	钢筋	t	30	

项目 21 日组织收方，计算已完工程设计量：桩基砼完成 2710 m^3，承台砼完成 1165 m^3，墩柱、盖梁砼完成 863 m^3，预制梁和连续梁砼完成 757 m^3，钢筋收方完成 717 t。工经部对张三施工队结算(不考虑提前滞后结算)：钢筋 379 t，砼 2710 m^3。工经部对李四施工队结算(不考虑提前滞后结算)：钢筋 242 t，砼 2028 m^3。工经部对王五施工队结算(不考虑提前滞后结算)：钢筋 96 t，砼 757 m^3。

物资部门月末盘点情况：

搅拌站原材料库存量：水泥 189 t，中砂 65.3 m^3，碎石 68.7 m^3，减水剂 3 t。

各施工队钢筋库存量：张三 6 t，李四 28 t，王五 8 t。

试验室提供的配比见表 12-7。

表 12-7　砼配比表

砼标号	配比(kg)			
	水泥	碎石	中砂	外加剂
C20	325	1138	727	4.03
C25 水下	350	1135	748	3.58
C30	386	1133	697	4.44
C50	478	1134	663	6.69

请根据以上信息对该项目物资进行核算。

第十三章　物资管理信息化建设

随着信息时代的到来，物资管理的信息化建设也得到了飞速发展。物资管理的信息化具有十分重要的现实意义。本章将根据已有研究和具体实践，对物资管理信息化建设的发展现状进行分析，介绍物资管理信息化发展的未来趋势，并对信息化手段在施工企业物资管理中的应用进行详细介绍。

第一节　物资管理信息化概述

一、物资管理信息化的意义

随着信息化的不断发展，传统的物资管理方法正面临着极大挑战。信息化的发展对物资管理的手段提出了新的要求。加强信息化建设，采用计算机技术实现物资管理信息化，是提高物资管理水平的有效途径，具有重要意义。

1. 减少物资管理中的人力投入

物资管理的信息化建设在减少相关人力投入方面发挥着重要作用。在传统物资管理模式下，主要通过人与人之间的沟通实现物资管理信息的处理。这样不仅需要较多的人员投入，而且信息处理的效率低下，容易出现管理偏差。而在物资管理的信息化模式下，通过计算机和网络的力量对物资管理信息进行处理，可以大大节约人力投入，同时提高管理效率，把人员从大量烦琐、无序、低端的工作中解脱出来，显著提升工作的效率和质量。

2. 实现物资管理的全程监控和管理数据共享

在传统物资管理模式下，由于管理信息的处理较为庞杂，使得物资管理工作常常难以有效衔接，甚至出现纰漏。而引入物资管理的信息化模式后，可以做到对物资管理的全程监控，从而保证了管理的有效性。借助于计算机网络，还可以实现对物资管理数据的共享，企业上级管理部门可及时查询、统计、汇总所属各级的物资使用情况、库存情况、收支情况，以及库存成本、各工程耗用物资成本等信息，以便适时地分析，为领导层决策提供可靠的依据。

3. 促进物资管理业务的规范化、标准化

利用物资管理信息平台，可建立企业内部统一的、标准的物资计划、采购、供应、收发料、核算分析、周转材料管理、废旧物资回收等物资管理模块，各管理模块可详细规定物资管理的流程和步骤，提出卡控要点和措施，简单实用，易于操作。

各项目物资管理统一按此标准程序和模式进行操作，可减少随意性、人为性和盲目性，使施工企业项目物资管理的规范化、标准化水平得到质的提升。

二、物资管理信息化建设的现状与问题

1. 发展现状

目前，我国的物资管理信息化建设发展现状可以概括为以下几点。

(1)物资管理信息化基础设施相对完善。由于我国对信息化建设的重视，到目前为止有关计算机互联网络的建设已初见成效，各行业均已完成相关的信息化设施建设。在一些具体行业中，物资管理岗位的计算机应用率达到100%，计算机应用于物资管理工作的业务量可超90%。

(2)物资管理信息系统相对成熟。诸多行业的物资管理信息系统已初具规模，办公自动化系统(office automation，OA)已得到广泛应用。此外，与物资管理信息系统相配套的设备管理、成本管理、财务管理、供应商管理等相关信息系统也得到了完善。这些管理信息系统的引入，为进一步提升物资管理信息化水平创造了良好条件。

(3)物资管理信息化的安全问题受到关注。网络环境下的信息安全问题得到了越来越多的关注和重视。由于物资管理信息化通常会涉及企业的商业秘密，因此物资管理信息化的安全问题应格外重视。不同规模的企业在物资管理信息化安全方面均采取了一系列措施，例如网络防火墙、局域网络安全管理等。物资管理信息化安全管理工作已成为各行业、各企业的重点监控内容。

2. 存在问题

在看到当前我国物资管理信息化建设取得的成就的同时，我们也不能忽视物资管理信息化发展中存在的诸多问题。这些问题制约了物资管理信息化水平的进一步提高，是各企业需要重点关注与解决的难点。

(1)管理模式和手段落后，缺乏对信息化管理的重视。目前，很多建筑企业的物资管理模式及手段还停留在传统意义上粗放式的管理阶段，企业领导层对物资管理信息化的重视程度还较为有限。由于物资管理信息化建设需要投入必要的资金以及人力，使得一些管理者认为这是浪费资金，因此持反对意见。即使物资管理信息系统已经建成，一些管理者也不愿多投入精力和时间去了解和熟悉相关运作。对于这一问题，企业管理者必须从观念上改变对物资管理信息化建设的认识。

(2)人力资源严重不足，人员业务素质不高。在物资管理信息化建设中，企业往往将一些不具备专业技能的人安排到物资管理信息化系统中，从而给物资管理信息化的实施带来了诸多问题，有时还会因管理人员对信息技术的不熟悉导致企

业物资管理信息系统被病毒感染或者被黑客入侵，致使重要信息的泄露，为企业的经营和发展带来巨大的安全隐患。对此，必须在转变认识的同时，引进信息管理方面的专业人员，从而保证物资管理信息化建设的有效实施。

(3)物资管理信息化建设形式主义严重。一些企业在进行物资管理信息化建设时往往只注重形式化的东西，尽管引入了计算机信息系统进行物资管理工作，但实际效果不佳。有的企业尽管已经完成了信息化建设，但大量物资管理工作仍通过传统方式进行。还有的企业在进行物资管理信息化建设的时候，只重视硬件建设而忽视了软件建设。如有些企业为物资管理部门配备了高标准的计算机、打印机以及网络设备等，但却没有开发、安装一些先进的物资管理软件，从而使信息系统的管理优势无法有效发挥。针对物资管理信息化建设中的形式主义问题，必须进一步打破传统物资管理模式的束缚，充分发挥信息化建设的积极作用。

三、物资管理信息化建设的发展趋势

1. 物资全生命周期管理

以物资的全生命周期业务需求为主线，以系统化的思路为基础，综合考虑企业物资管理各方面的业务需求，结合现代管理理论和信息化的发展趋势，设计物资管理系统流程，满足企业物资管理方方面面的业务需求。

2. 更加简捷高效的物资管理操作

各种管理系统软件的开发和完善将会进一步降低物资管理的复杂性，简化管理操作，将更多的人力从物资管理的繁杂劳动中解脱出来，大大提高物资管理工作效率。

3. 端到端的闭环物资管理业务流程

在信息化的基础上，以业务闭环为追求，来分析和设计每一个物资管理业务流程所涉及的每一个部门、节点，流程有起点和终点，以 PDCA 的不断循环模块来提升物资管理业务流程的运行效率。

4. 物资管理业务数据的统计分析

物资管理的相关数据将会成为管理者决策的重要依据。结合计算机和信息化网络，从集团公司、企业高层管理者的角度出发，物资管理信息系统可为上述决策者提供统计数据、业务考核与管理决策的可靠依据。

总之，随着计算机技术及网络技术的发展，信息化已经成为了当前企业发展的必然趋势。物资管理作为企业管理的重要一环，其与信息技术的结合已经成为了当前物资管理方式发展的重点。但是，物资管理信息化建设是一项复杂艰巨的工程，受到诸多方面的制约，因此应在充分尊重信息化发展规律的基础上，逐步探索实现物资管理的信息化。

第二节　信息化应用

随着市场和信息技术的发展，建筑工程项目物资管理的重要性越来越突出，物资管理工作任务也越来越繁重。为了实现项目物资管理的规范化、标准化、制度化和科学化，确保项目施工生产顺利进行，提高物资管理的整体效益，需要对物资管理的各种业务数据进行系统、有效的收集、整理、分析和处理。在此过程中，如何利用现代信息技术和网络优势来有效地进行物资信息化管理便成了一大课题。

一、物资信息化管理手段与措施

1. 改变管理模式，建立科学的物资管理信息平台

物资管理者特别是施工企业管理者应充分、准确认识到项目物资管理的方法已由传统的制度化和程式化转向模块化。简明、精确、快速的模块化电子管理程序使得传统的职能计划和信息处理变得异常简单，信息化在建筑生产与项目物资管理中发挥着越来越大的作用。因此，应努力创造良好的信息化管理氛围，有效实施信息化战略。积极建立项目物资管理信息平台，以电子化的方式快捷、及时、全面地反映物资的种类、规格、数量、单价、采购、入库、出库、库存、使用情况。同时，可利用其强大的查询及报表功能，及时、准确地掌握所需数据，为项目的决策提供准确、便捷的支持平台，帮助建筑企业更有效、更全面地管理物资。

2. 加大软硬件投入，建立物资管理电算化系统和综合信息管理系统

工程项目信息化管理系统的推广应用是强化项目管理和提高企业运行效率的迫切需要，为了更全面地实现建筑工程物资管理水平信息化建设，需要从项目物资管理电算化和项目综合信息化系统两个方面进行设计，建立统一的、标准的、相互衔接的信息系统。

(1)建立项目物资管理电算化系统。物资管理电算化系统是结合国内众多大型建筑企业的成功管理经验开发的专业物资系统管理软件。该系统对物资管理的各项功能进行模块化设计，将物资计划、合同管理、采购、入库、出库、库存等各个工作环节整合，建立了一个完整的数据库，可通过自动登账、汇总生成所需要的各种台账、报表和信息资料。使用者录入基层收料、发料、调拨、调整、退料等原始单据后，可自动生成物资卡片、物资动态、工号台账、库存汇总、消耗汇总及相关的核算资料，大大减轻了现场物资管理人员的工作强度，避免了人工计算错误，确保核算准确；此外，该系统具有强大的报表生成功能，可方便日常管理和信息传递。系统提供各种数据接口，可以通过 OA(办公自动化系统)、电子邮件、U 盘(USB

设备)等多种方式传输数据,实现数据共享。物资电算化管理的前提是设置统一管理规则和标准,如统一的物资分类、物资编号、物资目录、收发料单格式、报表要求及格式、工程工号或成本科目设置要求、结算流程等,各工程可根据自身管理要求在权限范围内进行设置。

(2)建立工程项目综合管理信息系统。工程项目综合管理信息系统是集工程(含调度、技术)、物资、机械设备、安全质量、成本管理等工程项目管理的各项功能于一体的工程综合信息化管理手段,实现了工程管理的系统化、信息化和网络化,是现代大型施工企业提高企业管理水平、提升核心竞争力的有力手段。目前,很多大型施工企业特别是国际性施工企业已基本建立或正在建立综合管理信息系统。可以说,综合管理信息系统已经成为施工企业信息化建设的发展方向。但在此过程中,也出现了物资电算化系统与项目综合信息管理系统互相独立、不兼容或工程重复的现象,使得项目综合信息化系统中物资管理功能模块脱离实际,可操作性差,甚至在使用过程中得不到操作者的认可。这就需要企业管理者特别是系统管理者足够重视,优化功能设计,改进物资管理电算化系统平台与综合信息化管理平台的兼容性,充分发挥项目综合管理信息系统和物资管理电算化系统的信息化管理功能,切实提高企业管理水平。

(3)要实现上述目标,还需要企业管理者加大对物资信息化管理的软硬件投入,根据自身项目的实际情况配置足够的信息化软硬件设备。

3. 加强领导,明确责任,保障信息化管理工作顺利推进

为保证物资管理信息化工作的有序推进,企业管理者需要周密部署,强力推进。一是健全机构,加强领导。成立领导小组,全面负责物资信息管理系统的组织领导和协调工作。二是制定推进计划,明确责任。按照企业总体部署制定周密的推进计划,严格落实责任领导、责任人,确保此项工作按期完成。三是强化培训,提高相关人员素质。按照项目物资信息管理系统的要求,组织物资、设备、安全质量、成本管理、工程等部门和相关人员,采用理论学习和实际操作相结合的方式进行集中强化培训,培训可涉及系统管理、工程、计价、安质、物资机械管理、工经管理等内容。通过培训可加深参培人员对项目物资管理信息系统的了解,增强参培人员的责任心和紧迫感,促进综合管理信息系统各项工作的全面推进。

4. 加强物资信息化管理的检查和考核

物资信息化是一个系统工程,点多面广。施工企业应建立物资信息化管理检查和考核机制,落实责任人,定期或不定期对项目物资信息化管理进行检查,发现问题时应及时分析原因、及时处理,过程中必须留下检查、整改及处理记录,对责任人要奖罚分明,实施激励机制。

总之,在信息经济时代,建筑物资信息化管理就是利用现代管理理念和技术,改变建筑物资的传统管理模式，对建筑项目物资管理进行优化，把信息化管理的价值潜力发挥出来，提高企业经营效率和管理效益，创造竞争优势。

二、物资管理信息化应用主要环节

1. 计划管理环节

基层业务部门可根据"主要物资需用限定额数量总计划表"编制"物资采购总量计划"，通过电商平台报基层领导审批后逐级上报，依据审批后的采购方式实施采购。计划管理环节是物资供应工作的起点，也是物资成本的源头。在该环节编制并审批物资需求计划、采购计划，将采购计划推送至集采交易平台，完成物资现场管理的物资需要量、物资采购量、物资供应量的确定。

2. 采购管理环节

信息化时代，市场需求不断发展变化，传统的采购方式已经很难再适应企业信息化发展的需要。就我国企业而言，基于电子商务的采购模式已经被越来越多的企业所运用，其反应迅速、协同方便、安全可靠的特点也逐渐被企业所认可。

将企业所需物资采购纳入信息化网络采购中。主要物资通过电商平台进行招标采购（公开、邀请、竞争性谈判）。辅助材料通过阿里巴巴网络平台实施网络竞价采购。通过采购平台采购有利于提高采购过程的透明度，实现采购过程的公开、公平、公正，杜绝采购过程中的不透明化。由于电商采购是一种不谋面的交易，通过在网站上公平采购信息、采购流程，可避免交易双方有关人员私下接触，有利于实现实时监控，使采购更透明、更规范。

在网站上公开采购信息，有利于扩大供应商范围，提高采购效率，降低采购成本，从而突破传统采购模式的局限，从货比三家到货比多家，在比质比价的基础上找到满意的供应商，大幅度降低采购成本。可将经常合作、信誉度良好的供应商纳入系统，进行定期评价，根据各供应商在一定时期内供货的质量、价格售后服务进行考核，及时发布合格供应商、不合格供应商及存在危险需谨慎合作的供应商名录。对于不合格的供应商，应及时予以清除，降低物资采购的风险。

3. 验收与发放管理环节

验收是确保采购物资满足施工需要的最后防线。针对大宗物资（砂石料、水泥等可以直接称重的物资），可采用过磅影像系统对验收全过程进行实时监控。货物到达后，运输车辆直接置于地磅上，由监控视频拍摄运输车辆牌照及车厢内的货物情况，由验收组成员直接操作录入系统，通过网络将验收数据传输至已经对接好的物资管理信息系统。针对不可用过磅称重验收的小型物资，可采用收发盘条码手持机对进场物资的品种、品牌、规格、型号、质量等进行验收，并打印条码，分类管理。同时，依靠无线网路将验收数据上传至物资管理系统。

仓库保管员凭验收条码单据，按入库物资品种、规格、型号、数量进行二次清点，符合要求后分类别进行摆放，建卡登记入账，并及时填制"物资动态保管卡片"。对物资的发放，无论是大宗原材料还是零星辅助材料都要做到领用合理，流向清楚，手续齐全。发放保管人员按自有作业队与劳务作业队进行发放；根据工程部提供的"分工号主要物资需用量明细表""主要物资需用限定额数量总计划表"及工经部提供的消耗系数，建立"主要物资限额供应台账"；根据施工进度，对符合领料要求的领料人，分批次、有计划地用手持条码机进行发料，并及时实时上传发料信息，严防超限额发料。

4. 核算与分析管理环节

物资管理的日常工作首先是依据项目物资管理信息系统，按照系统设置的功能完成各环节(计划管理、合同管理、进料登记、验收管理、收料管理、发料管理、消耗管理、库存管理、成本风险、周转材料管理和报表查询等工作)，将信息系统作为现场物资精细化管理的基本手段，进行物资需求计划的编制、物资收发存管理、基础台账的建立、物资核算等相关业务工作。以实际消耗数量作为基础数据，通过项目成本管理信息系统、物资管理信息系统可实现成本核算与分析。

三、物资管理信息化应用的优势

(1)优化和规范了物资管理业务，实现了物资计划、采购、质检、合同审核、货款支付和分级审批等物资供应主要环节相互监督、相互制约的分段管理制度。任何一个环节未按规定程序实行审核、审批，相应的业务均不能向下一个环节运行，有效地规范了物资采购行为。

(2)建立了统一的物资编码库，物资名称得到了规范，物资统计信息更加准确和真实。实现了在整个项目范围内库存资源的有效调配和调剂。统计报表即时、准确，可为管理决策及时提供科学依据。真正实现了数据资源共享，实现了财务、物装、设备维护等业务的无缝对接，各模块不再是相对独立的信息孤岛，避免了重复劳动，提高了工作效率。

(3)强化了价格动态管理，通过物资管理系统物资价格管理模块，可对物资价格进行综合分析及走势预测，为公司的物资采购工作提供决策依据。物资成本自动汇入成本分析体系，有利于项目成本控制。物资管理系统内产生的各类数据，尤其是采购合同数据和收料、领料数据会自动汇集到综合项目管理系统的成本管理模块中，自动进行成本核算，增强项目的成本控制能力。

(4)实现了物资收发料动态管理，对仓储物资动态、周转天数等进行实时统计，及时反映物资收发存动态、超储、积压和不合理库存物资信息，有利于对库存资金的分析，优化了库存结构，加速了资金周转，为部门决策提供了依据。

第三节　物资管理信息系统

随着我国计算机网络技术的不断发展，各个企业的物资管理信息化工作也取得了迅猛的发展，物资信息化系统的建设也日趋完善。物资管理信息系统的应用，使物资管理人员从大量的物资原始记录手工编制和烦琐的单据整理归档中解脱出来，大大地减轻了物资管理工作人员的工作量，提高了物资管理人员的工作效率，提高了物资管理工作的准确性与科学性。目前，业内在用的物资管理信息系统分别有物资管理信息系统、成本管理系统、电子商务系统、过磅影像系统、条码管理智能手持终端系统等。

一、物资管理信息系统

（一）系统简介

物资是企业管理的核心资源之一，是企业实施物资精细化、标准化和流程化管理的重点内容，物资管理对企业运营发展起到了支撑保障的作用。物资管理信息系统主要是为企业对项目物资从进发料、盘存到核算全过程的统一管理提供信息化帮助，包括基础管理、物资管理、周转物资管理、成本分析管理和报表管理 5 部分。系统所有数据均来源于项目部，通过对日常数据的录入和更新，建立完善的物资追溯体系，实现对物资管理各个环节的跟踪和监督。

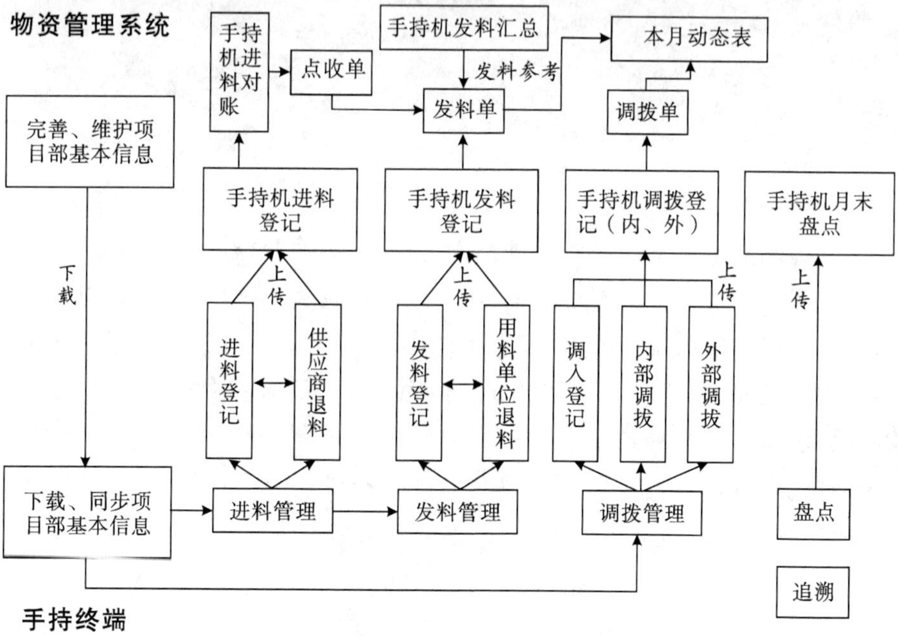

图 13-1　某物资现场管理信息系统流程示意图

1. 开发物资管理信息系统的背景

(1)在项目部层面,物资管理难点有以下几个方面:①项目部物资账与实物不符,物资追溯体系难以建立;②实物现场收发不规范,发票滞后,预点收量大且不规范,工程成本不真实;③地材管理问题比较多,亏损比较普遍;④砼超耗严重;⑤因受其他部门工作制约,不能按时编制、提交项目部物资月度需用计划;⑥工程管理部门收方不及时,成本分析数据不能及时提供。

(2)在公司层面,物资管理难点有以下几个方面:①因项目部不能及时提供物资需用计划,集中采购数量难以及时报送;②供应商数量比较大,大宗物资及战略供应商集中供应物资数量难统计;③以前大多采用分散式管理,管理层各种数据报表不能自动生成,各种消耗指标难以建立,不能给经营及管理工作提供比较及时、准确的数据;④因项目部过程控制不严谨,导致公司成本分析不准确,精细化管理难以实现。

2. 物资管理信息系统开发设计的基点

针对以上物资管理问题,结合精细化管理要求,以某央企为例,物资管理信息系统开发设计的几个基点为:

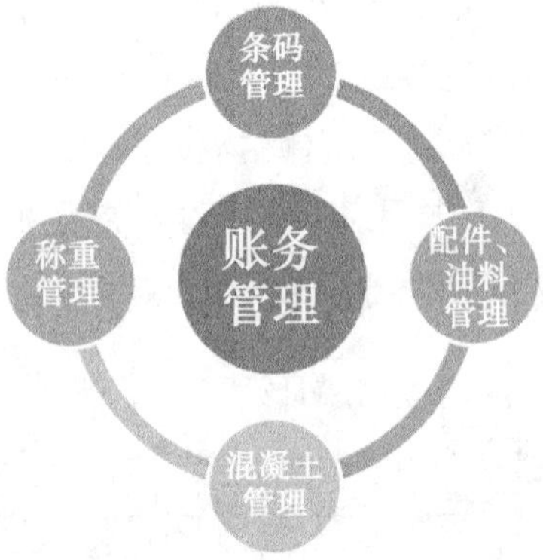

图 13-2 财务管理系统

(1)以前期推广使用的账务管理系统为核心,更换开发语言,根据施工现场的需要,在项目部日常业务管理过程中,增加物资现场管控功能,增加辅助业务控制手段,添加过磅影像系统、条码化管理系统、混凝土核算管理系统等子系统的闭环管理,利用比较先进的技术手段强化现场实物收发管理,减少人为干预,实现数据一次性录入、全系统共享。

(2)在物资管理信息系统中实现四大基础资料集中统一管理,便于对各管理层级物资数据进行逐级汇总分析,服务各级公司物资业务管理。

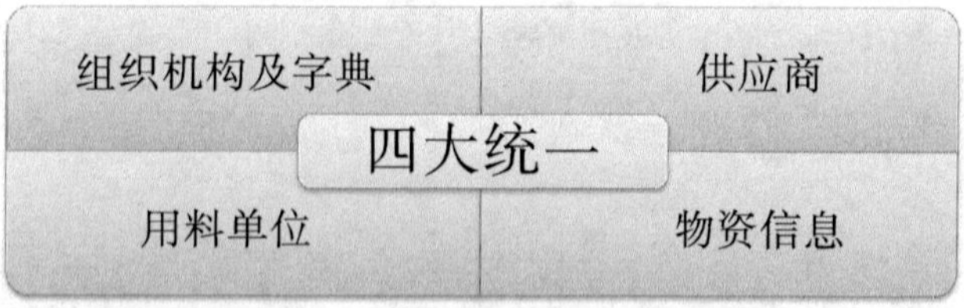

图 13-3　四大基础资料集中统一管理

(3)以树形结构清晰展现企业各单位组织架构。系统组织架构按四级进行设置,每个层级设置相应的物资管理模块及管理者工作页面,可兼顾不同层级的管理需求。

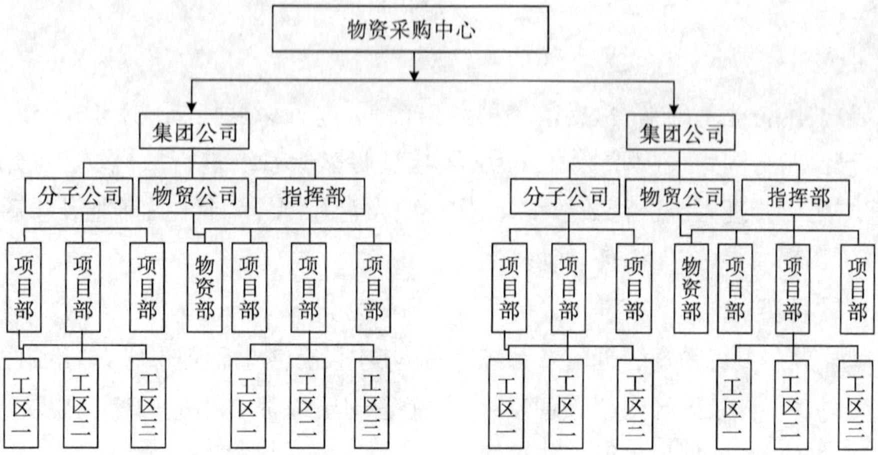

图 13-4　企业组织架构

(4)规范现场物资管理,从基础数据、计划管理、合同管理、进料管理、验收管理、收料管理、发料管理、消耗管理、库存管理、周转材料管理、成本管理、数据查询与报表等 12 个管理环节入手,规范数据流向。

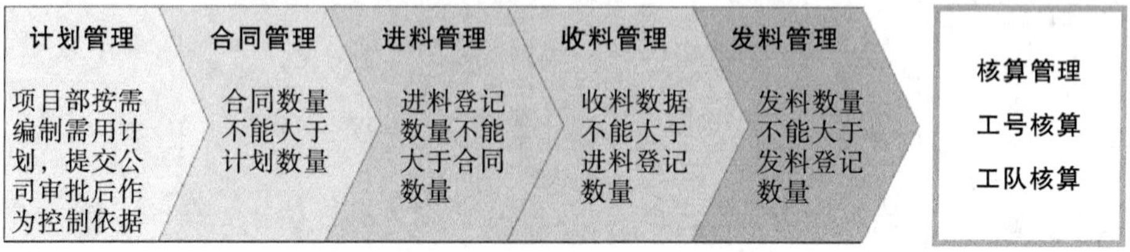

图 13-5　规范数据流向

(5)在集团公司层面及子分公司层面建立物资数据中心,实现跨部门、跨层级的物资数据信息共享。

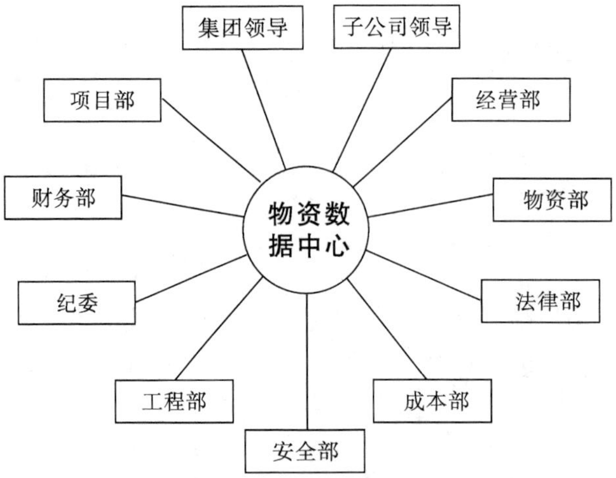

图 13-6 物资数据中心

(6)共用企业基础平台,提供多种数据接口,进行深度集成:①与电子商务系统进行计划、合同管理模块数据交互;②与过磅影像系统进行数据交互,实时监控;③与条码管理系统进行数据交互,实现收发盘控制;④与设备管理信息系统直接交互,实现油料、配件消耗联动控制。

3. 软件架构

以某央企项目物资管理信息系统为例,其中设有 4 个管理层级,即集团公司、子分公司、项目部、工区四个管理层级,每个管理层级都有相应的管理模块、工作权限、审批流程、数据报表及工作界面。

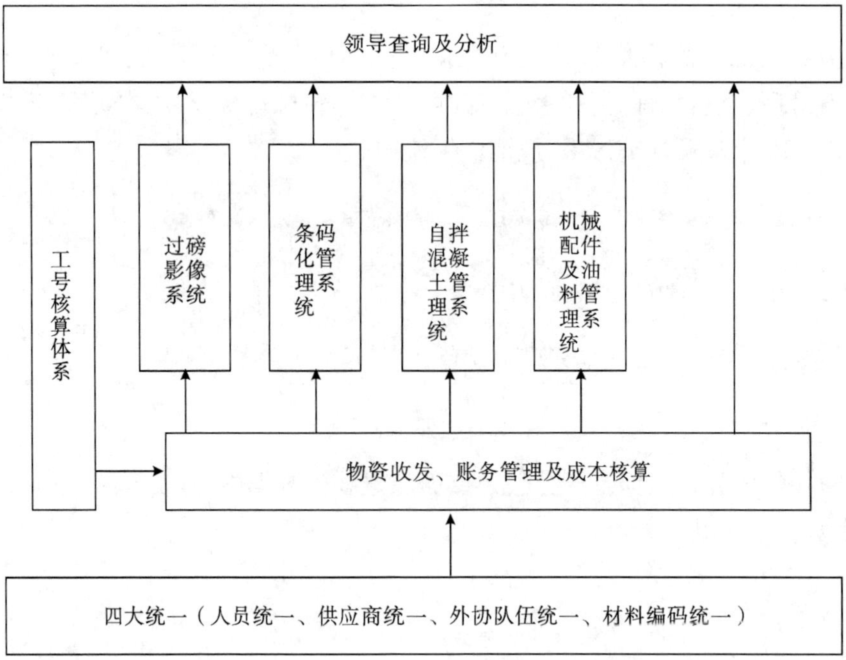

图 13-7 软件架构

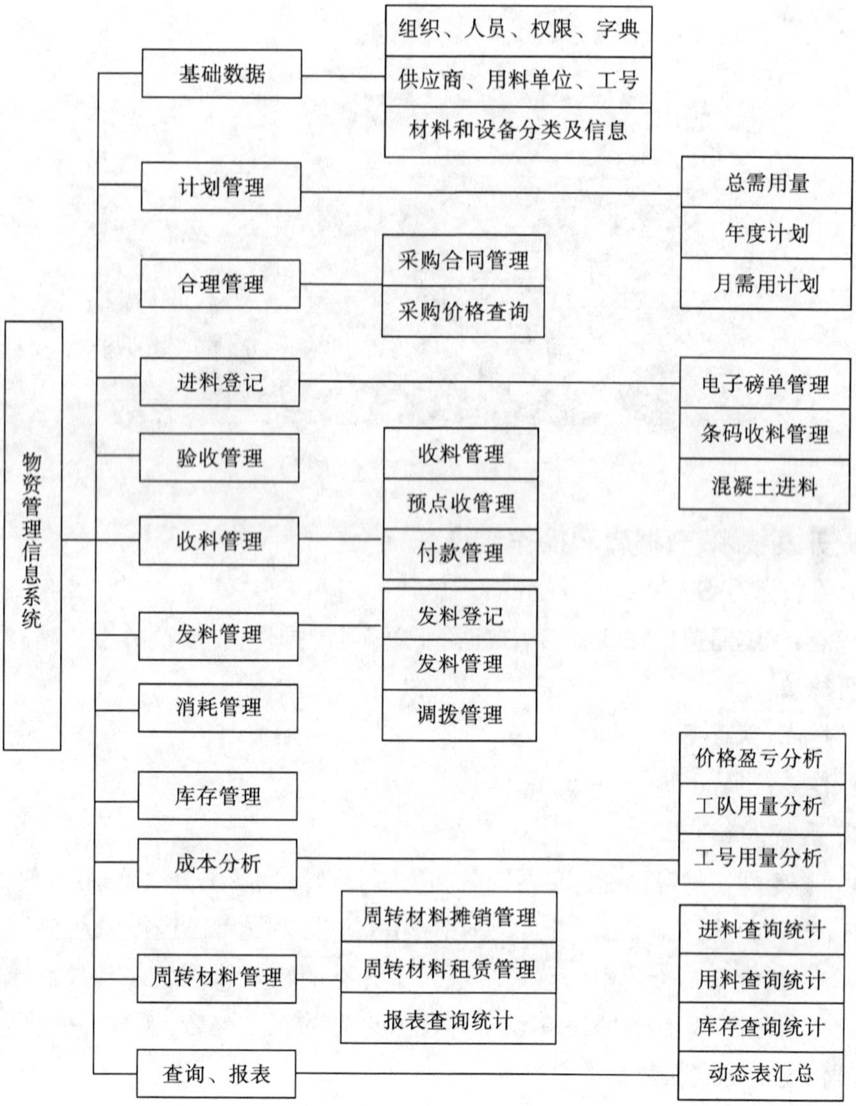

图 13-8　物资管理信息系统

4. 硬件网络架构

以某央企为例，其基础平台由股份公司统一部署，项目物资管理信息系统由各集团公司单独部署，各集团公司现有计算机网络系统、服务器均能够满足物资管理系统的正常使用。

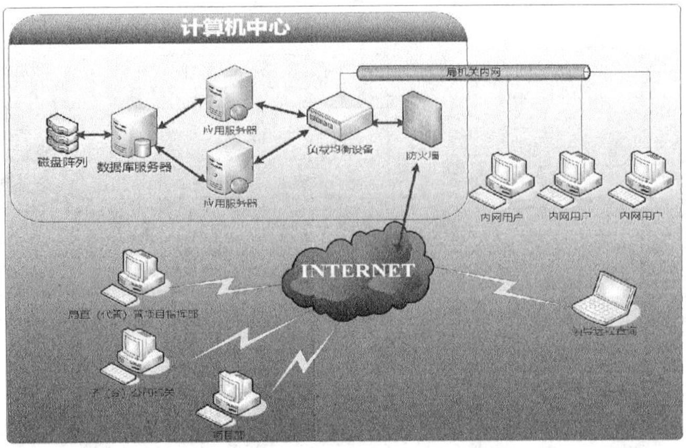

图 13-9 硬件网络架构

5. 开发技术、数据库和操作系统

开发技术：ASP. NET(Ext. net)。

优点：①编写速度加快；②错误率降低；③可维护性；④层次关系清晰；⑤数据交换更简单。

数据库：SQL Server 2008。

操作系统：Windows Server 2008。

6. 系统的特点

(1)稳定性。物资管理信息系统是在物资管理信息系统分散管理版、集中管理版软件的基础上研发而成，以前各版本中存在的很多问题都已经得到完善。

(2)先进性。物资管理信息系统融入了先进的物资管理思想和控制流程，可实现与电子地磅、条码智能终端设备等硬件设备的充分整合，实现硬件设备与物资管理信息系统之间数据的自动交互。

(3)实用性。物资管理信息系统大批量收集项目部的使用意见和修改意见，符合项目部物资管理工作的实际业务流程，能够满足项目部的合理需求，解决项目部物资管理很多实际问题。

(4)易用性。受客观条件限制，项目部物资管理人员的计算机操作水平有限。系统在软件操作方面以直观、简单、容易理解和掌握为主导，注重用户体验。

(二)系统的主要流程

物资管理信息系统包括六大模块：基础管理、物资管理、周转材料管理、成本分析、报表管理和预警中心。

1. 基础管理

基础管理模块内含供应商管理、用料单位管理、常用材料管理、工号管理和存放地管理。

(1)供应商、用料单位和常用材料信息均可以从总公司原有的信息库里(常用供应商管理、常用用料单位和常用材料)选择下载。若原有信息库内无所需信息，可在相对应的模块(供应商管理、用料单位管理、申请材料)进行新增。其中，仅申请材料需经上级公司审批，其余信息均由项目自行审批。

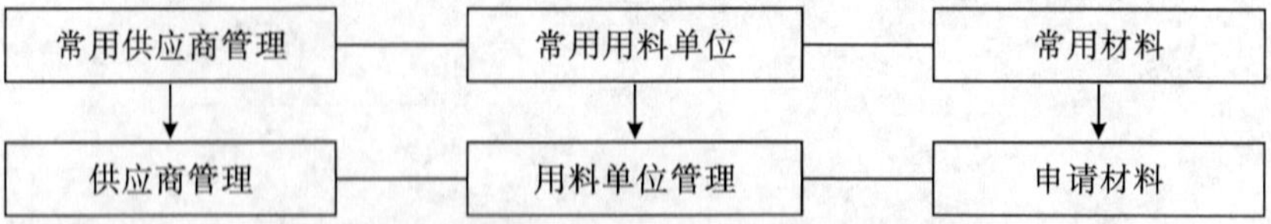

图 13-10　供应商、用料单位和常用材料管理

(2)工号是物资管理系统的基本信息，工号层级划分必须科学、合理，工号划分依据是项目部确定的成本核算单元，根据各单位核算水平划分工号层级。编制发料单时，必须选择工号的最末级进行发料。成本分析时，必须输入最末级工号的月应耗量，系统才能自动进行成本核算及分析。具体建几级工号由各项目部自定，如果要选择该工号为末级节点即子节点，则打上钩。

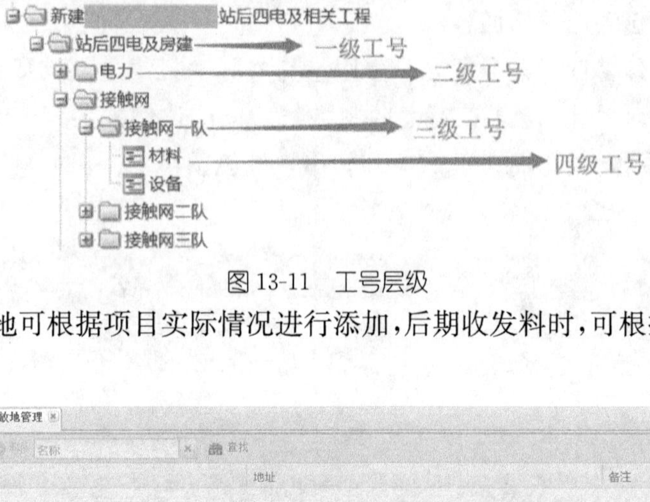

图 13-11　工号层级

(3)存放地可根据项目实际情况进行添加，后期收发料时，可根据不同地点做不同的选择。

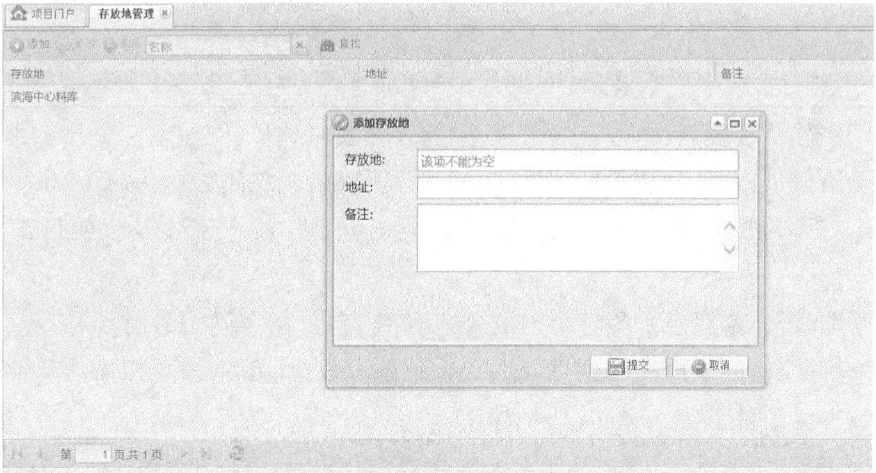

图 13-12　存放地管理

注意：①基础数据的维护是各项目进行物资管理的基石，信息的标准化直接影响最终成本核算的准确性；②常用材料中需对价格进行维护，包括预算价、投标价和责任成本价，此数据为后期成本分析的基础数据。

编码	材料编码	材料名称	规格型号	主单位	辅单位	转换率(辅->主)	预算价	投标价	责任成本价	备注	操作
1	0100000010024	圆钢	HPB300○12mm	吨	吨	1.0000	3900	4000	4000		×

图 13-13 常用材料的材料维护

2. 物资管理

物资管理模块内含计划管理、合同履约、进料管理、直进直出、收料管理、发料管理、库存统计、甲供物资以及数据报表和查询统计。

(1)物资计划包括工号主要物资总需用计划、工号主要物资月度需用量、用料单位主要物资月度需用量、工号用量预警、主要物资限额数量总计划表、主要物资月度需用量计划。计划类型分初始设计、变更计划，针对同一工号所做的初始、变更计划会进行自动汇总累加。

工号用料预警针对某个工号总需用量与实际消耗量之间的比例关系。总计划收料预警针对总计划量与实际总收料数量之间的比例关系。当比例大于 80%时，出现黄色预警；当比例大于 100%时，出现红色预警。

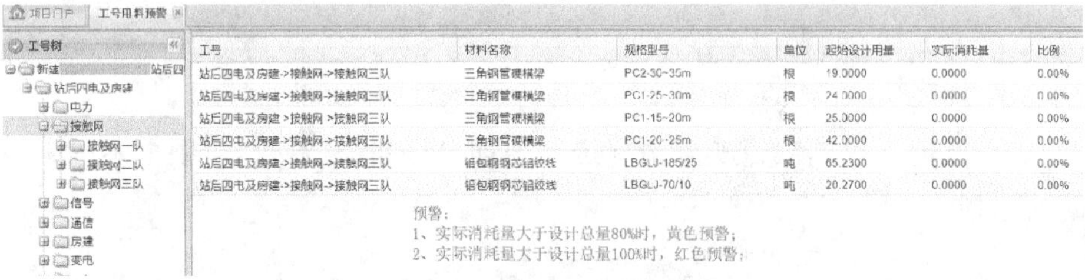

工号	材料名称	规格型号	单位	起始设计用量	实际消耗量	比例
站后四电及房建->接触网->接触网三队	三角钢管硬横梁	PC2-30~35m	根	19.0000	0.0000	0.00%
站后四电及房建->接触网->接触网三队	三角钢管硬横梁	PC1-25~30m	根	24.0000	0.0000	0.00%
站后四电及房建->接触网->接触网三队	三角钢管硬横梁	PC1-15~20m	根	25.0000	0.0000	0.00%
站后四电及房建->接触网->接触网三队	三角钢管硬横梁	PC1-20~25m	根	42.0000	0.0000	0.00%
站后四电及房建->接触网->接触网三队	铝包钢芯铝绞线	LBGLJ-185/25	吨	65.2300	0.0000	0.00%
站后四电及房建->接触网->接触网三队	铝包钢芯铝绞线	LBGLJ-70/10	吨	20.2700	0.0000	0.00%

图 13-14 工号用料预警

(2)合同履约模块内含价格信息、采购合同及付款单。

价格信息：系统自动归集项目部实际采购价格，以集团公司为单位，供所有物资人员查询、浏览，可以时间段、物资分类、物资明细、行政区域、项目部等条件检索。

采购合同：项目日常签订合同的录入和查询，包括合同编号、合同名称、签订日期、合同金额和供应商等信息。在录入采购合同时，可将合同扫描件及评审相关资料作为附件上传。

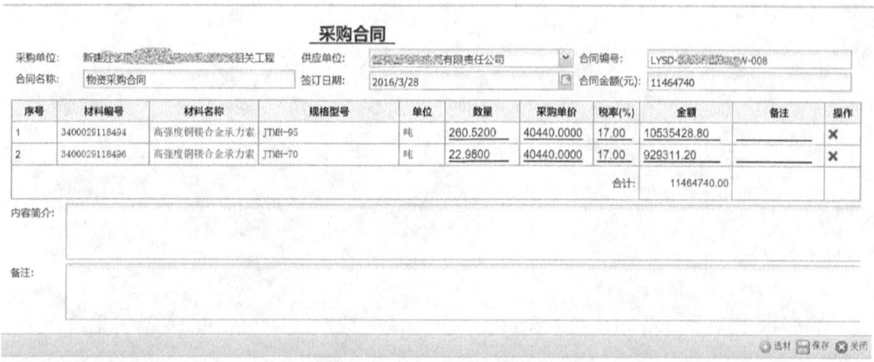

图 13-15 物资采购合同录入

(3)进料管理模块内含手持机进料(调入)登记、进料登记、送检登记、不合格物资登记。

手持机进料登记:手持机所做的所有消耗物资进料,上传成功后均在此处显示。填写物资价格后进行对账,对账后可直接生成点收单或预点单。

图 13-16 手持机进料对账

进料登记:主要是对未使用手持机进料的物资进行登记。本模块的物资需要在收料管理模块进行点收。

送检登记:对需要委托第三方进行试验的物资进行登记,登记内容包括送检数量、委托单号、送检单位、检验日期、检验报告编号和检验结果等。

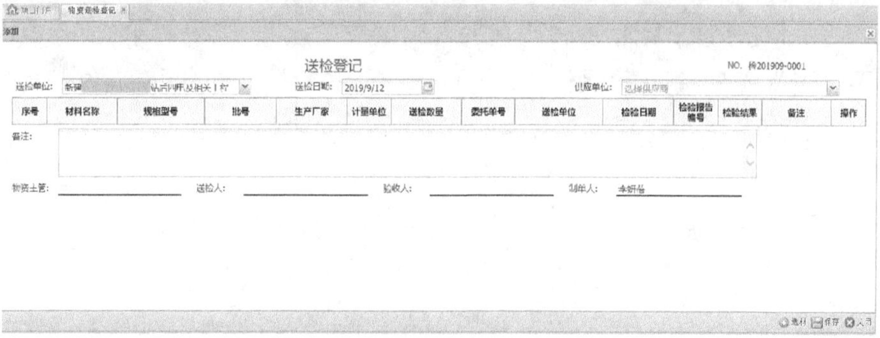

图 13-17 物资送检登记

物资送检不合格记录:对送检结果不合格的物资进行登记,登记内容包括进料数量、不合格数量、原因等。

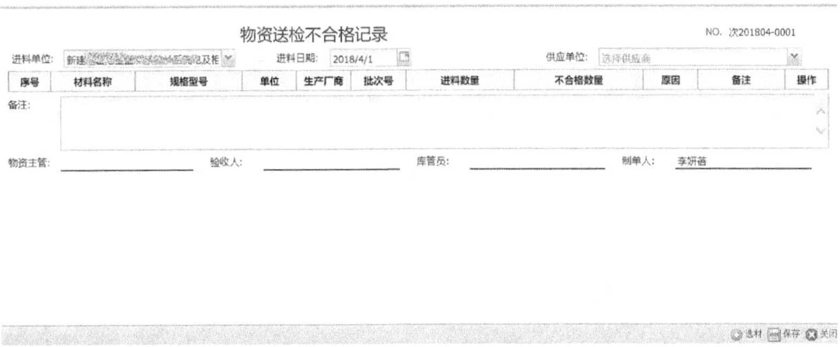

图 13-18 物资送检不合格记录

(4)直进直出包括直进直出(预点)和冲直进直出。所谓直进直出,是供货商直接送料到用料单位的情况,可通过此模块快捷处理。本模块的物资只需做直进直出(预点)就可自动生成点收单和发料单,无需重复点收与发料。

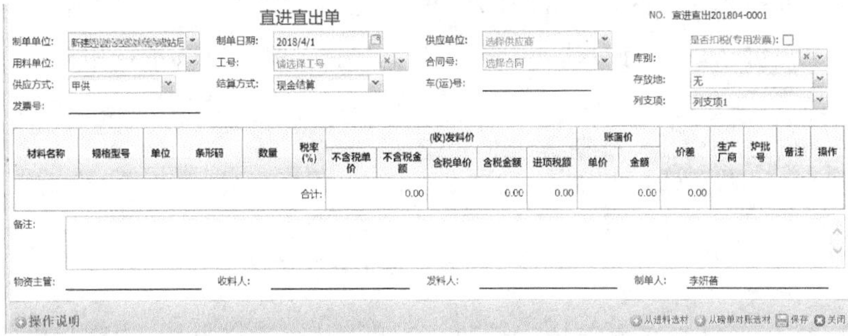

图 13-19 直进直出单

对于不确定价格(发票未到)且有直进直出需要的物资,可通过此预点功能完成;若后期价格确定(发票已到),可进行冲直进直出,保证账面数据统一。需要特别强调的是,直进直出(预点)和冲直进直出生成的点收单、发料单、预点单、冲预点单不能进行修改、删除等操作,若需修改数据,必须在直进直出单(预点)和冲直进直出单里修改。

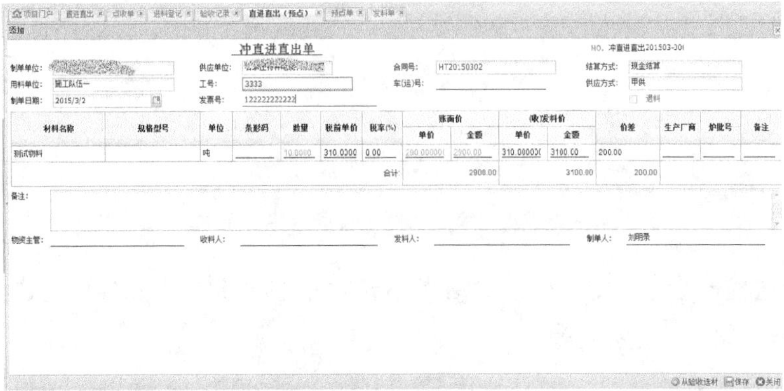

图 13-20 冲直进直出单

(5)收料管理模块内含调入单、点收单、预点单、冲预点单和退料单。为准确地把控项目实际物资成本,对发票到与未到两种情况分别进行点收和预点。

退料单是指供应商退料,对不符合要求物资进行退料登记。

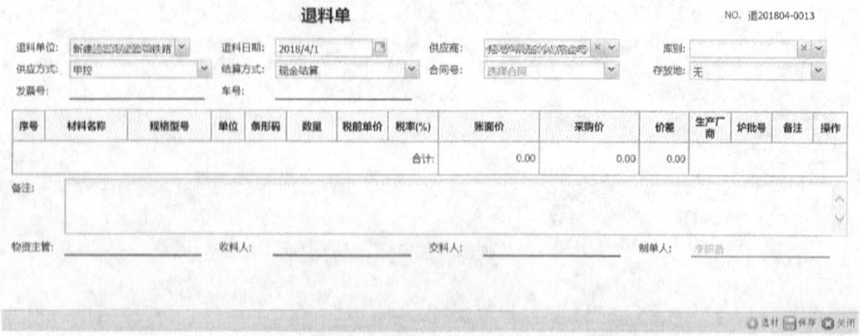

图 13-21　退料单

(6)发料管理模块内含发料单、内外部调拨登记、发料扣款单、报废单、废旧物资管理、用料单位扣款。发料管理模块与收料管理类似,分手持机发料和发料两种方式。

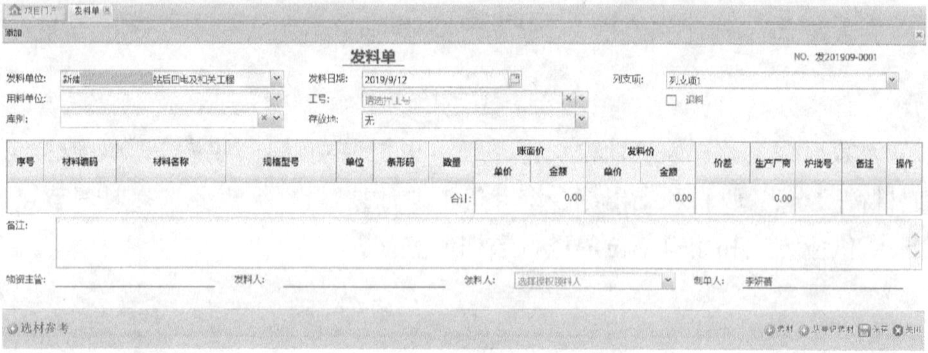

图 13-22　发料单

内外部调拨登记:调拨料分内部调拨和外部调拨两种模式。内部调拨是指局以内项目部之间的调拨,外部调拨是指拨给局外用料单位的调拨。

废旧物资管理:用以登记废旧物资信息。

报废单:项目在发生物资损耗和损坏时,需及时填写报废单。

发料扣款单和用料单位扣款单:分别针对收料单位和用料单位在发料中实行的扣款。

(7)甲供材料模块内含进料、发料、库存三个模块,仅作物资登记使用,不涉及物资价格。

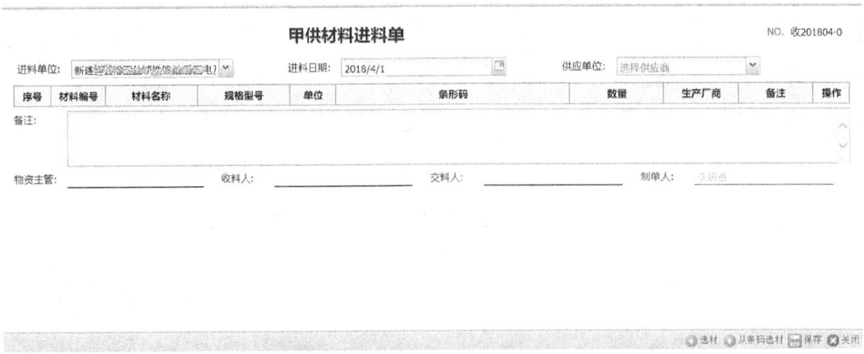

图 13-23 甲供材料进料单

(8)库存统计模块内含手持机月末库存盘点和物资卡片。手持机月末库存盘点数据由手持机盘存后上传生成。物资卡片可准确地追溯到每一笔物资的收支情况。

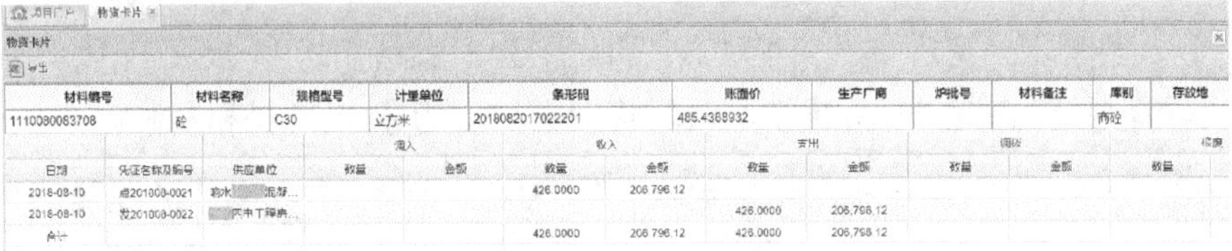

图 13-24 物资卡片

(9)数据报表及查询统计模块。系统可根据前期计划、收发等模块数据自动生成材料动态表、收料和支出综合统计等汇总数据,可根据需要选择时间节点、收支方式、供应方式和用料单位等进行数据的查询。

图 13-25 材料动态表

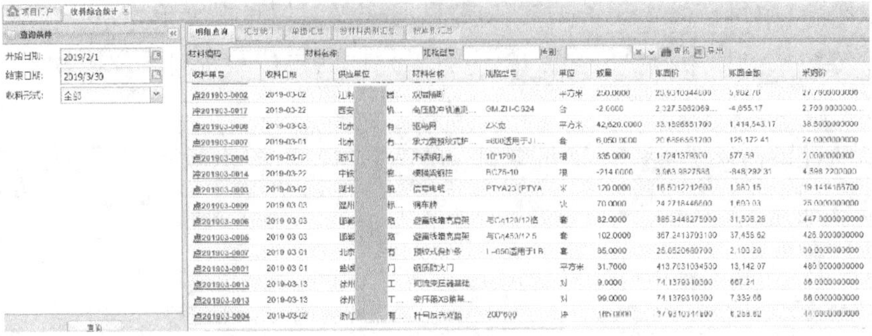

图 13-26 收料综合统计

3. 周转材料管理

周转材料管理模块内含周转物资的收料、领用、摊销、调入调出、报废、让售，其操作与物资管理模块类似，可参照物资管理中相关模块的操作。

4. 成本分析

成本分析模块内含价格分析、用量分析和月末盘点。项目部物资成本分析以月为分析周期，主要分析价差和量差。量差有两种分析方法：一种是价格分析，即分析工队应耗数量与实际使用量之间的差异；另一种是用量分析，即分析工号上设计用量与实际使用量之间的差异。

（1）价格分析。价格分析是指分析某时间段内采购单价与预算价、投标价、责任成本价的价差。

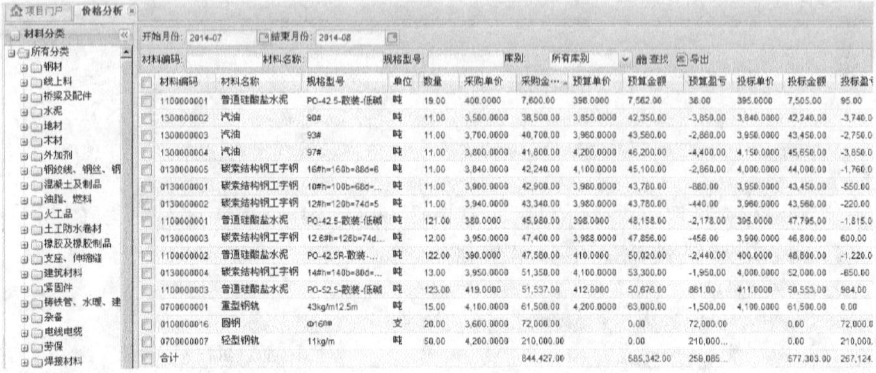

材料编码	材料名称	规格型号	单位	数量	采购单价	采购金…	预算单价	预算金额	预算盈亏	投标单价	投标金额	投标盈
1100000001	普通硅酸盐水泥	PO-42.5-散装-低碱	吨	19.00	400.0000	7,600.00	398.0000	7,562.00	38.00	395.0000	7,505.00	95.00
1300000002	汽油	90#	吨	11.00	3,500.0000	38,500.00	3,850.0000	42,350.00	-3,850.00	3,840.0000	42,240.00	-3,740.0
1300000003	汽油	93#	吨	11.00	3,700.0000	40,700.00	3,960.0000	43,560.00	-2,860.00	3,950.0000	43,450.00	-2,750.0
1300000004	汽油	97#	吨	11.00	3,800.0000	41,800.00	4,200.0000	46,200.00	-4,400.00	4,150.0000	45,650.00	-3,850.0
0130000005	碳素结构钢工字钢	16#h=160b=88d=6	吨	11.00	3,840.0000	42,240.00	4,100.0000	45,100.00	-2,860.00	4,000.0000	44,000.00	-1,760.0
0130000001	碳素结构钢工字钢	10#h=100b=68d=…	吨	11.00	3,900.0000	42,900.00	3,980.0000	43,780.00	-880.00	3,950.0000	43,450.00	-550.00
0130000002	碳素结构钢工字钢	12#h=120b=74d=5	吨	11.00	3,940.0000	43,340.00	3,980.0000	43,780.00	-440.00	3,960.0000	43,560.00	-220.00
1100000001	普通硅酸盐水泥	PO-42.5-散装-低碱	吨	121.00	380.0000	45,980.00	398.0000	48,158.00	-2,178.00	395.0000	47,795.00	-1,815.0
0130000003	碳素结构钢工字钢	12.6#h=126b=74d…	吨	12.00	3,950.0000	47,400.00	3,988.0000	47,856.00	-456.00	3,900.0000	46,800.00	600.00
1100000002	普通硅酸盐水泥	PO-42.5R-散装-…	吨	122.00	390.0000	47,580.00	410.0000	50,020.00	-2,440.00	400.0000	48,800.00	-1,220.0
0130000004	碳素结构钢工字钢	14#h=140b=80d=…	吨	13.00	3,950.0000	51,350.00	4,100.0000	53,300.00	-1,950.00	4,000.0000	52,000.00	-650.00
1100000003	普通硅酸盐水泥	PO-52.5-散装-低碱	吨	123.00	419.0000	51,537.00	412.0000	50,676.00	861.00	411.0000	50,553.00	984.00
0700000001	重型钢轨	43kg/m12.5m	吨	15.00	4,100.0000	61,500.00	4,200.0000	63,000.00	-1,500.00	4,100.0000	61,500.00	0.00
0100000016	圆钢	Φ16mm	支	20.00	3,600.0000	72,000.00		0.00	72,000.00		0.00	72,000.0
0700000007	轻型钢轨	11kg/m	吨	50.00	4,200.0000	210,000.00		0.00	210,000…		0.00	210,000.
合计						844,427.00		585,342.00	259,085…		577,303.00	267,124.

图 13-27　价格分析

（2）用量分析。用量分析模块包括用料单位主要物资月应耗量、工号主要物资月应耗量、用料单位当月分析、工号当月分析、用料单位阶段分析、工号阶段分析和分工号核算表。在做用量分析前，需先完善工号主要物资月应耗量和用料单位主要物资月应耗量数据，其余分析模块均为自动生成数据。

				设计应耗			实际消耗	
材料编码	材料名称	规格型号	单位	应耗数量合计	预算单价	预算金额	实际消耗数量	平均单价
0130000001	碳素结构钢工…	10#h=100b=68d…	吨	8.0000	3,980.0000	31,840.00	6.0000	3,883.3333
0130000002	碳素结构钢工…	12#h=120b=74d=5	吨	8.0000	3,980.0000	31,840.00	6.0000	3,910.0000
0130000003	碳素结构钢工…	12.6#h=126b=7…	吨	6.0000	3,988.0000	23,928.00	5.0000	3,890.0000
1100000001	普通硅酸盐水泥	PO-42.5-散装-…	吨	6.0000	398.0000	2,388.00	23.0000	380.0000
1100000002	普通硅酸盐水泥	PO-42.5R-散装-…	吨	6.0000	410.0000	2,460.00	22.0000	390.0000
1100000003	普通硅酸盐水泥	PO-52.5-散装-…	吨	6.0000	412.0000	2,472.00	32.0000	419.0000
1300000002	汽油	90#	吨	2.0000	3,850.0000	7,700.00	2.0000	3,500.0000
1300000003	汽油	93#	吨	2.0000	3,960.0000	7,920.00	4.0000	3,700.0000
1300000004	汽油	97#	吨	2.0000	4,200.0000	8,400.00	5.0000	3,800.0000
0100000016	圆钢	Φ16mm	支	20.0000	0.0000	0.00	0.0000	0.0000
0130000004	碳素结构钢工…	14#h=140b=80d…	吨	6.0000	4,100.0000	24,600.00	0.0000	0.0000
0700000004	重型钢轨	43kg/m25m	吨	2.0000	4,300.0000	8,600.00	0.0000	0.0000
0700000006	轻型钢轨	8kg/m	吨	2.0000	0.0000	0.00	0.0000	0.0000
1100000004	普通硅酸盐水泥	PO-52.5R-散装-…	吨	6.0000	423.0000	2,538.00	0.0000	0.0000
合计						154,686.00		

图 13-28　用料单位阶段分析

5. 报表管理

报表管理模块内含分工号主要物资设计数量明细表、分工号主要物资限(定)额需用量明细表、主要物资需用限(定)额数量总计划表、物资合同台账、主要物资消耗核算表等。

(1)分工号主要物资设计数量明细表,由工号主要物资需用量计划提报设计数量汇总而成。

项目门户 | 分工号核算表 | 分工号主要物资设计数量明细表

分工号主要物资设计数量明细表

开始月份: 2017 01 结束月份: 2018-03 查找 导出

物资信息					工号		
序号	材料编码	材料名称	规格型号	单位	接触网作业队	通信作业队	信号作业队
1	00001273	电缆支架	150×150×40	套	230.0000	0.0000	5,000.0000
2	00001278	高压电缆中间接头	35kV 1×300mm2	套	1,080.0000	0.0000	0.0000
3	00001284	高压电缆终端头	35kV 1×95mm2	套	100.0000	0.0000	0.0000
4	0401034055007	镀锌钢管	DN25	米	0.0000	12,566.0000	0.0000
5	0401034055011	镀锌钢管	DN32	米	0.0000	11,484.5000	0.0000
6	0401034055015	镀锌钢管	DN50	米	0.0000	4,274.5000	0.0000
7	0401034055019	镀锌钢管	DN80	米	0.0000	164.8000	0.0000
8	0401034092731	镀锌钢管	DN100	米	0.0000	164.8000	0.0000
9	0700080211306	铜铝复合轨	4000A型	米	1,538.0000	0.0000	0.0000
10	0703028000002	支座预埋件	TZ 3000 i0 0.1g	套	680.0000	0.0000	0.0000
11	0903103158027	PVC内接头	40mm	个	28.0000	0.0000	0.0000
12	3403145174794	铜芯聚氯乙烯橡皮绝缘护…	ZR-XV 500V 2×2.5mm2	米	0.0000	0.0000	5,000.0000
13	3404191102904	直流电缆	1×240	米	306.0000	0.0000	0.0000
14	3404191126346	直流电缆	DC-WDZA-XEER-1500V-1…	米	265.0000	0.0000	0.0000
15	3405054010011	信号电缆	DWZR-PTYA238×1.0	米	0.0000	0.0000	5,000.0000

图 13-29 分工号主要物资设计数量明细表

(2)分工号主要物资限(定)额需用量明细表,由工号主要物资需用量计划提报设计数量和损耗系数按工号分别累加而成。

项目门户 | 分工号主要物资限(定额)需用数量明细表

分工号主要物资限(定额)需用数量明细表

开始月份: 2017 01 结束月份: 2018-03 查找 导出

物资信息					接触网作业队			通信作业队		
序号	材料编码	材料名称	规格型号	单位	设计数量	损耗系数	需用数量	设计数量	损耗系数	需用数量
1	00001273	电缆支架	150×150×40	套	230.0000	10.0000	253.0000	0.0000	0.0000	0.0000
2	00001278	高压电缆中间接头	35kV 1×300mm2	套	1,080.0000	10.0000	1,188.0000	0.0000	0.0000	0.0000
3	00001284	高压电缆终端头	35kV 1×95mm2	套	100.0000	10.0000	110.0000	0.0000	0.0000	0.0000
4	0401034055007	镀锌钢管	DN25	米	0.0000	0.0000	0.0000	12,566.0000	10.0000	13,822.6000
5	0401034055011	镀锌钢管	DN32	米	0.0000	0.0000	0.0000	11,484.5000	10.0000	12,632.9500
6	0401034055015	镀锌钢管	DN50	米	0.0000	0.0000	0.0000	4,274.5000	10.0000	4,701.9500
7	0401034055019	镀锌钢管	DN80	米	0.0000	0.0000	0.0000	164.8000	10.0000	181.2800
8	0401034092731	镀锌钢管	DN100	米	0.0000	0.0000	0.0000	164.8000	10.0000	181.2800
9	0700080211306	铜铝复合轨	4000A型	米	1,538.0000	10.0000	1,691.8000	0.0000	0.0000	0.0000
10	0703028000002	支座预埋件	TZ-3000 i0 0.1g	套	680.0000	10.0000	748.0000	0.0000	0.0000	0.0000
11	0903103158027	PVC内接头	40mm	个	28.0000	10.0000	30.8000	0.0000	0.0000	0.0000
12	3403145174794	铜芯聚氯乙烯橡皮绝缘护…	ZR XV 500V 2×2.5mm2	米	0.0000	0.0000	0.0000	0.0000	0.0000	0.0000
13	3404191102904	直流电缆	1×240	米	306.0000	10.0000	336.6000	0.0000	0.0000	0.0000
14	3404191126346	直流电缆	DC WDZA XEER 1500V 1…	米	265.0000	10.0000	291.5000	0.0000	0.0000	0.0000
15	3405054010011	信号电缆	DWZR-PTYA238×1.0	米	0.0000	0.0000	0.0000	0.0000	0.0000	0.0000

图 13-30 分工号主要物资限(定)额需用量明细表

(3)主要物资限(定)额数量总计划表,由各工号需用数量汇总而成。

项目门户 | 主要物资需用限(定)额数量总计划表

主要物资需用限(定)额数量总计划表

开始月份: 2018-03 结束月份: 2018-03 查找 导出

物资信息					工号			
序号	材料编码	材料名称	规格型号	单位	合计	接触轨作业队	通信作业队	信号作业队
1	00001273	电缆支架	150×150×40	套	5,303.0000	253.0000	0.0000	5,050.0000
2	00001278	高压电缆中间接头	35kV 1×300mm2	套	1,188.0000	1,188.0000	0.0000	0.0000
3	00001284	高压电缆终端头	35kV 1×95mm2	套	110.0000	110.0000	0.0000	0.0000
4	0401034055007	镀锌钢管	DN25	米	13,822.6000	0.0000	13,822.6000	0.0000
5	0401034055011	镀锌钢管	DN32	米	12,632.9500	0.0000	12,632.9500	0.0000
6	0401034055015	镀锌钢管	DN50	米	4,701.9500	0.0000	4,701.9500	0.0000
7	0401034055019	镀锌钢管	DN80	米	181.2800	0.0000	181.2800	0.0000
8	0401034092731	镀锌钢管	DN100	米	181.2800	0.0000	181.2800	0.0000
9	0700080211306	铜铝复合轨	4000A型	米	1,691.8000	1,691.8000	0.0000	0.0000
10	0703028000002	支座预埋件	TZ-3000 i0 0.1g	套	748.0000	748.0000	0.0000	0.0000
11	0903103158027	PVC内接头	40mm	个	30.8000	30.8000	0.0000	0.0000
12	3403145174794	铜芯聚氯乙烯橡皮绝缘护…	ZR-XV 500V 2×2.5mm2	米	5,050.0000	0.0000	0.0000	5,050.0000
13	3404191102904	直流电缆	1×240	米	336.6000	336.6000	0.0000	0.0000
14	3404191126346	直流电缆	DC-WDZA-XEER-1500V-1…	米	291.5000	291.5000	0.0000	0.0000

图 13-31 主要物资限(定)额数量总计划表

(4)合同台账,由合同履约登记自动按物资明细生成合同台账明细。

图 13-32　合同台账

(5)主要物资消耗核算表按项目部、用料单位、工号、作业队分别对消耗物资进行核算。

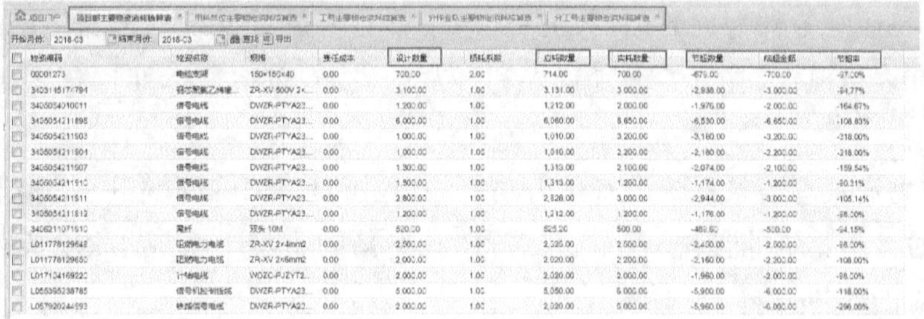

图 13-33　主要物资消耗核算表

6. 预警中心

(1)计划收料预警。此功能用于查询在某一时间段内收料的计划数量和收料数量,起预警作用。

(2)计划发料预警。此功能用于查询在某一时间段内发料的计划数量和实际发料数量,起预警作用。

(3)库存预警。此功能用于查询某一时间段内物资实际库存量和计划库存量的比例,起预警作用。

(4)车辆载重预警。此功能通过过磅影像系统记录车辆载重量,对载重量波动进行预警。此模块内可以查看单车载重量的数据以及波动折线图、平均载重量、最大和最小载重量。

(三)系统的作用和意义

物资管理信息系统不仅是降低企业经营成本,促使业务效率有效提高的手段，也是促进企业数据管理规范化，加强物资过程管理的重要途径。与传统的物资管理相比，物资管理信息系统更具灵活性、准确性和实时性。

(1)物资管理信息系统通过对用户权限的严格控制、项目与公司权限的合理划分，实现公司对项目的管理。项目作为系统数据的应用层，完成数据的接入。公司通过对接入数据的查询、监督和汇总，达到远程监控的效果。

(2)传统的物资管理模式中，各种手工台账受人为因素影响大，数据的整合和追溯难度大。物资管理信息系统通过互联网实现了物资信息的实时共享，各项数据信息传递更加及时、准确。所有物资信息在系统中都有所反映，可随时查询和输出，不仅可实现物资的管理，还可为以后的采购提供数据支持，规避重复采购的风险。

(3)物资管理信息系统规范和完善了物资业务的流程，实现了计划管理、采购管理、库存管理和核算管理一体化的目标。物资数据是企业核算的重要依据。系统将这些重要数据，如物资计划、入库、出库、盘存和核算等，以工作流的方式自动传递，各模块环环相扣，保证了物资账、卡、物的统一，实现了精准化的物资核算。同时，系统还对各种物资的编码、名称、规格型号等进行了统一，在各操作流程中设定标准表格模板，避免了重复录入和抄写的失误，对物资标准化管理起到了重要的作用。

(4)物资管理信息系统设有预警功能，避免了盲目采购问题的出现，能够提醒项目及时处理物资的盘盈、盘亏、呆滞等，杜绝新的不良不实成本的发生，加强对物资供应的监督。

(5)物资管理信息系统强化了数据查询和成本核算功能，减轻了物资人员的工作压力。众所周知，成本核算是物资管理的重点、难点，需要花费大量的精力和时间。系统实现了收支、库存数据的汇总，单独设立量、价、费的成本核算模块，从源头追溯每一项物资实际量和价，对每一种物料进行了明细核算，确保了各项数据的准确性，同时简化了物资成本核算的流程。

二、成本管理系统

(一)系统简介

成本管理是指企业生产经营过程中成本核算、成本分析、成本决策和成本控制等一系列科学管理行为的总称。作为企业成本控制的重要支撑，成本管理信息系统在工程项目物资采购过程中的作用是：通过对物资采购信息的集成管理，提高物资采购监控能力，降低物资采购风险，保证项目物资采购合理、合规、合法，控制项目物资采购成本，均衡物资采购债务支付比例。

(二)系统的主要流程

成本管理系统建设采用逆向思维的研究方法,引入"财务倒逼机制",从规范项目资金支付行为出发,采用表单流程审批的形式,倒逼管理制度落实和各业务执行的规范化,达到提高项目负债能力,实现全成本业务管控链条和项目执行情况后台管控的效果。

建筑施工企业中,物资采购费用占工程造价总费用的60%~70%,其成本管理尤其重要。以某铁路工程局为例,其自主开发的工程项目成本管理系统中物资采购管理主要分为以下几个方面。

1. 主要物资采购计划

主要物资总量计划用于控制项目中所有的主要物资。物资采购合同和物资进场数量验收,都会受主要物资总量计划控制。一个项目只能有一个主要物资总量计划,计划不够时可以进行补充和新增。所以,如果项目部已经有主要物资总量计划了,更新计划需发起主要物资总量计划变更(补充)。

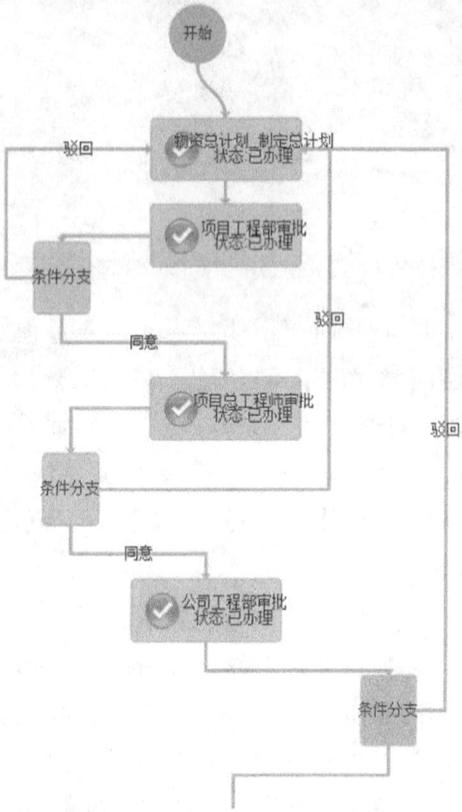

图13-34 主要物资采购计划审批流程图

2. 物资合同管理

物资采购合同(包括主要物资、辅助材料、周转材料等)的录入是成本管理系统中物资管理的基础,为后续所有流程提供了依据,主要包括物资采购合同评审、物资采购合同变更和物资合同封闭,其流程基本一致。

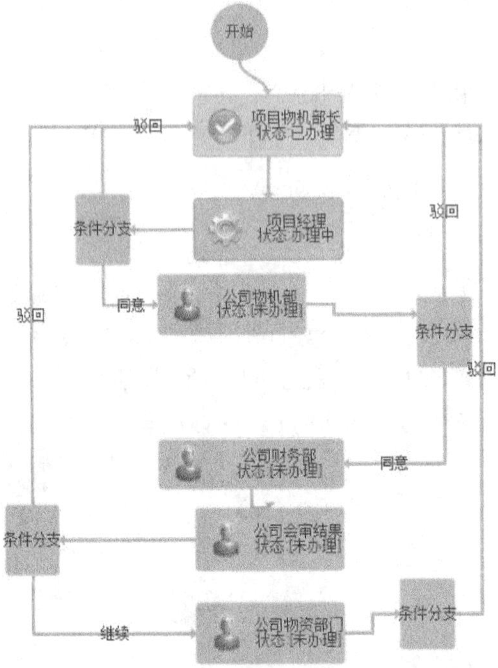

图 13-35 物资采购合同评审流程图

以物资采购合同评审为例,简要说明一下其录入过程。首先,在系统中发起物资采购合同评审,弹出主要物资采购合同评审表单,依次填写合同一般信息、增值税信息、分阶段支付控制比例、商务条款摘录、合同细目、附件,点击提交按钮,流程涉及部门审批通过后,可与供应单位签订合同。将签订完成的合同扫描、上传,归档后即完成该合同录入工作。物资采购合同评审流程如图 13-35 所示。

3. 物资进场点收

物资进场后,组织相关部门共同对进场物资进行验收,核对物资品名、规格、型号、数量、外观质量、产品质量证明文件、附带的零配件数量、安全防护措施等是否与采购合同、发票或料单及其他规定一致。参与验收人员签认收货单据后,由物资部业务人员编制并发起物资验收单流程。物资部长对发起的物资验收单流程进行审批,并签字确认。物资采购进场点收审批流程如图 13-36 所示。

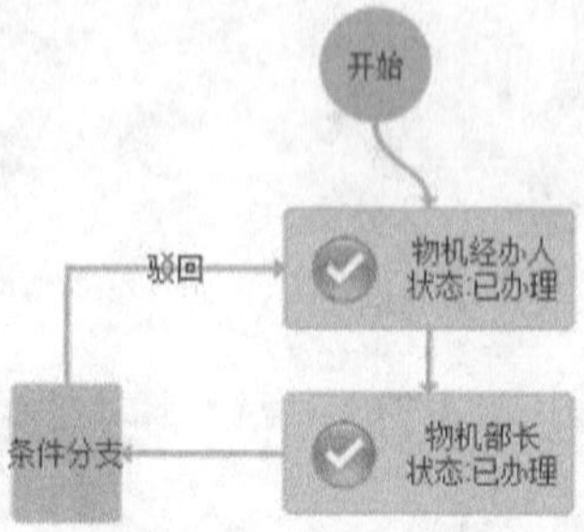

图 13-36　物资采购进场点收审批流程图

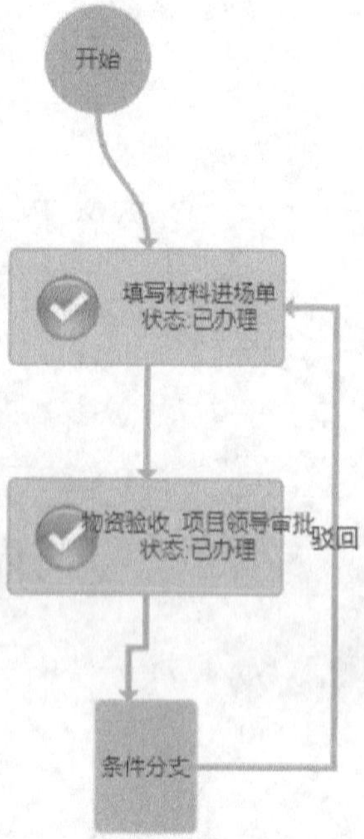

图 13-37　物资采购结算评审流程图

4. 物资结算管理

物资结算管理是成本管理系统中物资管理的关键，其数据录入是物资成本核算的主要数据来源。物资结算管理主要包括物资进场数量验收和物资采购结算两个方面：物资进场数量验收是对已进场物资的规格、数量、单价、金额进行录入；物资采购结算是对已进场物资中已开票物资的数量、发票进行录入。

在系统中发起物资进场数量验收，弹出材料进场登记单，在合同名称及编号中选择已进场物资对应的在物资合同管理中已录入完毕的合同，根据实际进场情况填写进场材料明细，点击提交按钮，流程涉及部门审批通过后，该批进场物资即录入完毕。物资采购结算评审流程如图 13-37 所示。

5. 资金支付管理

资金支付管理功能为项目财务部门所使用，但其与物资合同管理、物资结算管理有一定的关联，故在此简要说明一下。资金支付管理主要包括债务支付审批。在系统中发起债务支付审批，弹出债务集中支付申请表，填写付款数据，上传附件，点击提交按钮，流程涉及部门审批通过后，即完成该批支付数据的录入。资金支付审批流程如图 13-38 所示。

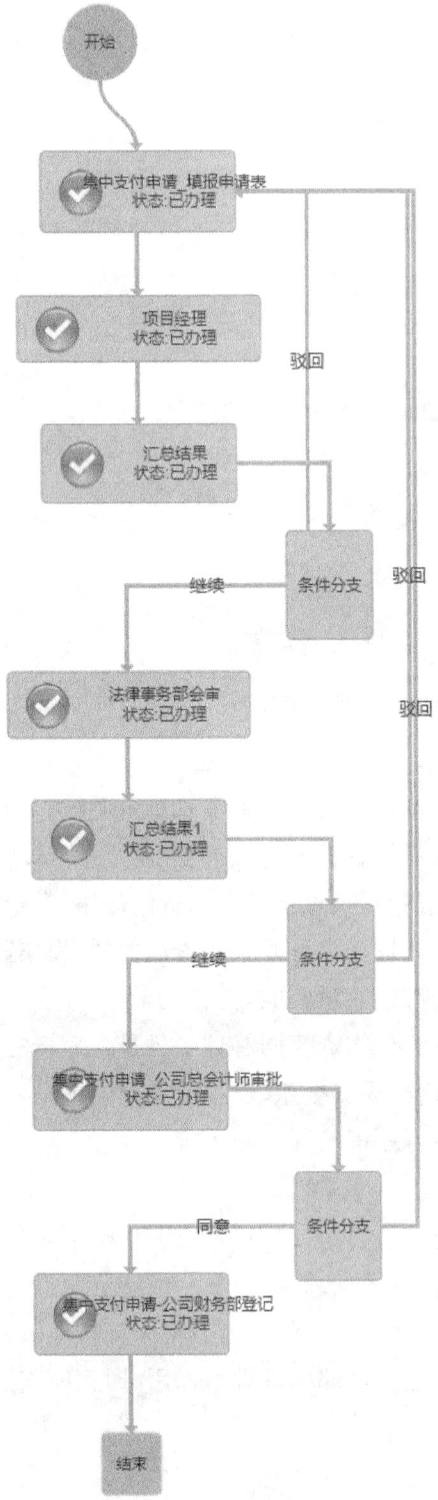

图 13-38 资金支付审批流程图

（三）应用效果

工程项目物资采购的实质为工程物资从料源地到工地的物流过程。成本管理系统通过物资合同管理、物资结算管理、资金支付管理，实现了对物流过程中物流、信息流、资金流三要素的有效整合，实现了对物资采购“合同签订－物资供应－物资结算－资金支付”整个过程的严格监控，实现了公司法律合规部、供应管理部、财务部对工程项目物资采购工作的有效介入，实现了项目物资部门、财务部门的数据互通共享和高效协作。

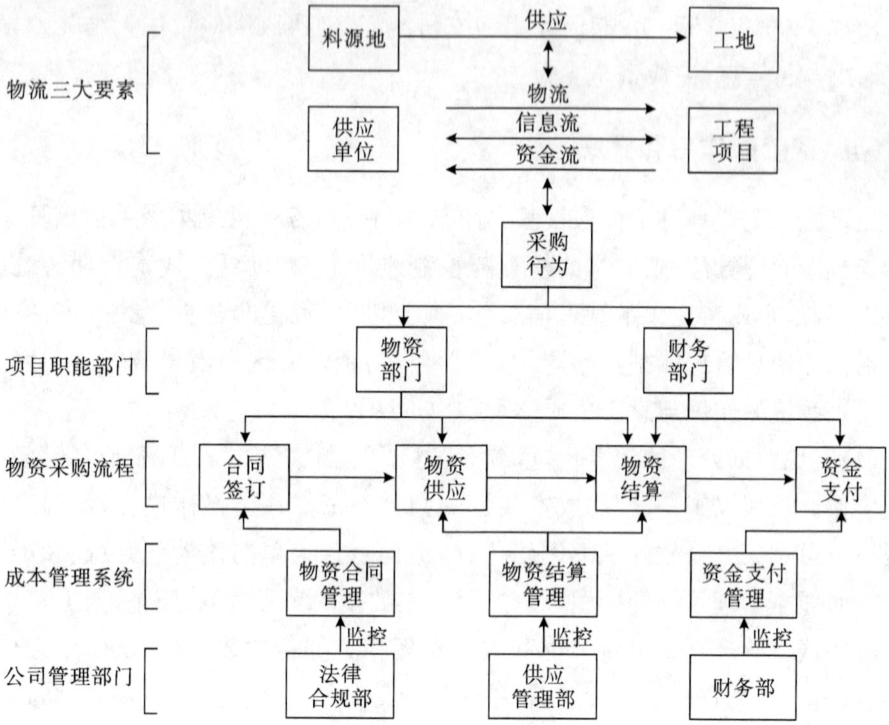

图 13-39　成本管理系统相互关系图

（四）案例分析

2018 年 3 月 8 日，某商贸有限公司中标由某工程局招标交易中心组织的某项目水泥招标。该项目在接到局项目部中标通知书后通知中标的商贸有限公司缴纳履约保证金，并于 2018 年 3 月 18 日签订水泥采购合同。3 月 21 日该公司开始组织水泥供应，4 月 20 日进行第一次结算（当月水泥单价 482 元/t，共进场物资 2090.47 t），4 月25 日开具进场物资发票 1007606.54 元。5 月 18 日项目部向该公司支付货款 755000.00 元。请根据本节关于成本管理系统的内容，结合工程局相关文件，对上述水泥采购、结算、付款行为中对应的成本系统操作进行口述。

答:1.物资合同管理:在接到中标通知书后应对中标单位进行资格审查,审查合格后请财务在共享系统中录入该供应单位信息,然后根据招投标文件、中标通知书拟定合同文本,经材料厂、局项目部评审。在收到中标单位履约保证金后,发起物资采购合同评审流程,录入合同相关信息,审批完成后签订合同并上传系统归档。2.物资结算管理:收到该公司与用料分部对账单并审核无误后,将当月进料信息录入成本管理系统,发起物资进场数量验收流程,审批通过后即可完成该步骤。收到当月进场材料发票并审核无误后,开始物资采购结算流程,录入本次结算信息。3.资金支付管理:结算次月根据合同约定应支付上月结算金额的75%,为755000.00元。发起债务集中支付流程,确认该供应单位无结算差异后,填写本次支付信息,完成资金支付。

(五)系统的作用和意义

建筑施工企业具有工程项目多、分布广等特点,各项目成本需单独核算,若依靠传统成本管理方法,则成本的核算与控制难度大、精度低。成本管理系统的建设与应用,是企业实现成本管理信息化、系统化、规范化非常重要的一步,完善了企业现代化信息管理体制,提升了企业形象,为企业实现提质增效做出了巨大的贡献。该系统的作用与意义主要体现在以下两点:

(1)实现数据处理的信息化,可统一归集成本相关数据,实现企业各部门间的高效协作。长久以来,各部门成本数据的归集都依靠人工操作进行,部门之间成本数据虽可利用办公软件依靠网络传递,但信息仅为单向流动,时效性和准确性较差。而成本管理系统的应用可以实现成本数据的实时查询、归集、分析。

利用成本管理系统可将与物资成本管理相关的各种数据(如供应单位信息、采购合同信息、物资进场情况、物资结算情况等)录入系统,进行集中存储,通过成本管理系统进行业务审批,实现各业务部门之间的数据共享,提高各部门协同工作的效率。

(2)实现审批流程的规范化,规范并优化物资采购各相关部门的业务流程,实现对物资采购业务的全面监控。目前,传统物资采购管理普遍不够规范,不仅效率低下,而且存在管理漏洞。成本管理系统作为一种现代管理工具,实现了从物资供应商登记、合同评审签订、物资进场点收到物资结算支付,对物资采购全过程的控制与监督。通过审批流程,可将企业物资管理相关的文件、办法在审批流程中固化下来,堵塞管理上的漏洞。

三、电子商务系统

以某央企为例,其电子商务平台是按照企业集中采购的需求,量身定做的采购平台，由电子商务、网上商城、数据服务、供应协同、租赁和企业门户 6 个子系统组成，实现了与项目成本管理系统、项目物资管理系统、机械设备管理系统和财务共享平台、资金平台的集成应用，支持从项目需求到采购计划、采购寻源、采购执行、现场管理采购结算的采购全过程管理。

下面以该系统中电子商务平台的电子采购模块为例，简单介绍一下电子商务系统。电子采购模块内含 4 个部分：门户网站、采购平台、供应商平台和评标专家平台。

(一)采购系统简介

采购系统的整体架构如图 13-40 所示。电子采购系统架构还包括专家评标平台，其拥有完整的专家评标系统，平台里设计了专家评标、投标报价确认、重大偏差确认及评标结果汇总、上传评标报告等环节。

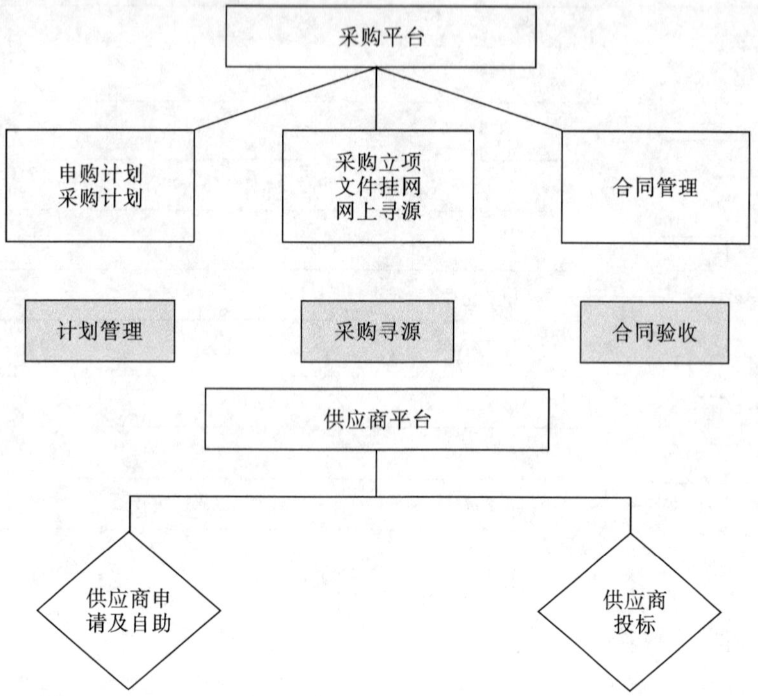

图 13-40　采购系统架构

(二)系统的主要流程

该电子商务系统主要用于电子采购招标、报表填报及项目物资合规化使用。下面主要介绍电子商务系统在电子采购招标中的运用。

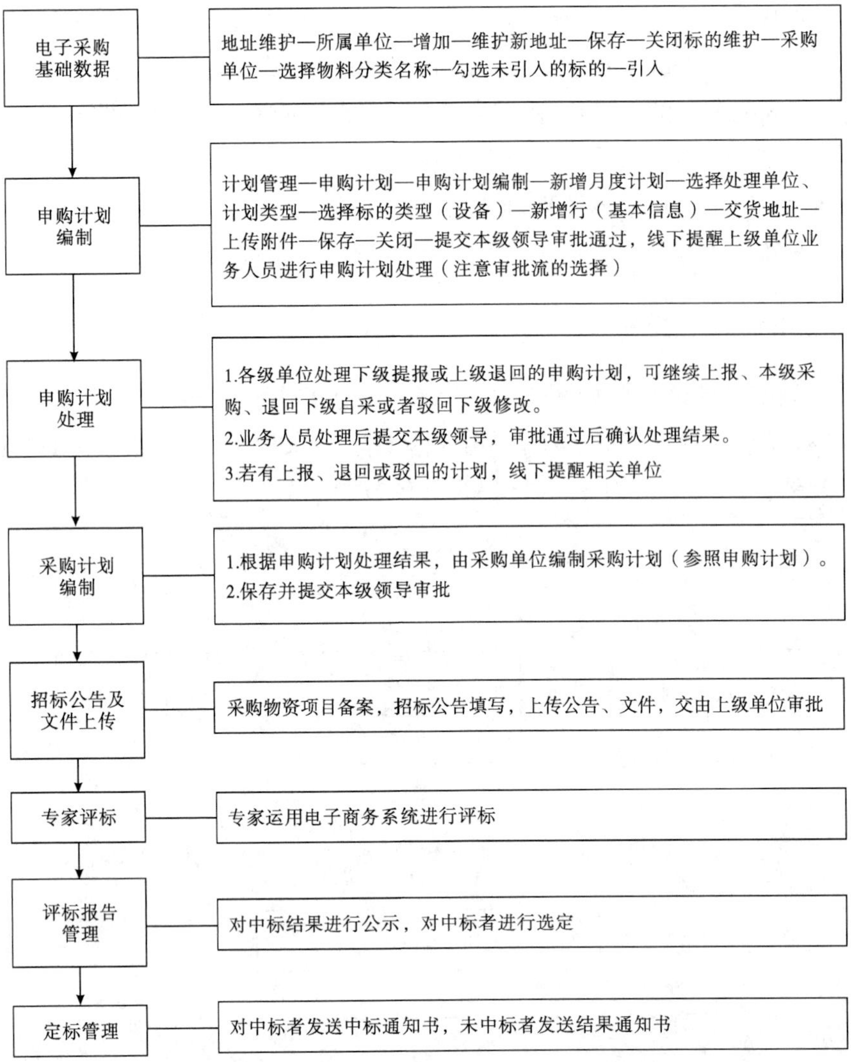

图 13-41 电子采购操作流程

(1)创建、维护基础数据。

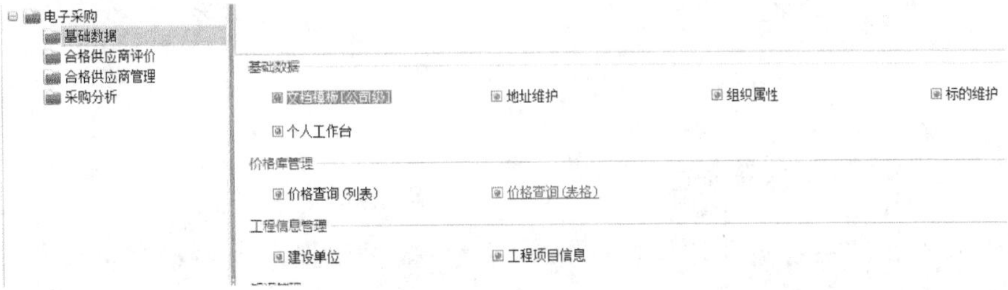

图 13-42 基础数据管理

(2)编制、处理申购计划，生成采购计划。

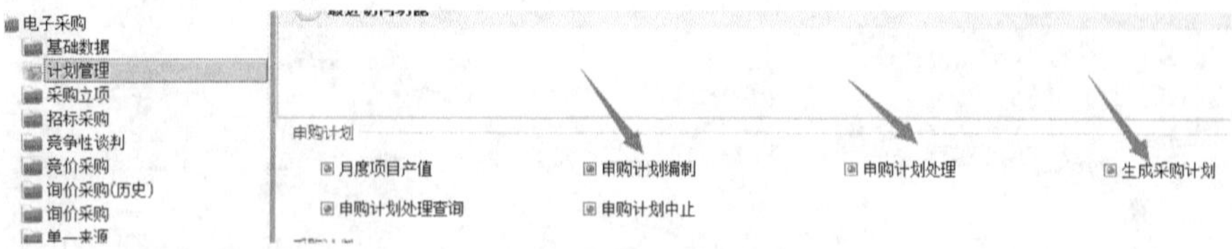

图 13-43　计划管理

(3)编制、审核、跟踪采购方案。

图 13-44　采购方案管理

(4)上传、发布招标公告、招标文件并进行答疑、补遗等，到达开标时间后进行开标。

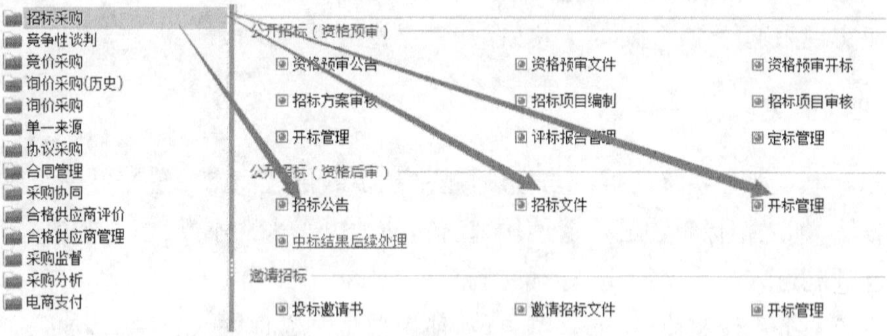

图 13-45　招标采购流程管理(一)

(5)所有评标专家使用已注册的专家账号登录，进行评标。

图 13-46　系统登录界面

(6)对评标报告进行管理，在网上发布中标公示，生成定标结论，根据评标委员会评审结果，在定标管理里发布中标通知和未中标结果通知。

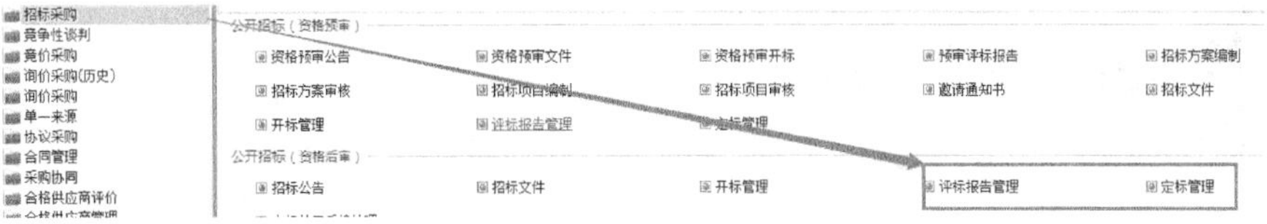

图 13-47 招标采购流程管理(二)

(三)应用效果

随着电子商务系统的不断更新完善，项目物资的采购更加趋于标准化、规范化、集中化、便利化。电子商务系统的运用不仅大幅度降低了采购成本，保证了项目建设物资供应，而且使得采购更加现代化、科技化、网络化，增强了招标采购的公平性、公开性、公正性。

从以前的线下开标到现在的网上开标，招标突破了以往招标采购地域限制的障碍，节省了供应商的时间、金钱成本，吸引了更多的供应商。电子商务系统已成为企业实现采购体制改革向"大集采战略"靠拢的重要手段。

(四)意义

随着电子商务系统的推广与应用，越来越多的供应商参与进来并熟练掌握操作的方法，加之招标单位的广泛使用、宣传，使得电子采购不断地发展、完善，采购行业已顺利融入当今电商生态圈的潮流。

电子商务系统将供应商、采购单位、使用单位紧紧地联系在一起，加强了社会资源的综合利用，提高了社会的经济运行效率。电子商务的发展，推动了国民经济增长方式的转变。

四、过磅影像系统

(一)研发背景

目前，我国建筑市场又迎来了新一轮的建设高潮，建筑施工企业也迎来了前所未有的新机遇，但随之而来的也有管理压力和风险挑战。

如何增强企业对项目的控制能力，有效地规避风险，实现项目管理由前台管理向后台管控的转变，如何对影响成本的关键要素资源进行集中管控，提高项目管理水平，增强项目盈利能力，是这一轮建设高潮中必须要解决的课题。

推行物资过磅影像系统是为加强精细化管理，进一步提高项目的物资管理水平，发挥物资人员的工作效率，规范物资管理，实现物资验收环节，特别是大堆料验收的规范化、标准化、科学化、信息化。物资过磅影像系统在物资验收环节中全过程、全覆盖应用，与物资管理信息系统实现信息同步，可进一步提高物资精细化管理及信息化水平。

（二）系统的主要流程

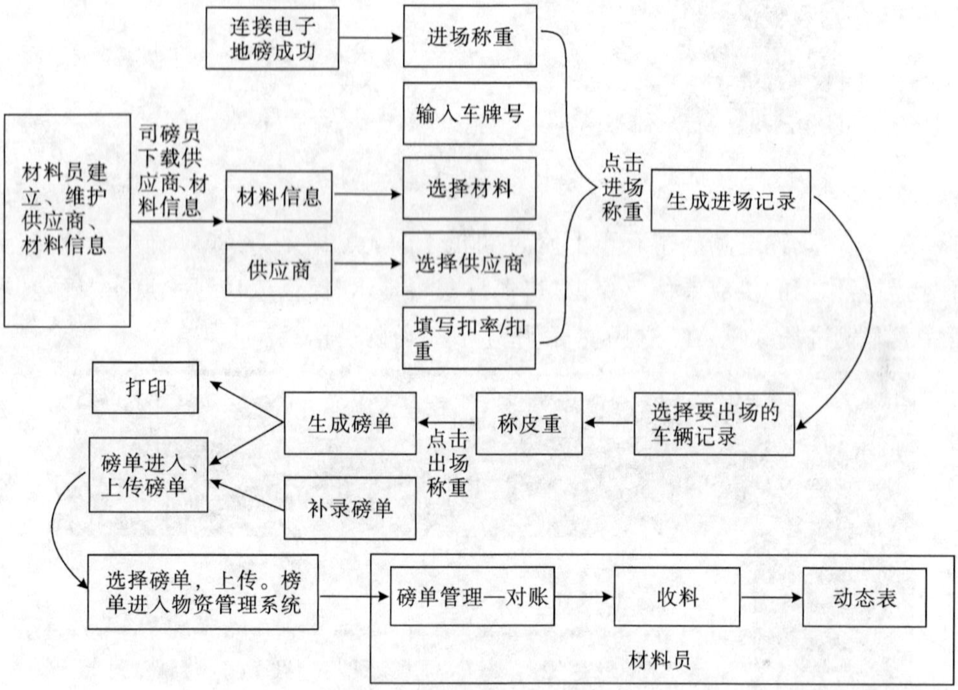

图 13-48　过磅称重操作流程

物资过磅影像系统有 2 个管理模块：基础管理和磅单管理。其中，基础管理分为 3 个部分，分别为物资目录、供应商和单位管理；磅单管理分为 8 个部分，分别为过磅管理、上传磅单、冲红管理、补录磅单、磅单查询、磅单统计、出料查询和出料统计。

注意：供应商信息及物资目录在过磅影像系统里是无法添加的，需要在物资系统里添加，然后更新至过磅影像系统；单位管理是指出料过磅中的单位，不是进料过磅中的单位。

1. 过磅管理

过磅管理分为普通过磅（即进料过磅）和出料过磅。

（1）普通过磅。

第一步：连接地磅。点击“过磅管理”，等摄像头都加载成功之后，点击“功能”右边下三角，选择“连接地磅”，提示“电子地磅连接成功”后，点击“确定”即可。

图 13-49　连接地磅

第二步:车辆进场。待有车上磅且司机下车,点击“称毛重”,输入车牌号,选择“物资名称”和“供应单位”,点击“进场称重”,提示“保存成功”后,点击“确定”即可完成车辆进场称重,在“进场物资”里生成 1 条磅单信息。

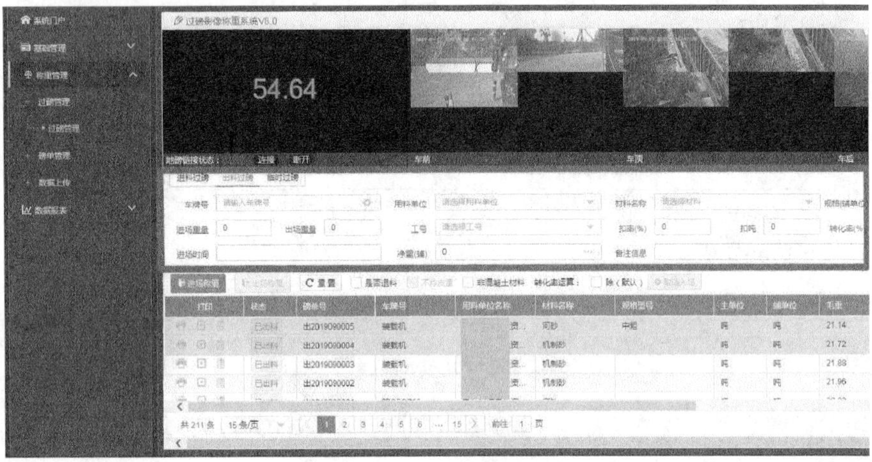

图 13-50　进场称重

第三步:车辆出场。选中第二步生成的磅单信息,点击“称皮重”,填写相应扣吨或扣率(若无,可不填),点击“出场称重”,提示“出场成功”后,点击“确定”即可完成车辆出场称重,在“出场打印”中生成 1 条完整的磅单信息。

图 13-51　出场称重

进料磅单管理

磅单类型　供应商　单据编号　材料名称　规格型号　查询

2019-09-01　2019-09-18

序号	预览	电子磅单	单据类型	冲红状态	账期	单据编号	材料名称	规格型号	单位
1			普通磅单	未冲红	2019-09-18	进2019090622	河砂	中粗	吨
2			普通磅单	未冲红	2019-09-18	进2019090621	河砂	中粗	吨
3			普通磅单	未冲红	2019-09-18	进2019090620	河砂	中粗	吨
4			普通磅单	未冲红	2019-09-18	进2019090619	碎石	16-31.5mm	吨
5			普通磅单	未冲红	2019-09-18	进2019090618	普通硅酸盐水泥	P.O42.5-散装	吨

图 13-52　进料磅单管理

第四步：打印磅单。第三步结束后，点击“出场打印”，找出需要打印的磅单并选中，点击“打印”或“打印(带扣重)”就可以在打印预览窗口预览并打印。此时，系统将根据过磅时的照片及磅单生成一份电子磅单。

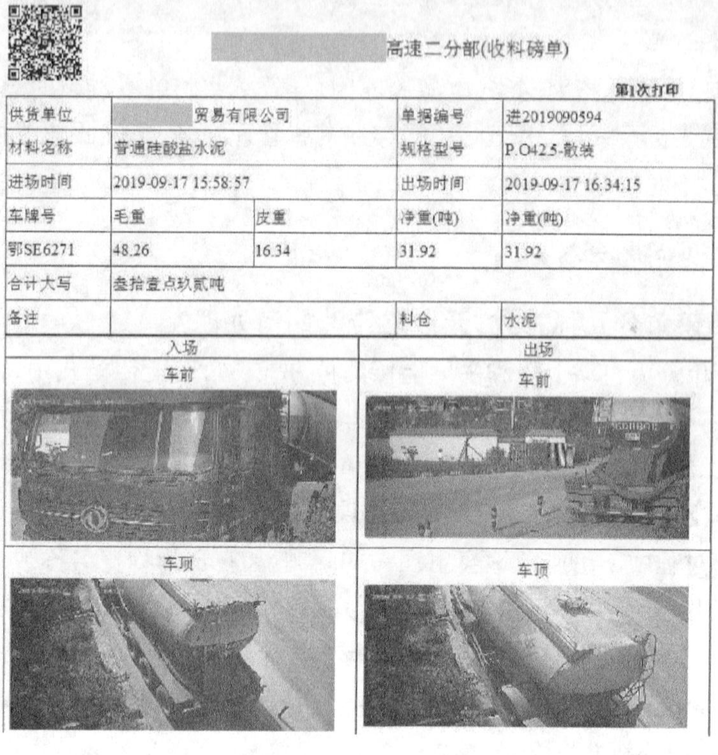

[redacted]高速二分部(收料磅单)

第1次打印

供货单位	[redacted]贸易有限公司		单据编号	进2019090594
材料名称	普通硅酸盐水泥		规格型号	P.O42.5-散装
进场时间	2019-09-17 15:58:57		出场时间	2019-09-17 16:34:15
车牌号	毛重	皮重	净重(吨)	净重(吨)
鄂SE6271	48.26	16.34	31.92	31.92
合计大写	叁拾壹点玖贰吨			
备注			料仓	水泥

图 13-53　电子磅单

(2)出料过磅。

第一步：同普通过磅的第一步一样，但若地磅已成功连接，此步可省略。

第二步：空车称重。

第三步：满载称重。

第四步：打印磅单。

2. 上传磅单

上传磅单就是将生成的磅单和补录的磅单通过网络上传至项目部物资管理系统。项目材料员可在物资系统中的磅单管理中查看，收料时直接从磅单选材中选择磅单。

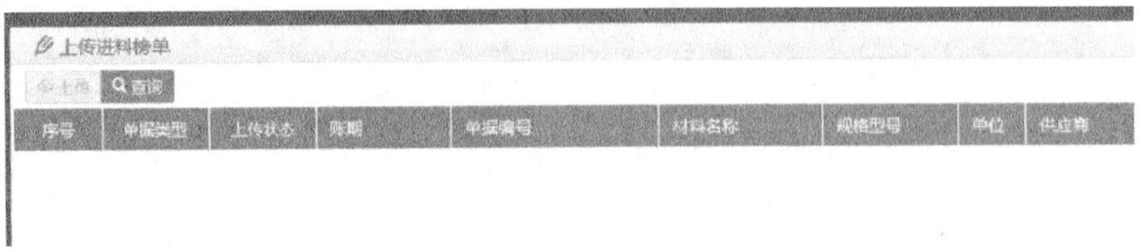

图 13-54 上传磅单

3. 冲红管理

冲红管理就是对过磅错误的物资进行冲红弥补。

4. 补录磅单

补录磅单一般是指因网络、电源等原因，导致一些磅单不能及时录入系统，需要过后补录（人工录入）。由于此功能存在一些管理漏洞，建议此功能权限只对物资部长开放，不对过磅员开放。

（三）常见问题分析

1. 上传磅单分几种方式，无法上传时如何处理？

上传磅单分为自动上传和手动上传两种方式。自动上传模式中，如因断网没有上传成功，可在联网后打开上传磅单，进行上传。

注意：上传磅单中显示的都是未上传的磅单，已经上传过的磅单不显示。

2. 在过磅过程中物资名称录入有误怎么处理？

在过磅过程中不可避免地会出现一些问题，如在选择物资名称或录入车号错误，大多数的人会在磅单上直接更改，可系统中没有变化，在后期过账时无法对应，这时就需要冲红管理，对错误磅单进行冲红。

3. 过磅员过磅过程中发现物资目录中没有此物资怎么办，是否可以直接在过磅影像系统增加？

过磅影像系统中物资目录与物资管理信息系统是同步的，过磅影像系统中无法修改物资目录。如需添加物资，需登录物资管理系统，在系统管理常用物资中将物资库中物资名称下载至物资管理系统，然后登录过磅系统物资目录管理进行更新。

（四）应用效果

物资过磅影像系统的应用保证了数据的准确性和真实性，能反映验收过程中出现的问题。物资过磅影像系统的应用为项目成本管理发挥了极大的作用，为项目精细化管理提供了坚实的基础。

（五）系统的作用和意义

物资过磅影像系统的应用，切实解决了物资管理中大堆料的验收难题。它的作用和意义主要表现在以下几个方面。

1. 实现了过磅中的磅单信息及影像系统的对应存储，以图片、视频的形式从源头上堵塞了管理漏洞

称重过程中相关的信息都自动记录到系统中，如物资的名称、规格型号、供应单位、毛重、皮重、净重、进出场时间、车牌号码、运输车辆的进场图片、出场时的图片等信息都将自动记录在系统中。称重完成后磅单的信息自动上传到网络，不能更改。如果出现问题，以上的任何信息都能通过系统查询，规避了以往手写验收单据的漏洞。

2. 节约人力资源，充分发挥人员的工作效率

(1)系统简单实用，减少了工作量，提高了工作效率。以往过磅大堆料总是手写三联单，应用此系统后，可利用磅单来代替三联单。

(2)利用系统储存的信息可以实现分类查询统计；可以自己设定查询条件，如可以按供应单位、物资名称、供应时间自行查询所有进场、出场的物资明细，节约了物资人员的劳动强度及时间。利用后台自动运算等功能，可大大降低人工成本和误差几率，提高工作效率。

(3)在大堆料的验收过程中，含水率的扣除一直以来是个比较容易和供应单位发生争议的事项。利用该系统可以通过直接输入收料单位实际检测的含水率来完成此项工作，这样既避免了争议的发生，又节省了人工计算的时间，使得物资验收更加合理可控。

(4)该系统实现了与物资管理信息系统的对接，称重完成后能及时地上传至物资管理系统，可确保物资点收时准确无误。物资过磅上传后不可删除、不可更改，保证了信息的真实性。

(5)通过利用系统的查询功能，后方公司、项目部领导及各权限部门均可进入系统查看实时过磅情况、各项物资的验收进场等情况，强化了现场把控力度；增强公司层对项目的控制能力，有效地规避风险，实现了项目管理由前台管理向后台管控的转变，杜绝了管理死角。

(6)此系统不只能对进场的物资进行称重验收，还能对出场的物资进行称重上传。如废旧物资处理时进行过磅，加强了项目对废旧物资处理的管理。

(7)对不需要计重验收的物资也应过磅，以利用系统的影像功能确保物资进场。

五、条码管理智能手持终端系统

条码管理智能手持终端系统是通过条码技术实现仓储管理智能化、业务管理信息化、经济效益最大化的手持终端系统。通过条码管理智能手持终端系统与物资管理信息系统数据的对接，可实现信息资源即时共享，提高项目物资管理水平，规范项目物资业务流程，促进物资管理信息化的不断提升。

(一)系统的功能

1. 四大主要功能

(1)进料管理。库管员负责进料登记，分新进料和累加进料两种情况。进料时，使用条码管理智能手持终端系统的拍照功能抓拍材料实物照片，打印带唯一条码信息的进料登记单。

(2)发料管理。库管员通过选择库存材料或直接扫描条码进行发料登记，打印带唯一条码的发料登记单。

(3)调入调拨。对于从其他组织机构调入或调拨的材料，库管员在出入库时进行调入或调拨登记，拍照并打印带唯一条码的调入或调拨登记单。

(4)盘点。通过扫描材料条码或对照库房实物，对项目部或用料单位未使用材料进行盘点。

2. 三个辅助功能

(1)查询。材料查询功能可查看某一时间范围内的各种类型的单据，以及入库抓拍的物料照片。

(2)补打。若因失误或非人力原因导致的条码单污染或丢失，可随时补打前期的单据。

(3)追溯。查看材料所经历的所有收发调退等操作，显示它的具体对象、具体时间和数量，生成实时的库存手机二维码(可通过手机扫码查看该材料的收发调退存等信息)。

(二)使用条码管理系统主要解决几个问题

(1)规范物资管理业务流程，规范现场材料员的进料登记、发料登记工作。

(2)账务系统数据来源于手持机，可做到账与实物相符。

(3)条码编码规则按“年月日时分秒”设置，具有唯一性，以条码为基础可建立物资追溯体系。

(4)实物进出清晰，盘点简单。

(5)成本分析数据准确，为领导提供辅助决策。

(三)智能手持终端设备

1. 设备组成

项目部智能手持终端包括手持终端和条码打印机两台设备，可通过蓝牙互连。

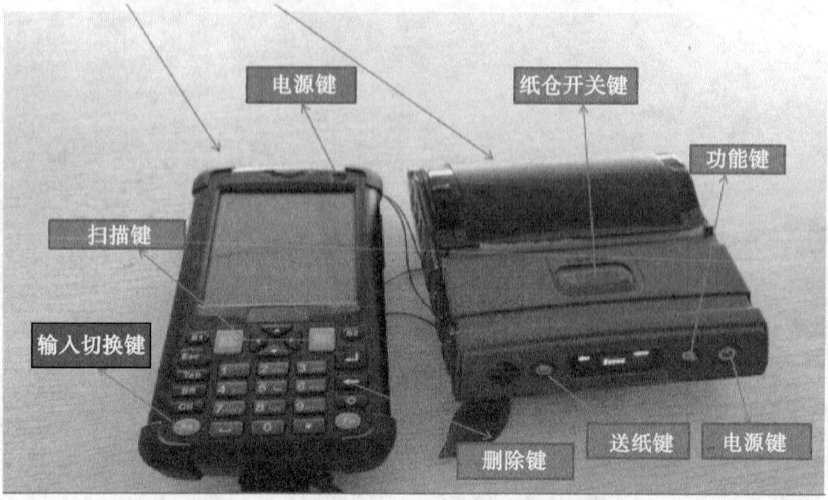

图 13-55　智能手持终端

以管理员账号登录手持终端，依次点击“设置”“打印机”“搜索打印机”，待两台设备完成配对，选择条码打印机，单击“确认”即可。

图 13-56　连接打印机

2. 操作流程

(1)打开物资管理程序，进入登录界面，如下图所示，输入用户名、密码，点击“登录”。

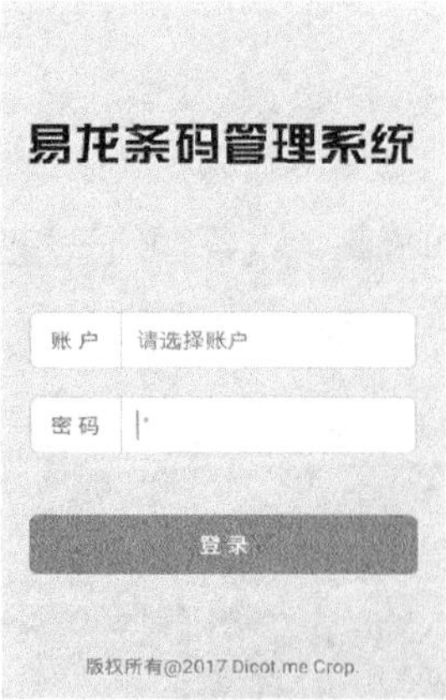

图 13-57　登录界面

图 13-58　系统主界面

(2)连接网络及同步项目部信息。

连接网络:依次点击“设置”“无线网配置”,选择可用的无线网络,输入密钥,点击“确认”即可,如图 13-59 所示。

更新项目部信息:待网络连接成功,点击“信息维护”,选择对应信息下载,可将物资管理系统中本项目部信息(供应商、用料单位、材料等)同步到手持终端,如图 13-60 所示。注意:在项目部申请或下载新材料、添加供应商或用料单位之后必须进行此操作。

图 13-59　连接网络

图 13-60　更新项目部信息

(四)系统工作流程

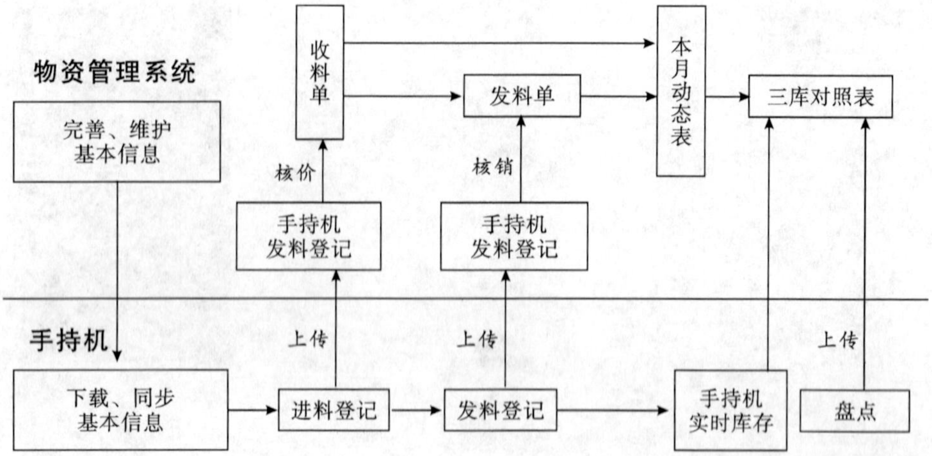

图 13-61　条码管理智能手持终端系统工作流程

1. 基础数据管理

条码管理智能手持终端系统可将物资管理信息系统的常用供应商管理、常用用料单位、工号管理、常用材料、存放地管理等信息直接导入该手持终端系统，实现数据采集自动化，保证库房数据输入的准确性，提高数据录入的效率。

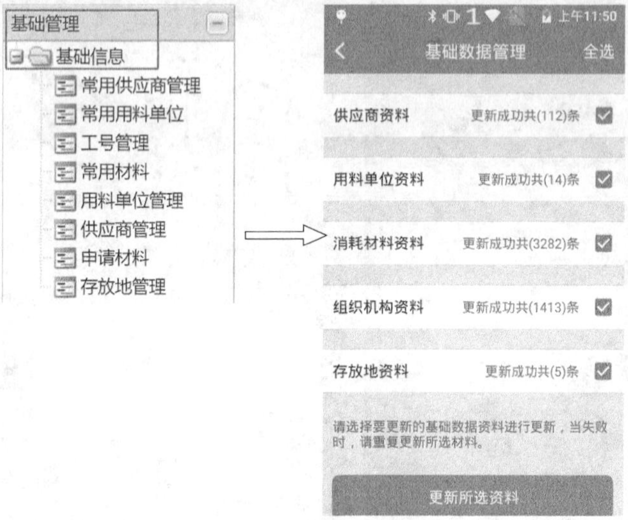

图 13-62　基础数据管理

2. 进料管理

第一步：在条码管理智能手持终端系统进料管理中选择供应商信息及材料名称(由物资管理信息系统导入的信息)，并输入进货数量、进货日期、现场存放地、送货车牌号(可选)、技证号(可选)等信息。

第二步:对进场物资进行拍照取证,保证物资现场验收外观质量和入库数量有据可查。

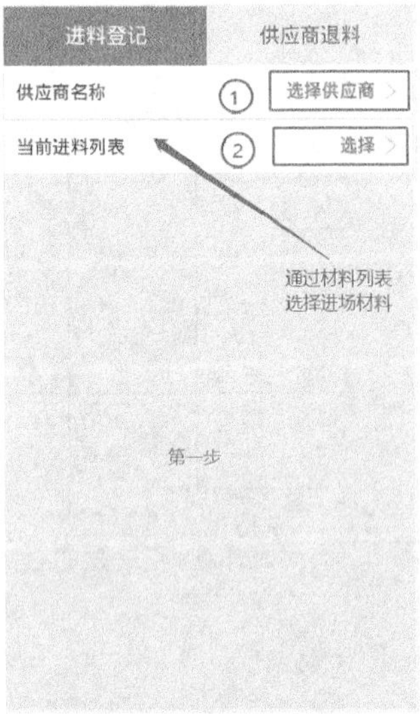

图 13-63 选择进场材料

图 13-64 填写信息、拍照取证

第三步:送货人及收料人(库管员及材料员双方)现场签名(电子),对项目物资管理人员起到一定的相互监督作用。

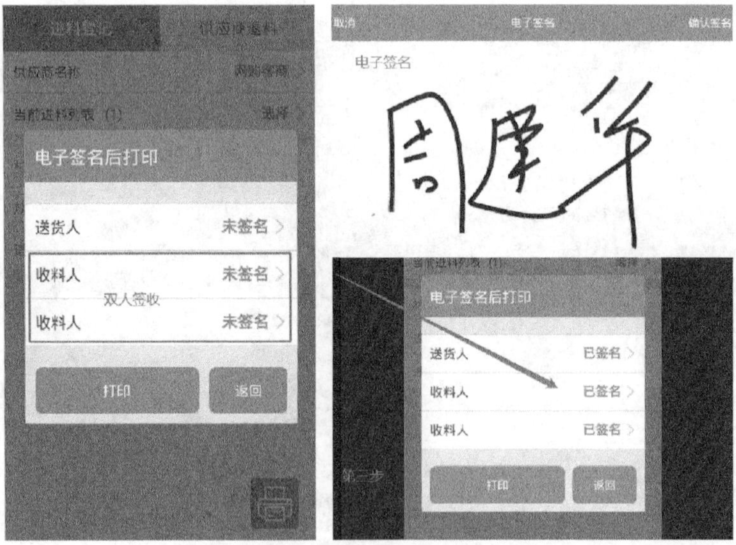

图 13-65 电子签名

经过上述三步简单的操作,便可完成手持机进料登记,形成该材料的唯一信息条码。然后可直接通过条码管理智能手持终端系统将进料数据上传至物资管理信息系统,在物资管理信息系统的进料登记中添加单价信息,进行对账,便可直接生成点收单或预点单。

是否进料	对应的进料	供应商…	条码	材料名称	规格型号	单位	单价	数量	已收数量
已收料	对应的进料	阜阳…	2019090815074701	螺栓	6×20	个	3.50000000	35.0000	35.0000
已收料	对应的进料	重庆…	2019090209333701	碳带		卷	146.000000…	20.0000	20.0000
已收料	对应的进料	阜阳…	2019082909280801	橡胶绝缘板	1m×2m	块	50.00000000	20.0000	20.0000
已收料	对应的进料	饶阳…	2019090209155501	扼流变中心连接板	800A	块	11.00000000	72.0000	72.0000
已收料	对应的进料	阜阳…	2019090815093401	视频光端机		对	240.000000…	4.0000	4.0000
已收料	对应的进料	阜阳…	2019090815091001	双色电线	10平方	米	10.90000000	50.0000	50.0000
未收料	对应的进料	江苏…	2019091712123102	镀锌钢制槽式电缆桥架	100×100	米	67.00000000	10.0000	
已收料	对应的进料	饶阳…	2019090209140201	电动转辙机防尘罩	ZD6-D	组	274.000000…	24.0000	24.0000

图 13-66　生成点收单或预点单

3. 发料管理

第一步：在条码管理智能手持终端系统选择用料单位信息（由物资管理信息系统导入的信息）。

第二步：利用条码管理智能手持终端系统扫描该材料的信息条码，输入发料数量及日期，即可完成发料登记，然后通过条码管理智能手持终端系统将发料数据上传至物资管理信息系统。

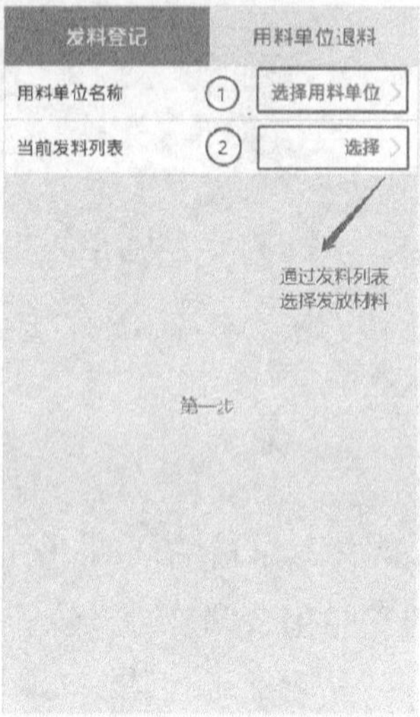

图 13-67　选择发放材料

图 13-68　扫描材料信息条码

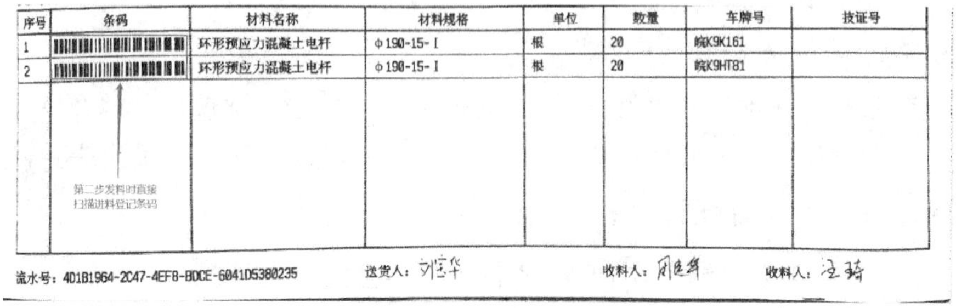

序号	条码	材料名称	材料规格	单位	数量	车牌号	按证号
1		环形预应力混凝土电杆	φ190-15-I	根	20	皖K9K161	
2		环形预应力混凝土电杆	φ190-15-I	根	20	皖K9HT81	

流水号：4D1B1964-2C47-4EF8-BDCE-6041D5380235　送货人：刘宝华　收料人：周思华　收料人：汪琦

图 13-69　发料单

4. 盘点管理

盘点管理分为项目部库存盘点和用料单位库存盘点。条码管理智能手持终端系统能够自动生成准确的实时库存信息，为现场材料员实物盘存提供可靠的依据。项目部还可建立实物库存、条码管理智能手持终端系统内的实时库存及物资管理信息系统内的账目库存三者之间的对照表，便于数据分析，查漏补缺。

图 13-70 选择类型盘点

图 13-71 实时库存信息

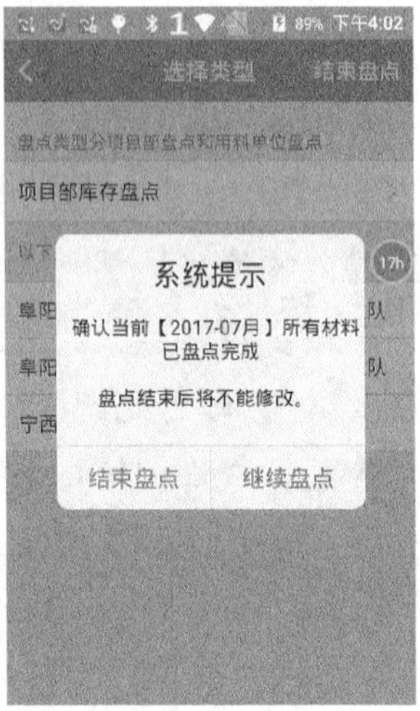

图 13-72 盘点结束的提示

（五）应用效果

1. 实现项目仓储智能化

利用条码技术实现物资业务管理智能化，在减少工作量的同时，保证了数据的准确、时效和可追溯性，构建了专属于项目部的智能化仓储管理系统。

2. 实现项目物资管理信息化

实时掌握现场库存情况，解决了以往库房信息滞后的问题，实时控制进料、发料和库存情况，保持现场管理工作井然有序，确保了物资的高效利用。

3. 降低项目物资管理成本

建筑施工项目涉及专业范围广，物资种类多、数量大，特别是分散在各个工点的库房，管理更复杂，人工管理成本高，耗费时间多，效率低下。采用先进技术与传统管理相结合，可降低管理成本。

4. 便于项目部领导更好地掌控物资管理工作

（1）最大限度减少了因人为因素导致的现场物资的流失及浪费。

（2）项目领导能实时、准确地掌握各类物资成本数据，把控项目物资成本管理，从而提高项目的经济效益。

六、GPS定位原理及车辆定位应用

(一)GPS的简介

全球定位系统(global positioning system,GPS)是一种可以授时和测距的空间交会定点的导航系统,可向全球用户提供连续、实时、高精度的三维位置,三维速度和时间信息。

GPS车辆监控管理系统的基本用途有:车辆实时定位、车辆监视控制、车辆调度管理、车辆报警处置、车辆物流管理、网上查车服务、手机查车服务和短信查车服务等。

(二)GPS的组成

GPS定位系统由GPS卫星空间部分、地面控制部分和用户GPS接收机三部分组成。其中,空间部分由21颗工作卫星和3颗备用卫星组成。GPS接收机按用途可分为导航型和测地型,按载波频率可分为单频型和双频型。

(三)GPS的功能

1. 车辆定位监控

GPS车辆监控管理系统可接收GPS卫星信号,输出GPS定位数据并上报至监控中心。用户可以通过拨打监控中心的电话,了解车辆所在位置及状态信息,或在汉显的“定位信息”中查询经纬度。

2. 实时信息上报(跟踪)

依据实际需要,监控中心可以限定车载设备按照指定的时间间隔,向中心上报指定车辆的信息,含最新定位信息及车辆状态等内容。时间间隔的定义为上一条短消息发送结束到下一条开始发送的间隔时间。

3. 定时信息上报

在自适应巡航控制(adaptive cruise control,ACC)点火情况下,监控中心可以依据用户需要,指定车辆在启动后每隔固定的时间主动向监控中心上报一次定位及状态信息。定时信息上报的时间间隔由中心远程设置。在短信状态下,如果设置的上报时间小于1 h,则自动调整为1 h。

4. 盲区补报

如果车辆在进行定位信息上报时,恰好处于信号盲区,车载设备可以自动将该信息存储起来,在车辆行驶出信号盲区后再补报该信息。

5. ACC 变化上报

GPS 车辆监控管理系统可以检测车辆点火和熄火的变化状态，并向监控中心上报状态信息。

6. 历史信息储存上报

在车辆启动的状态下，车载设备每隔一定时间会记录一个定位信息点，如果监控中心发送查询指令，车载设备将按监控中心设置的时间间隔内存储的历史记录向中心发送位置及状态信息。

7. 越界报警

用户可以通过监控中心设置、监测和限制车辆的活动范围，让车辆在自己限定的范围和时间内行驶。当车辆行驶位置超出限制区域时触发一次越界报警(如有超时设置，则要超时同时发生)。

8. 限时 ACC 点火报警

根据实际管理情况需要，用户可以通过监控中心限制车辆允许行驶的时间范围，包括起始时间和结束时间。当车辆在限定的时段外 ACC 点火即可向监控中心报警，以确保车辆在限定的时间范围内行驶。

9. GPS 接收机故障报警

在 ACC 开启状态下，如果 GPS 接收机 15 s 内未输出有效信号，车台即对 GPS 接收机进行复位操作。如复位后恢复正常，则无需向中心报警；如连续两次复位均不成功，则确定接收机故障，并执行一次 GPS 接收机故障的上报。

10. 接收机长时间不定位故障报警

如果累计 3 h(ACC 开启的时间内)都不能接收到 GPS 接收机上报的有效定位信息，则确定为车台行驶中不能定位故障，并执行一次故障信息的上报。接收机长时间不定位故障的警情状态将一直保持，直到车台收到有效的已定位 GPS 信息。

11. 超速报警

为了行驶安全，用户可以通过监控中心设置车辆允许行驶的最大速度。如果车辆行驶中时速超过了设置的最大速度值，并保持 30 s 以上则触发超速报警。单元自动向中心发出报警信息，提示超速报警。该警情只上报一次，但警情状态会一直保持到车辆速度低于设置值。因发生超速而报警时，喇叭将持续鸣响直到减速或 GPS 不定位。

12. 电池电压低报警

车台实时监控车辆电压。在 ACC 关闭的状态下，如果车台检测到车辆电池电压低于 11.2 V，即向中心上报一次车辆电池电压过低报警。只有 ACC 开启，才能消除这一状态。

13. 控制车辆锁油断电功能

如果实际管理情况需要，用户可以通过监控中心向车辆发出锁油断电或开油电指令，控制自己的车辆。

14. 车台远程控制功能

通过坐席软件，中心可通过发送指令实现对车台的远程控制。这些指令包括：系统复位指令、断电指令、断电恢复指令、禁止接听电话指令、禁止拨打电话指令、恢复电话功能指令、允许手柄设置指令、退出通用分组无线服务（general packet radio service，GPRS）指令。

15. 车台的远程更改设置

监控中心可通过发送指令遥控更改车载设备的设置参数。这些指令包括：改变短消息的中心号码指令，改变短消息上报的中心号码指令，改变医疗、服务、故障维护的中心电话号码指令，监听指令，指定电话回拨指令（预留功能，需接手柄），历史记录时间间隔，限速设置，限制行驶区域设置，定时回报，ACC 变化上报设置，设定 GPRS 参数，更改 GPRS 接入点参数，查询 GPRS 参数，接收中文和调度信息。

16. 里程统计功能

车载终端可按照 GPS 定位信息统计行驶的里程，统计的里程包括空车里程和重车里程，可方便监控中心对车辆的日常运营情况进行统计和分析。

17. 进出关键点报警功能

终端经过设置后，每次进（出）关键点时，均上报进（出）关键点报警。终端最多支持设置 5 个矩形区域的关键点。

（四）GPS 在铁路施工物资管理中的应用

目前，随着铁路项目物资管理水平的提升，GPS 系统被广泛应用于铁路项目的各类运输车辆，包括：火工品运输车，水泥、粉煤灰、矿粉、砂石料运输车，混凝土搅拌车辆等。GPS 系统可监控车辆违章行驶，提升车辆的防盗抢能力，提高车辆营运效率，增加车辆营运经济效益，促进我国车辆管理现代化、信息化、智能化建设。物资管理部门如果安装了 GPS 平台，便可通过电脑或手机平台，实时监控物资装货、运输、卸货环节，把控物资供应的各环节时间节点，确保各类物资及时到达施工现场，便于现场施工安排。除此之外，GPS 系统对铁路施工原材料的质量源头把控也有一定的积极作用。通过 GPS 系统，可以控制运输车辆具体的行车路线和装卸货物地点，避免一些不法经销厂商在铁路项目供应过程中以次充好、弄虚作假。车辆安装 GPS 系统，对于机械油耗的核定也能起到积极作用。若车辆在运输环节偏离路线或超速，GPS 系统后台会显示报警和提醒，既节约油耗，又能确保车辆行车安全。

物资管理信息化的核心不仅仅是解决传统物资管理中遇到的问题，更重要的是通过信息化建设全面提升整个企业物资管理水平；同时，要注重物资管理与项目其他管理业务（尤其是预结算管理、资金管理和成本管理）的有机结合，以形成项目综合管理体系。物资管理信息化建设可使施工企业各项管理规范性明显增强，管理效率明显提高，从一定程度上规避企业管理各环节的运营风险，对降低企业整体运营成本具有明显的促进作用。

第四节　BIM 技术在物资管理中的应用

建筑信息模型（building information modeling，BIM）研究的目的是从根本上解决项目规划、设计、施工、维护管理各阶段以及应用系统之间的信息断层，实现全过程的工程信息管理乃至建筑生命期管理。

一、BIM 技术的应用内容

BIM 技术可用于物资计划、物资消耗分析及物资成本核算等，主要采用模拟施工、碰撞检查、有效协同、三维可视化等技术，实现前瞻性协调优化、精准物资管理，可提高物资管理的科学性。

（一）基于 BIM 技术的物资计划管理

传统设计往往由于各专业设计师之间的沟通不到位，而出现各种专业之间的碰撞问题。例如，铁路站后四电中信号机和接触网支柱位置、接触网基础和信号电缆进入位置在进行布置时，由于施工图纸是各自的，在实际施工过程中，可能经常出现冲突。如果物资需用计划分别根据各自的施工图纸编制，按计划物资采购、供应，则实际施工中的碰撞点物资将无法使用，造成物资浪费；如果根据碰撞现场制定出跨越方案，则需要重新采购物资，又必然会影响施工进度。在铁路工程施工过程中，施工队、物资部门、技术部门常常会因为物资供应问题发生矛盾，施工队会把窝工归咎于物资供应不上或物资规格不符，物资部门又会抱怨物资需用计划不准确或提报不及时。实际上，许多问题都出现在碰撞点上。按照传统经验型管理，类似碰撞问题的协调解决往往是在问题出现之后，而通过 BIM 的协调性服务可以提前处理类似问题。

传统的施工图是在图纸上采用线条绘制表达各个构件的信息，但是其真正的构造形式就需要施工人员去自行想象了。站后四电工程线缆纵横交错、材料种类复杂多样，BIM 提供的可视化思路，可以将以往的线条式的构件转化成一种三维的立体实物图形。可视化的结果不仅可以用于效果图的展示及报表的生成，更重要的是项目设计、建造、运营过程中的沟通、讨论、决策都可在可视化的状态下进行。利用 BIM 模型进行深化设计，可提前发现设计中存在的问题，减少“错、缺、漏、碰”和设计变更，提高物资需用计划编制效率和质量。

(二)基于 BIM 技术的成本管理

通过建立 BIM 关联数据库，可以准确、快速地计算出工程量和物资需用量，提升施工预算和物资预算的精度和效率。BIM 数据库的数据粒度达构件级，可以快速提供支撑项目各条线管理所需的数据信息，有效提升施工管理和物资控制的效率。

1. BIM 数据库应用前物资核算存在的问题

(1)数据量庞大。每一个施工阶段都牵涉大量物资、施工机具消耗和各种相关费用，数据量非常庞大，实行短周期(月、季)成本分析与核算，在当前管理手段下显得非常困难。施工过程中，项目部关注焦点在于建设单位的工程要求，需要应付各种各样的外部、内部的检查、会议、评比活动，保证施工进度、安全、质量，过程物资成本分析、优化管理就往往无暇顾及。

(2)牵涉部门和岗位众多。物资成本分析与核算，要求物资成本归集与工程实体进度同步，期间一致，空间一致，不漏不透，以客观、准确地反映物资节支状况。当前情况下，实际物资成本核算需要工程、预算、物资、仓库、施工、财务多部门、多岗位协同分析、汇总、提供数据，可因个别部门或岗位影响进度。

(3)物资对应分解困难。一种物资、机具往往用于多个分项分部工程，拆分分解对应相关责任单位是一项非常细致的工作，耗时耗力，难度非常大。

(4)物资消耗量和资金支付情况复杂。物资方面，有的已入库未付款，有的先预付款未到货，有的已消耗未出库列支，有的已出库未消耗；施工机具、周转材料租赁也有类似情况；劳务分包常常包括辅助材料，分包费用计量情况复杂，有的项目甚至未签约先施工，事后再谈判确定费用。物资成本项目和数据归集在没有一个强大的平台支撑的情况下，不漏项做好三个维度的(时间、空间、工序)的对应就变得非常困难。

2. 物资成本核算解决方案

(1)创建基于 BIM 的实际物资成本数据库。建立物资成本的 5D(3D 实体、时间、工序)关系数据库，及时录入实际物资成本数据，可使物资成本汇总、统计、拆分对应简易可行。以各工作分解结构(work breakdown structure，WBS)单位工程量物资、施工机具单价为主要数据进入实际物资成本 BIM 中。未经合同确定单价的物资、机具项目，按预算价先进入；有实际成本数据后，及时替换。

(2)实际物资成本数据及时进入数据库。BIM中成本数据以采取合同价和企业定额消耗量为依据。随着施工进度的推进,实际消耗量与定额消耗量会有差异,要及时调整。每月对实际消耗进行盘点,调整实际成本数据。化整为零,动态维护实际成本BIM,大幅减少一次性工作量,保证数据准确性。物资实际成本要以实际消耗为最终调整数据,而不能以财务付款为标准,物资费用的财务支付有多种情况:未订合同进场的、进场未付款的、付款未进场的。若按财务付款进行成本统计,将无法反应实际情况,出现严重误差。坚持物资月度盘点制度,物资员将入库物资的消耗情况详细列出清单,并向成本核算部门提交,据以按时调整每个WBS物资的实际消耗。施工机具、周转材料的实际成本,要注意各WBS分摊,有的可按措施费单独立项。

(3)快速实行多维(时间、空间、WBS)物资成本分析。建立实际物资成本BIM模型,按周期(月、季)调整、维护模型,软件强大的统计分析能力可轻松满足我们的各种成本分析需求。基于BIM的实际成本核算方法,较传统方法有极大优势:一是快速。由于建立基于BIM的5D实际成本数据库,汇总分析能力大大加强,速度快,短周期成本分析不再困难,工作量小,效率高。二是准确。因成本数据动态维护,准确性大为提高。消耗量方面仍会在误差存在,但已能满足分析需求。通过总量统计的方法,可消除累计误差,成本数据的准确度随施工进度的推进越来越高。另外,通过实际成本BIM模型,很容易检查出哪些项目还没有实际成本数据,监督各成本条线实时盘点,提供实际数据。三是分析能力强。可以多维度(时间、空间、WBS)汇总分析更多种类、更多统计分析条件的成本报表。

二、BIM技术应用一般操作流程

(1)数据准备。施工图深化设计模型和设备与材料信息。

(2)在施工图深化设计模型中添加构件、设备和材料信息。建立可以实现设备与材料管理和施工进度协同的建筑信息模型。

(3)按作业面划分,从模型输出相应设备、材料信息,通过内部审核后,提交给施工部门审核。

(4)根据工程进度实时输入变更信息,包括工程设计变更、施工进度变更等,输出所需设备与材料信息表,并按需要获取已完工程消耗的设备与材料信息,以及后续阶段工程施工所需设备与材料信息。

(5)利用适用软件进行构件的分析统计,根据优化的动态模型实时获取成本信息,动态合理地配置施工过程中所需构件、设备和材料。

(6)BIM技术应用模型元素及信息深度为LOD 300~LOD 400,分为施工准备阶段和施工实施阶段。

施工准备阶段：工程项目拟定的工程项目的工点划分、主要工程量、构件数量、施工组织计划、主要工期要求、材料和设备配置情况、具体的材质和规格、设备生产厂家、进场复验情况等。

施工实施阶段：工程项目实施的施工组织顺序，材料和设备的计划、采购、进货、验收、库存管理，材料和设备的质量、物流，现场变更调整，详细批次、工程量、构件数量等信息。

三、BIM 技术目前可实现的应用成果

BIM 技术目前可实现的应用成果包括两方面：设备与材料管理模型，基于施工作业面的设备与材料表。物资管理中 BIM 技术在工程中的应用主要是设备、材料工程量的统计、复核，现场定位与信息输出，以达到按施工作业面匹配设备与材料的目的，实现施工过程中设备、材料的有效控制，提高工作效率，减少不必要的材料浪费和设备闲置，提高采购效率和准确度，保障施工，降低库存和成本。

采用 BIM 技术在内的多种现代化信息技术，可有效地采集、统计、分析物资管理过程中的相关信息，按照科学、系统的管理理念，优化生产和管理流程，从企业内部挖掘潜力，提升物资管理能力。

附 录

附录一 物资调查报告范文

×××铁路站前××标砂石料价格调查报告

一、调查目的及参加人员

1.调查目的:为了满足×××工程地材用料需求,收集、了解厂家生产能力、质量准标及市场行情,进行实地调查。

2.调查对象:生产厂商、供应商。

3.调查内容:碎石、河砂厂家供应能力及市场价格情况。

4.调查方式:实地考察、供需面谈。

5.调查时间:2018 年 8 月 19 日。

二、调查情况

调查小组本次主要采用实地考察、供需面谈等调查方式,前往某高港,对碎石、河砂的质量、产量、出厂价格、运输方式及运输费用进行了详细的询问及现场调查。说明:除特殊说明外,报告中所列的单价均为当期调查价。

6 月份河砂高港大轮平均价格 142 元/t,普料碎石 103 元/t,高料碎石 120 元/t(包含高港过驳起吊费),小船水运至 A 码头运费 13 元/t,可提供增值税普通发票,税率以 16%计算。

7 月份河砂高港大轮平均价格 125 元/t,普料碎石 98 元/t,高料碎石 105 元/t(包含高港过驳起吊费),小船水运至 A 码头运费 13 元/t,可提供增值税普通发票,税率以 16%计算。

8 月份河砂高港大轮平均价格 140 元/t,普料碎石 103 元/t,高料碎石 115 元/t(包含高港过驳起吊费),小船水运至 A 码头运费 13 元/t,可提供增值税普通发票,税率为 16%计算。

质量上能满足我高铁施工标准和制梁使用,如水运到 B 码头汽运至梁场需增加 23 km,运费 11 元/t,A 地区卸船起吊费 3.50 元/t。由于政府出台资源限采关停政策,导致市场河砂匮乏,河砂价格一路攀升。

三、调查总结

通过此次市场调查发现，砂石料的市场价格波动较大，对施工产生了严重影响。目前，长江两岸多处矿山关闭，全国多项目开工建设大量用料，再加上国家环保力度加大，油价上涨导致船运费上涨，生产成本提高。

目前，河砂源头一直处于限采状态，供应紧张，产量急剧下降，河砂供不应求，价格飞涨，无法满足施工用量。高铁项目对河砂质量要求较高，所以能够满足项目质量要求的河砂少之又少。

通过6、7、8三个月的询价情况来看，7月炎热高温，全国各地项目施工进度较慢，市场原材料需求量有所缓解，导致市场价格比6月有所回落。8月3日后，因全国各地受台风影响，源头采区处于关闭状态，导致8月市场价格一路攀升。

考虑到市场现有的价格行情与砂石质量密切相关，本次调查以质量保障供应为基础，以降低采购成本为原则，在合理范围内适当重点关注采购价格变化。

1. 物资市场调查表(表1)

2. 影像资料(图1、图2)

图1　河砂

图2　碎石

调查小组成员签名：×××　×××　×××

表1 2018年6月至8月某高港码头砂石料集散地交易市场价格调查表

物资名称	规格(mm)	时段	高港销售(元/t)	高港至A码头船运费(元/t)	A码头起吊费(元/t)	至梁场拌合站短倒运费(元/t)	至搅拌站短倒运费(元/t)	水洗及损耗费用(元/t)	税额,按16%计算(元/t)	综合单价(元/t)	6~8月综合平均单价(元/t)
河砂(赣江)	2.6~3	6月	142	13	3.5	11			27.12	196.62	190.04
河砂(赣江)	2.6~3	7月	125	13	3.5	11			24.4	176.9	
河砂(赣江)	2.6~3	8月	140	15	3.5	11			27.12	196.62	
普料碎石	5~31.5	6月	103	13	3.5		6	4.61	20.82	150.93	149.8
普料碎石	5~31.5	7月	98	13	3.5		6	4.61	20.02	145.13	
普料碎石	5~31.5	8月	103	15	3.5		6	4.61	21.14	153.25	
高料碎石	5~20	6月	120	13	3.5	11		4.61	24.34	176.45	169.1
高料碎石	5~20	7月	105	13	3.5	11		4.61	21.94	159.05	
高料碎石	5~20	8月	115	15	3.5	11		4.61	23.7	172.81	
			平均单价								

注:以上价格未含合理损耗、资金利息、合理利润及管理费用。

附录二 物资计划相关表单

物资采购计划表

申请单位： 编号：

序号	材料编号	材料名称	型号规格	计量单位	计划单价	数量	计划金额	备注(技术要求、质量标准、用途)
合 计								
说明：1.按“用料计划提报时间”中各项物资提报时间进行提前提报； 2.此表由各用料单位提报，且要经单位领导审批； 3.此表报送供应机构(工地材料厂)								

单位领导： 工程部长： 财务部长： 物资部长： 制表人： 日期： 年 月 日

物资采购(申请)计划表

填报单位：　　　年　　　季　　　月

序号	材料编号	材料名称	型号规格	单位	单价	数量				金额	质量标准	备注
						需用量	储备量	扣库存	计划量			
合 计												

说明：1. 此表由各单位物资部编制，应有封面，按年、月分别提报，用途可在备注栏填写；

2. 此表应于每月 24 日前上报指挥部、物资部

单位主管：　　财务：　　总工：　　工程部：　　物资部：　　编制日期：　　年　　月　　日

主要物资月度需用量计划表

主要物资月度需用量计划表												
							表格编号					
							WZ-05					
项目名称：									年 月份			
序号	物资名称	型号规格	质量标准技术要求	计量单位	需用数量						进场时间	备注
					合计	工号 1	工号 2	工号 3	工号 4	……		

技术负责人： 工程部长： 编制人： 物资部接收人： 编制日期： 年 月 日

注：本表根据“分工号主要物资设计数量明细表”及月度施工计划编制，移交给物资部，用于编制月度物资采购(申请)计划表。

辅助材料月度采购(申请)计划表

辅助材料月度采购(申请)计划表										表格编号 WZ-08		
项目名称：											年　月份	
序号	物资名称	型号规格	质量标准技术要求	计量单位	计划单价	需用数量	库存数量	储备数量	采购(申请)数量	计划金额	进场时间	备注

项目负责人：　　　财务部长：　　　物资负责人：　　　编制人：　年　月　日

注：本表根据“辅助材料用料申请计划表”、库存盘点单及市场调查情况填列。

专用物资计划表

单位名称(盖章)：　　　　　　　　　　　　　　　　　　　　编号：

序号	项目名称	品名	规格(图号)	技术标准	单位	数量	交货期	用料单位联系人	备注

负责人：　　　　审核：　　　　编制：　　　　日期：

附录三　物资买卖合同范本

合同编号：
签订地点：
签订时间：　　年　　月　　日

买方：＿＿＿＿＿＿＿＿＿＿（以下简称需方）

卖方：＿＿＿＿＿＿＿＿＿＿（以下简称供方）

合同主体，即当事人双方应当写明供方和需方，不能简称为甲方和乙方，以免在合同中引起误会。

一、产品名称、型号、厂家、数量、单价、金额

产品名称	规格型号	生产厂家	单位	数量	单价（元）	金额（元）
合计：						
合计：大写						

明确单价组成和价格性质（固定价或浮动价）。单价包含工料费、加工费、装车费、运输费、卸车费及履行本合同所需的一切税费。

二、质量要求、技术标准、供方对质量负责的条件和期限

产品的质量要求要写明确，其适用的技术标准要写明标准的种类、标准号；供方对质量负责的条件和期限要具体。有国家标准的，一定要按照国家标准的要求执行；没有国家标准而有行业标准的，要按照行业标准执行；没有国家标准和行业标准的，其质量标准由双方约定。此外，还需明确环保及职业健康安全要求。

三、交（提）货的方式

合同中交货或者提货的方式要写清楚，是自己提货，还是供方办理托运；交货的地点尽量约定我方指定地点，如××工地，××仓库，防止约定不明而导致我方承担额外的运输风险（《合同法》第一百四十五条）；如何验收以及运输费用的负担等，都要在合同中写清楚。

四、运输方式及到达地（港）费用的负担

本条款中应明确运输的方式、运输费用的负担、运输安全风险承担、装卸费用承担，以及供方运输途中及进入施工现场时应遵守安全管理方面的要求。

五、交货时间

交货时间应明确具体。

六、合理损耗及其计算方法

对于一些易损易耗的物品，应当规定合理损耗的数量及比例；存在磅差的须约定范围。此外，合同中还应约定差异处理方式。

七、包装标准、包装物的供应和回收

关于包装条款，不能简单写袋装、瓶装、桶装等，而应当注明包装材料、包装要求以及是否回收。

八、验收标准、方法及提出异议的期限

本条款中应明确验收的标准和方法，不合格品的处理，存在异议时的费用承担，处理异议的期限。

九、随机备品、配件工具数量及供应方法

本条款中应明确说明书、质保书、合格证、工具、零部件的要求，以及随机备品、配件工具数量要求。

十、结算方式及期限

价款和酬金是合同的主要条款，要写明如何结算、怎么结算以及在什么期限内结算，不能笼统写货到清算或者发货清算。此外，合同中还应约定质保金、发票提供及结算方式、承兑汇票支付方式、分期付款阶段条件。

十一、担保

如需担保，另立合同担保书，作为本合同附件。对一些重要的产品购销合同，当事人双方都可以要求对方提供担保。担保通常应当订立书面的担保协议，作为主合同的附件。也可以在主合同中写明担保的方式以及担保的内容。本条款项目部具体操作时需向公司咨询，本条如不需要可以不写。

十二、双方权利和义务

本条款中应明确双方的权利和义务，以及售后服务的条件和费用。

十三、违约责任

本条款中应明确违约时应承担的责任及不可抗力违约责任的免除。

十四、解决合同纠纷的方式

供需双方应通过友好协商，解决在执行合同中所发生的一切争端。如果协商后仍得不到解决，可向需方公司所在地法院起诉。

十五、其他约定的事项

本条款中应明确履行合同的期限、技术服务、三包要求和附加条件等。

十六、本合同壹式＊份，需方持＊份，供方持＊份，具有同等法律效力。

如本页面无条款，须注明“此页无正文”

买　方（需方）	卖　方（供方）
单位名称（章）：	单位名称（章）：
单位地址：	单位地址：
法定代表人：	法定代表人：
委托代理人：	委托代理人：
电　话：	电　话：
开户银行：	开户银行：
帐　号：	帐　号：

附录四 进场/入库物资验收登记簿

项目名称： 年 月 日

序号	进场	供料单位	物资名称	规格型号	批号	生产厂家	计量单位	数量		进货单号	质量证明文件	验收情况记录	验收人1	验收人2	存料地点
								应收	实收						

物资管理部门负责人： 记录人：

注：所有进场及入库物资必须登记入簿，包括零星物资，作为物资实际进场/入库的原始记录，项目经理部可按主材料类别分别建立若干本“进场/入库物资验收登记簿”。

附录五　不合格物资验收记录

编号：

______年______月______日，由__________________单位发来我单位__________________等一批物资，运输工具为__________，车(船)号为__________，料单号为__________，共计__________件，包装种类为__________，经验收有数量和质量问题，详细情况如下：

物资编号	物资名称	规格型号	计量单位	原发		实收		不合格	
				数量	件数	数量	件数	数量	件数
质量不合格记录									
不合格说明									
处理结果									

______年______月______日，上述物资经验收小组验收后，确定为不合格物资，特做此记录。

验收单位：　　　　　　物资管理部门负责人：　　　　　验收人员：

附录六 检验/试验委托单

委托单位： 委托编号：

样品名称			
送样编号			
产地、厂名			
试样数量			
规格种类及批号			
代表数量			
取样地点			
样品描述			
取样日期			
工程名称			
施工部位			
检验标准			
试验项目			
试样验收意见			
收样日期			
取样人		取样见证人	
委托人		委托单位负责人	
住址及邮编		联系电话	
收样人		预计报告发出日期	

附录七 物资送检台账

项目名称： 年 月 日

序号	进料日期	物资名称	规格型号	批号	供料单位	生产厂家	计量单位	代表数量	送检日期	委托单号	检验单位	检验日期	检验报告编号	检验结果	备注

物资管理部门负责人： 制表：

附录八 部分物资国家标准与铁路运输行业标准对比表

序号	物资名称	性能指标	国家标准		铁路运输行业标准			
					《铁路混凝土》		《高速铁路预制后张拉法预应力混凝土简支梁》	
			标准号	要求	标准号	要求	标准号	要求
1	带肋钢筋	重量偏差	GB/T 1499.2—2018	公称直径 6～12 mm:实际重量与理论重量的允许偏差为±6%。公称直径 14～20 mm:实际重量与理论重量的允许偏差为±5%。公称直径 22～50 mm:实际重量与理论重量的允许偏差为±4%			TB/T 3432—2016	每延米重量与公称重量偏差应小于 3.0%
		碳当量	GB/T 1499.2—2018	HRB400 不大于 0.54%，HRB500 不大于 0.55%，HRB600 不大于 0.58%			TB/T 3432—2016	HRB335、HRB400 不大于 0.5%,HRB500 不大于0.52%
		生产工艺	GB/T 1499.2—2018	冶炼方法:转炉或电弧炉冶炼,必要时可采取炉外精炼			TB/T 3432—2016	微合金化生产工艺,不得采用余热处理(高压穿水)工艺
2	光圆钢筋	重量偏差	GB/T 1499.1—2017	公称直径 6～12 mm:实际重量与理论重量的允许偏差为±6%。公称直径 14～22 mm:实际重量与理论重量的允许偏差为±5%			TB/T 3432—2016	每延米重量与公称重量偏差应小于 3.0%
		生产工艺	GB/T 1499.1—2017	冶炼方法:钢以氧气转炉、电炉冶炼			TB/T 3432—2016	微合金化生产工艺,不得采用余热处理(高压穿水)工艺
3	钢绞线	弹性模量	GB/T 5224—2014	(195±10) Gpa,但不可作为交货条件。当需方要求时,应满足该范围值			TB/T 3432—2016	差值应满足同批不大于 5 GPa、各批不大于 10 GPa 的规定,供应商应提供每批钢绞线的实际弹性模量值

续表

序号	物资名称	性能指标	国家标准		铁路运输行业标准			
					《铁路混凝土》		《高速铁路预制后张拉法预应力混凝土简支梁》	
			标准号	要求	标准号	要求	标准号	要求
4	粉煤灰	细度	GB/T 1596—2017	Ⅰ级不大于12.0%；Ⅱ级不大于30.0%	TB/T 3275—2018	Ⅰ级不大于12.0%；Ⅱ级不大于30.0%	TB/T 3432—2016	Ⅰ级不大于12.0%；Ⅱ级不大于30.0%
		烧失量	GB/T 1596—2017	Ⅰ级不大于5%，Ⅱ级不大于8.0%	TB/T 3275—2018	Ⅰ级不大于5.0%；Ⅱ级不大于8.0%	TB/T 3432—2016	Ⅰ级不大于5.0%；Ⅱ级不大于8.0%
5	减水剂	类型	GB/T 8076—2008	高性能减水剂、高效减水剂、普通减水剂	TB/T 3275—2018	高效减水剂或高性能减水剂	TB/T 3432—2016	聚羧酸高性能减水剂
		含气量	GB/T 8076—2008	高性能减水剂不大于6.0%；高效减水剂标准型不大于3.0%，缓凝型不大于4.5%	TB/T 3275—2018	不大于3.0%	TB/T 3432—2016	不大于3.0%
		泌水率比	GB/T 8076—2008	高性能减水剂早强型不大于50%，标准型不大于60%，缓凝型不大于70%；高效减水剂标准型不大于90%，缓凝型不大于100%	TB/T 3275—2018	不大于20%	TB/T 3432—2016	不大于20%
		收缩率比	GB/T 8076—2008	高性能减水剂不大于110%；高效减水剂不大于135%	TB/T 3275—2018	不大于125%	TB/T 3432—2016	不大于125%

续表

序号	物资名称	性能指标	国家标准		铁路运输行业标准			
					《铁路混凝土》		《高速铁路预制后张拉法预应力混凝土简支梁》	
			标准号	要求	标准号	要求	标准号	要求
6	减水剂	减水率	GB/T 8076—2008	高性能减水剂不应小于25%;高效减水剂不应小于14%	TB/T 3275—2018	高效减水剂不应小于20% 高性能减水剂不应小于25%	TB/T 3432—2016	不小于30%
		硫酸钠含量	GB/T 8076—2008	不超过生产厂控制值	TB/T 3275—2018	高效减水剂不应小于10.0% 高性能减水剂不应小于5.0%	TB/T 3432—2016	高效减水剂不应小于10.0% 高性能减水剂不应小于5.0%
		氯离子含量	GB/T 8076—2008	不超过生产厂控制值	TB/T 3275—2018	小于等于0.6%	TB/T 3432—2016	小于等于0.6%
		碱含量	GB/T 8076—2008	不超过生产厂控制值	TB/T 3275—2018	小于等于10%	TB/T 3432—2016	小于等于10%
7	磨细矿渣粉(S95)	比表面积	GB/T 18046—2017	不应小于400 m^2/kg	TB/T 3275—2018	不应小于400 m^2/kg	TB/T 3432—2016	400～500 m^2/kg
		流动度比	GB/T 18046—2017	不小于95%	TB/T 3275—2018	不小于95%	TB/T 3432—2016	不小于95%
		氯离子含量	GB/T 18046—2017	不大于0.06%	TB/T 3275—2018	不大于0.06%	TB/T 3432—2016	不大于0.06%
		氧化镁含量	GB/T 18046—2017		TB/T 3275—2018	不大于14%	TB/T 3432—2016	不大于14%
8	水泥	比表面积	GB/T 175—2007	不应小于300 m^2/kg	TB/T 3275—2018	300～350 m^2/kg	TB/T 3432—2016	300～350 m^2/kg

续表

序号	物资名称	性能指标	国家标准		铁路运输行业标准			
					《铁路混凝土》		《高速铁路预制后张拉法预应力混凝土简支梁》	
			标准号	要求	标准号	要求	标准号	要求
9	天然河砂	细度模数	GB/T 14684－2011	粗砂 3.7～3.1，中砂 3.0～2.3，细砂 2.2～1.6	TB/T 3275－2018	同国标	TB/T 3432－2016	2.6～3.2
		含泥量	GB/T 14684－2011	Ⅰ类砂不大于 1.0%，Ⅱ类砂不大于 3.0%，Ⅲ类砂不大于 5.0%	TB/T 3275－2018	C30 以下不应大于 3.0%，C30～C45 不大于 2.5%，C50 及以上不大于 2.0%	TB/T 3432－2016	不应大于 2.0%
		泥块含量	GB/T 14684－2011	Ⅰ类砂为 0，Ⅱ类砂不大于 1.0%，Ⅲ类砂不大于 2.0%	TB/T 3275－2018	不应大于 0.5%	TB/T 3432－2016	不应大于 0.25%
		有机物含量	GB/T 14684－2011	合格	TB/T 3275－2018	浅于标准色	TB/T 3432－2016	浅于标准色
		轻物质含量	GB/T 14684－2011	不大于 1.0%	TB/T 3275－2018	不应大于 0.5%	TB/T 3432－2016	不应大于 0.5%
		云母含量	GB/T 14684－2011	Ⅰ类砂不大于 1.0%，Ⅱ类、Ⅲ类砂不大于 2.0%	TB/T 3275－2018	不应大于 0.5%	TB/T 3432－2016	不应大于 0.5%
10	碎石	材质	GB/T 14685－2011	天然岩石、卵石或矿山废石	TB/T 3275－2018	同国标	TB/T 3432－2016	坚硬耐久的岩碎石
		岩石抗压强度	GB/T 14685－2011	在水饱和状态下，火成岩不应小于 80 MPa，变质岩不应小于 60 MPa，水成岩不应小于 30 MPa	TB/T 3275－2018	大于或等于 1.5 倍混凝土抗压强度	TB/T 3432－2016	母岩抗压强度与梁体混凝土设计强度之比不应大于 2
		空隙率	GB/T 14685－2011	Ⅰ类不大于 43%，Ⅱ类不大于 45%，Ⅲ类不大于 47%	TB/T 3275－2018	不大于 40%	TB/T 3432－2016	不大于 40%

续表

序号	物资名称	性能指标	国家标准		铁路运输行业标准			
					《铁路混凝土》		《高速铁路预制后张拉法预应力混凝土简支梁》	
			标准号	要求	标准号	要求	标准号	要求
10	碎石	压碎值	GB/T 14685—2011	Ⅰ类不大于10%，Ⅱ类不大于20%，Ⅲ类不大于30%	TB/T 3275—2018	C30以下：沉积岩≤16%，变质岩或深成的火成岩≤20%，喷出的火成岩≤30%。C30及以上：沉积岩≤10%，变质岩或深成的火成岩≤12%，喷出的火成岩≤13%	TB/T 3432—2016	C30以下：沉积岩≤16%，变质岩或深成的火成岩≤20%，喷出的火成岩≤30%。C30及以上：沉积岩≤10%，变质岩或深成的火成岩≤12%，喷出的火成岩≤13%
		有机物含量	GB/T 14685—2011	合格	TB/T 3275—2018	浅于标准色	TB/T 3432—2016	浅于标准色
		含泥量	GB/T 14685—2011	Ⅰ类不大于0.5%，Ⅱ类不大于1.0%，Ⅲ类不大于1.5%	TB/T 3275—2018	C45及以下不大于1.0%，C50及以上不大于0.5%	TB/T 3432—2016	不应大于0.5%
		针片状颗粒总含量	GB/T 14685—2011	Ⅰ类不大于5%，Ⅱ类不大于10%，Ⅲ类不大于15%	TB/T 3275—2018	C30以下不应大于10%，C30～C45不大于8%，C50及以上不大于5%	TB/T 3432—2016	不应大于5%

参考文献

[1]史商于,张友昌.材料员专业管理实务[M].北京:中国建筑工业出版社,2007.

[2]魏鸿汉.材料员岗位知识与专业技能[M].北京:中国建筑工业出版社,2013.

[3]潘宝柱.材料员[M].北京:中国铁道出版社,2008.

[4]刘斌.材料员[M].北京:中国建筑工业出版社,2014.

[5]秦英,刘东华.物流运输组织与管理实务[M].北京:科学出版社,2008.

[6]杨军,赵继新.采购管理[M].2版.北京:高等教育出版社,2010.

[7]秦英,包红霞.仓储配送管理[M].北京:北京师范大学出版社,2011.

[8]罗宾斯,库尔特著.管理学[M].李原,孙健敏,黄小勇,等译.11版.北京:中国人民大学出版社,2012.

[9]薛孝东.材料员[M].北京:中国铁道出版社,2010.

[10]徐杰,汝宜红,蒋岩松.市场采购理论与实务[M].北京:中国铁道出版社,2001.

[11]中国就业培训技术指导中心组织编写.采购师基础知识[M].北京:中国劳动社会保障出版社,2006.

[12]周怀峰.国内贸易:对大国区域产业成长的影响研究[M].北京:人民出版社,2007.

[13]石良平,等.经济大国的贸易安全与贸易监管[M].上海:上海交通大学出版社,2015.

[14]刘逸春.圈层经济[M].北京:新华出版社,2016.

[15]阿姆斯特朗,科特勒.市场营销学[M].王永贵,郑孝莹,等译.12版.北京:中国人民大学出版社,2017.

[16]李云贵.建筑工程设计 BIM 应用指南[M].北京:中国建筑工业出版社,2014.

[17]李云贵.建筑工程施工 BIM 应用指南[M].北京:中国建筑工业出版社,2014.

[18]安徽省住房和城乡建设厅.关于印发《安徽省建筑信息模型(BIM)技术应用指南》的通知:建标函[2017]2925 号[EB/OL].(2017-12-26)[2019-06-30].http://dohurd.ah.gov.cn/ahzjt_front/govxxgk/00298586X/2017-12-26/

4d122179－2d09－40f5－920d－6cb7ba8589b3. html

[19]宋云刚，赵品旺，朱德彬. 物资管理信息化建设的现状与发展趋势[J]. 中国市场，2014(40)：36－37.

[20]陈宁. 浅谈物资管理信息化在物资管理中的应用[J]. 科学时代，2015(1)：79.

[21]钟时亮. 对施工企业项目物资信息化管理的见解[J]. 中国集体经济，2014(25)：40－42.

[22]苑淑芳. BIM 技术在地铁机电工程施工物资管理中的应用[J]. 铁路采购与物流，2017(6)：36－38.